中等职业教育国家规划教材

Gangjin Hunningtu Jiegou

钢筋混凝土结构

（第二版）

（公路与桥梁专业）

主 编 柴金义

人民交通出版社

内 容 提 要

本书是中等职业教育国家规划教材，由交通职业教育教学指导委员会路桥工程专业指导委员会组织编写。主要内容包括：绪论，混凝土和钢筋材料性能，钢筋混凝土结构设计基本原理，钢筋混凝土受弯构件正截面抗弯承载力计算，钢筋混凝土受弯构件斜截面抗剪承载力计算，钢筋混凝土受弯构件短暂状况应力计算，钢筋混凝土受压构件抗压承载力计算，钢筋混凝土构件持久状况正常使用极限状态计算，预应力混凝土结构的概念及基本计算原理。书后附有本课程教学基本要求，供各校在进行教学安排时参考。

本书作为中等职业学校公路与桥梁专业教学用书，也可供继续教育及职业培训使用，或作为公路工程技术人员的学习参考书。

图书在版编目（C I P）数据

钢筋混凝土结构/柴金义主编 .--北京：人民交通出版社，2007.10

ISBN 978-7-114-06735-8

Ⅰ.钢… Ⅱ.柴… Ⅲ.钢筋混凝土结构 Ⅳ.TU375

中国版本图书馆 CIP 数据核字（2007）第 121153 号

中等职业教育国家规划教材

书　　名：钢筋混凝土结构（第二版）（公路与桥梁专业）
著 作 者：柴金义
责任编辑：王文华
出版发行：人民交通出版社股份有限公司
地　　址：（100011）北京市朝阳区安定门外外馆斜街 3 号
网　　址：http://www.ccpress.com.cn
销售电话：（010）59757973
总 经 销：人民交通出版社股份有限公司发行部
经　　销：各地新华书店
印　　刷：北京市密东印刷有限公司
开　　本：787×1092　1/16
印　　张：11
字　　数：272 千
版　　次：2002 年 7 月　第 1 版
　　　　　2007 年 10 月　第 2 版
印　　次：2019 年 1 月　第 6 次印刷　总第 9 次印刷
书　　号：ISBN 978-7-114-06735-8
定　　价：15.00 元
（有印刷、装订质量问题的图书由本社负责调换）

交通职业教育教学指导委员会

路桥工程专业指导委员会

中等职业教育国家规划教材出版说明

为了贯彻《中共中央国务院关于深化教育改革全面推进素质教育的决定》精神，落实《面向21世纪教育振兴行动计划》中提出的职业教育课程改革和教材建设规划，根据教育部关于《中等职业教育国家规划教材申报、立项及管理意见》(教职成[2001]1号)的精神，我们组织力量对实现中等职业教育培养目标和保证基本教学规格起保障作用的德育课程、文化基础课程、专业技术基础课程和80个重点建设专业主干课程的教材进行了规划和编写，从2001年秋季开学起，国家规划教材将陆续提供给各类中等职业学校选用。

国家规划教材是根据教育部最新颁布的德育课程、文化基础课程、专业技术基础课程和80个重点建设专业主干课程的教学大纲(课程教学基本要求)编写，并经全国中等职业教育教材审定委员会审定。新教材全面贯彻素质教育思想，从社会发展对高素质劳动者和中初级专门人才需要的实际出发，注重对学生的创新精神和实践能力的培养。新教材在理论体系、组织结构和阐述方法等方面均作了一些新的尝试。新教材实行一纲多本，努力为学校选用教材提供比较和选择，满足不同学制、不同专业和不同办学条件的学校的教学需要。

希望各地、各部门积极推广和选用国家规划教材，并在使用过程中，注意总结经验，及时提出修改意见和建议，使之不断完善和提高。

教育部职业教育与成人教育司

二〇〇六年六月

第一版前言

为了贯彻《中共中央国务院关于深化教育改革全面推进素质教育的决定》，落实《面向21世纪教育振兴行动计划》中提出的“职业教育课程改革和教材建设规划”，教育部全面启动了中等职业教育国家规划教材建设工作。交通职业教育教学指导委员会路桥工程学科委员会组织全国交通职业学校(院)的教师，根据教育部最新颁布的公路与桥梁专业的主干课程教学基本要求，编写了中等职业教育公路与桥梁专业国家规划教材共8册，并通过了全国中等职业教育教材审定委员会的审定。

本套教材的编写融入了全国各交通职业学校(院)公路与桥梁专业的教学改革成果，并结合了最新的技术标准、规范以及公路科技进步等情况，具有较强的针对性。新教材较好地贯彻了素质教育的思想，力求体现以人为本的现代理念，从交通行业岗位群的知识和技能要求出发，并结合对培养学生创新能力、职业道德方面的要求，提出教学目标并组织教学内容，在教材的理论体系、组织结构、内容描述上与传统教材有了明显的区别。

《钢筋混凝土结构》是中等职业教育公路与桥梁专业国家规划教材之一，内容包括：绪论，混凝土和钢筋材料性能，极限状态设计法，钢筋混凝土受弯构件正截面承载力计算，钢筋混凝土受弯构件斜截面承载力计算，钢筋混凝土受弯构件应力、变形和裂缝宽度计算，钢筋混凝土受压构件承载力计算，预应力混凝土结构设计共8章。

参加本书编写工作的有：内蒙古大学职业技术学院柴金义(编写第一、二、三、四、五、六章)、广西交通职业技术

第一版前言

学院黎群(编写第七章)、云南交通职业技术学院张力孙(编写第八章)。全书由内蒙古大学职业技术学院柴金义担任主编,云南交通职业技术学院张力孙担任责任编委。人民交通出版社聘请湖南交通职业技术学院文德云高级讲师担任本套教材的总统稿人。

本书由长安大学胡大琳教授担任责任主审,长安大学白青侠、郭梅副教授审稿。他们对书稿提出了宝贵意见,在此,表示衷心感谢。

限于编者经历及水平,教材内容很难覆盖全国各地的实际情况,希望各教学单位在积极选用和推广国家规划教材的同时,注意总结经验,及时提出修改意见和建议,以便再版修订时改正。

交通职业教育教学指导委员会

路桥工程学科委员会

二〇〇二年五月

第二版前言

随着公路特别是高速公路建设事业的快速发展，我国在公路与桥梁工程设计理论、公路建设新材料、公路施工新技术和新工艺等方面的研究取得了许多新的成果。为此，近年来中华人民共和国交通部颁布了一些新的行业标准、规程和规范。为紧跟行业新技术的发展步伐，适应新标准和规范的要求，改正第一版教材中与新标准、规程和规范表述不相吻合的内容，也为了弥补第一版教材在使用过程中发现的不足，交通职业教育教学指导委员会路桥工程专业指导委员会研究决定，对2002年出版的中等职业教育国家规划教材按以下原则重新编写。

1. 遵循“去旧补新”的原则。根据国家和行业颁布的最新标准、规程和规范以及行业科技进步需要，对原教材中部分内容进行适当的调整和更新，同时对原教材中的不足和疏忽予以弥补。

2. 突出实践技能的原则。按照教育部对中等职业教育培养目标的定位，吸收近几年职业教育教学改革的经验和成果，力求使新修订的教材更符合中职学生的认知规律、实际应用和职业技能的训练需要，体现“所学即所用，所用即所教”。

本书由内蒙古大学职业技术学院柴金义编写并担任主编，内蒙古大学理工学院赵志蒙对全书的文字、插图和例题进行了校核。

第二版教材增附教育部颁布的《中等职业学校公路与桥梁专业教学指导方案》中对《钢筋混凝土结构》课程的“教学基本要求”，以便于各校组织教学时参考。

交通职业教育教学指导委员会
路桥工程专业指导委员会
二〇〇六年八月

目录

目录

第一章　绪　论

第一节　钢筋混凝土结构的概念

将水泥、集料(砂、砾石、碎石)和水按适当的比例拌和在一起,结硬后可获得坚固的类似岩石的块材,称为混凝土。混凝土的密度取决于形成混凝土的各种材料,普通混凝土的重度约为 $24kN/m^3$。在混凝土的组成中,粗、细集料占总体积的60% ~80%,细集料由天然砂或成品砂组成,粗集料由碎石、砾石或铁矿渣构成。

混凝土的抗压强度很高,但抗拉强度很低。为此,若要混凝土构件承受拉应力,就需要用抗拉强度很高的材料予以"加强"。通常的做法是在构件受拉部位放置适量的钢筋。在构件里设置钢筋的主要目的是加强构件的抗拉能力。此外,钢筋也可以用来加强混凝土构件受压区的抗压能力。因此,钢筋混凝土具备了既受压又受拉的性能,因而成为工程上广泛应用的建筑材料。

以混凝土材料为主制成的结构,称为混凝土结构。其中包括素混凝土结构、钢筋混凝土结构和预应力混凝土结构。混凝土结构中不配置钢筋或根据某些规定配置构造钢筋的混凝土结构称为素混凝土结构。根据受力要求把钢筋以合理的形式浇筑在混凝土中而形成的混凝土结构称为钢筋混凝土结构。如果在混凝土结构中,通过张拉钢筋而对混凝土施加预压应力,就形成了预应力混凝土结构。混凝土的预压应力用以抵消荷载引起的拉应力,从而提高了结构的抗裂性。

钢筋和混凝土组成的材料在受到各种作用效应时具有两种材料的特点。例如,在钢筋混凝土受弯构件(梁、板)中,可以用钢筋来承受弯矩引起的全部拉应力,而受压区的混凝土承受压应力。在受拉为主的构件中,可以用钢筋来承受全部拉力,混凝土则对钢筋起保护作用,使钢筋免受腐蚀。在受压为主的构件中,为减小构件截面尺寸和改善构件的受力性能,可以配置一定数量的钢筋来分担构件所承受的压力。

钢筋和混凝土两种材料能够共同工作的原因是:

(1)钢筋与混凝土之间的黏结面具有可靠的黏结力。混凝土的凝结作用、混凝土与表面粗糙或表面带肋纹的钢筋之间的机械咬合作用在界面处形成了一定程度的黏结力,从而使钢筋和混凝土之间的黏结面具有一定的受剪承载力。这种黏结作用能够保证钢筋和混凝土协调变形、共同工作,直至破坏。

(2)钢筋和混凝土的温度线膨胀系数很接近(钢材为 $1.2\times10^{-5}/℃$,混凝土为 1.0×10^{-5} ~ $1.5\times10^{-5}/℃$)。因此,当外部温度发生变化时,在两种材料内不会因为收缩或膨胀而破坏两种材料之间的黏结强度。

(3)钢筋外面的混凝土(指由钢筋表面到构件表面的混凝土保护层)的碱性性质对钢筋起到长期保护作用,使钢筋免遭腐蚀。

第二节 钢筋混凝土在公路桥涵结构中的应用

钢筋混凝土在公路工程中的应用非常广泛，用来建造公路桥梁的结构构件，包括受弯构件、轴心受力（受压和受拉）构件、偏心受力（受压和受拉）构件以及受扭构件等。板和梁作为受弯构件，柱式桥墩台、钻孔灌注桩作为偏心受压构件，桁架桥中的拉杆和系杆拱拱桥中的系杆作为偏心受拉构件，均是桥梁工程中应用很广的钢筋混凝土构件。

钢筋混凝土如此广泛的应用在于其具备下列主要优点：

(1)强度高。混凝土的抗压强度很高，适合制作各类承重构件。

(2)耐久性好。混凝土的强度是随时间增长而增长的，同时钢筋混凝土对于遭受自然气候的干湿和冷热变化以及化学侵蚀等均具有较强的抵抗力，又包住钢筋不使其生锈。

(3)抗震性能好。钢筋混凝土结构因为整体性较好，具有一定的延性，故具有较好的抗震性能。

(4)耐热性好。与钢结构相比，钢筋混凝土结构具有较好的耐火性。

(5)可塑性好。可根据需要，浇筑成各种形状和尺寸的结构构件。

(6)可就地取材。钢筋混凝土结构构件所用的材料中，砂石材料所占比重较大，易于就地取材。

钢筋混凝土结构也存在一些缺点，如结构自重大，施工质量不易控制，抗裂性能较差等，从而使其应用范围受到一定限制。然而，随着生产和科技进步，钢筋混凝土的缺点已经或正在得以逐步克服。例如：采用轻质集料代替天然集料；大力发展装配式结构和预应力结构；改进结构形式等。

第三节 公路钢筋混凝土桥梁结构发展简况

自从古希腊和古罗马时代以来，混凝土及其胶结材料（如火山灰等）就一直在应用。19世纪中叶到20世纪初期是钢筋混凝土结构发展的初期，那时已有一些简单的钢筋混凝土板、梁、柱、桁架和拱构件应用。1867年Monier开创了钢筋混凝土的应用。1866年Wass和Koenen对钢筋混凝土梁进行了一系列试验研究。1871年Adir在英国的Homersfield镇跨Waveney河上修建了世界上第一座15m跨径的混凝土桥。1901年Robert Maillart在瑞士的Tavanas修建了一座跨Rhine河的实腹式箱形三铰拱桥，该桥成为以后40年中同类桥梁结构的典范。1905年Hennebique在比利时列日(liege)建造了一座55m的单跨桥。1906年C. A. P. Turner研制了第一块无梁混凝土板。钢筋混凝土在任何建筑形式上的适应性以及随着混凝土施工效率的提高，使其广泛应用于桥梁建筑上。

1886年Koenen公布了混凝土结构理论与设计的第一份手稿。之后，1910年德国钢筋混凝土委员会、奥地利混凝土委员会、美国混凝土学会在这一领域里的研究取得了相当的进展。到1920年，已修建了许多钢筋混凝土结构物，其中包括钢筋混凝土桥梁。1938年在前苏联，1956年在英国和美国，有人提出了极限强度理论，大大推动了钢筋混凝土结构设计理论及其应用技术的发展。

在19世纪末期，Jackson和Doehring（于1886年和1888年）正式提出了预应力混凝土的概念，但是，由于混凝土收缩和徐变引起的预应力损失很大，其应用没有获得成功。直到

1926 ~ 1928年当Freyssenet用高强钢材解决了预应力损失问题，人们才认为预加应力法是可行的。二次大战后，由于钢材的短缺，预应力混凝土成为大跨径桥梁结构最流行的选择方案。如今，先张法和后张法预应力混凝土结构构件成功地应用于大型桥梁建筑上。

随着生产力水平的提高，试验技术、计算理论研究、材料工艺的发展以及新型结构的开发应用，使钢筋混凝土成为现代工程中应用最广泛的建筑材料。目前，我国常用的混凝土强度已达到20 ~ 50MPa，国外常用的混凝土抗压强度已达到80MPa以上。在20世纪90年代初，美国联邦公路管理局（FHWA）开始了高性能混凝土（HPC）在公路桥梁上的应用试验研究。高性能混凝土是指能满足各种特殊性能要求而采用非常规成分经拌和、浇筑和养护而成的混凝土。其突出的特性是高强度、低渗透性，比普通混凝土更耐久和强度更高。

近30年来，我国在钢筋混凝土基本理论与计算方法、可靠度与作用分析、检测技术以及电子技术在钢筋混凝土结构中的应用等方面取得了很多成果，为制定和修订有关规范、规程提供了大量的数据和科学依据。

我国的公路钢筋混凝土桥梁结构理论和对混凝土变形性能分析研究进步很快。在结构可靠度方面，从单一安全系数法过渡到概率极限状态法的应用。国家先后颁布了《公路工程结构可靠度设计统一标准》（GB/T 50283—1999）和新的《混凝土结构设计规范》（GB 50010—2002）。2004年交通部颁布了《公路桥涵设计通用规范》（JTG D60—2004）和《公路钢筋混凝土和预应力混凝土桥涵设计规范》（JTG D62—2004）等行业规范。这些规范必将促进公路桥涵混凝土结构设计的技术应用。

第四节　钢筋混凝土结构的学习方法

本课程是公路与桥梁专业的主干课程之一，课程主要学习桥梁规范规定的钢筋混凝土结构构件承载力计算的基本原理，其中包括构件的受力性能、承载力和变形计算方法等。这是以后学习钢筋混凝土桥梁和涵洞等构造物的基础知识。

（1）在学习钢筋混凝土结构时，要着重从它与力学不同的方面来掌握钢筋混凝土的特点。由于混凝土是非匀质、非连续、非弹性的材料，钢筋混凝土结构构件的受力性能与力学中所讨论的材料不同，因此，力学中计算公式可直接应用的情况不多，但是，在学习钢筋混凝土结构时可借鉴力学中解决问题的一般方法，如通过几何、物理和平衡关系建立基本方程的途径，只要在每一种关系的具体内容上考虑钢筋混凝土性能上的特点即可。由于钢筋混凝土构件是由钢筋和混凝土两种性能很不相同的材料所组成的，二者之间在受力和变形上存在着相互协调、相互制约的问题。这是钢筋混凝土结构的一个比较基本而又具有实际意义的问题。既然钢筋混凝土是由两种材料组成的，则两种材料在强度和数量上存在一个配比的问题。如果材料强度的搭配或配筋的比值超过了一定的范围和界限，就会引起构件受力性能的改变，这是钢筋混凝土构件的特点，是匀质材料构件所没有的。

（2）在学习和运用钢筋混凝土构件的计算公式时，要特别注意它的适用范围和条件。钢筋混凝土构件的计算方法是建立在试验基础上的。由于混凝土受力性能的复杂性，又没有非常完善的强度理论，有关混凝土的强度和变形规律在很大程度上是根据试验资料的统计分析结果给出的经验关系。

（3）在学习本课程时，要注意学习对多种因素进行综合分析的方法。力学课程侧重于构件的应力分析和变形计算，其解答往往是唯一的。钢筋混凝土结构课程所要解决的问题不仅仅是承载力和变形问题，而主要的问题是结构构件的设计，包括方案、截面形式和材料的选择以及配筋构造等。结构设计是一个综合性问题，需要考虑安全、适用、经济和施工的可行性各个方面的因素。同一个构件在给定的作用条件下，可以有不同的截面形式、尺寸、配筋数量等多种答案，往往需要进行适用、材料用量、造价、施工等各项指标的综合分析比较才能合理地选择。

(4)要学会运用规范。本课程在很多方面与规范有关。为了贯彻国家的技术经济政策，保证设计与施工质量，达到设计方法上的统一化、标准化，国家颁布了钢筋混凝土结构的设计规范，这是工程技术人员必须遵守的规定，应该熟悉其内容并学会运用。

思考题

1. 什么是钢筋混凝土结构?

2. 为什么钢筋和混凝土两种性质不同的材料能够有效地共同作用?

3. 钢筋混凝土结构的优缺点是什么?

第二章　混凝土和钢筋材料性能

第一节　混　凝　土

一、混凝土的强度

强度是混凝土最重要的力学性质,这是因为任何混凝土结构物主要是用以承受荷载或抵抗各种作用力的。在一定情况下,在工程上还要求混凝土具有其他性能,如不透水性、抗冻性等。但是,这些性质与混凝土强度之间存在着密切的联系。一般说来,混凝土的强度愈高,其刚性、不透水性、抵抗风化和某些侵蚀介质的能力愈高。另一方面,强度愈高,往往干缩也较大,同时较脆易裂。因此,通常用混凝土强度来作为评定和控制混凝土的质量以及评价各种因素(如原材料、配合比、制造方法和养护条件等)影响程度的指标。

1. 混凝土的抗压强度

在钢筋混凝土结构中,混凝土主要用于承受压力,因而研究其抗压强度是十分必要的。试验表明,混凝土的抗压强度除受组成材料的性质、配合比、养护环境、施工方法等影响外,还与试验方法及试件尺寸、形状有关。

混凝土抗压强度的表示方法如下。

1)混凝土的强度等级 $f_{cu,k}$

混凝土的强度等级应按立方体抗压强度标准值来划分。按照标准制作养护方法,以边长为150mm的立方体尺寸标准试件[图2-1a)]养护至28d龄期,以标准试验方法测得的具有95%保证率的抗压强度值,单位以MPa计,称为混凝土的强度等级。混凝土强度等级采用符号C与立方体抗压强度标准值 $f_{cu,k}$ 表示。例如,强度等级C20指立方体抗压强度标准值为20MPa。

$$f_{cu,k}=\mu_{f150}^{s}-1.645\sigma_{f150}=\mu_{f150}^{s}(1-1.645\delta_{f150}) \tag{2-1}$$

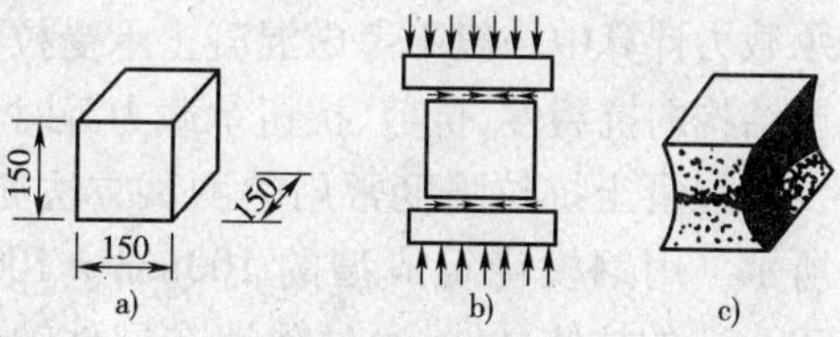

图2-1　混凝土的抗压强度试验(尺寸单位:mm)

式中:$f_{cu,k}$——混凝土立方体抗压强度标准值(MPa);

μ_{f150}^{s}——混凝土立方体抗压强度平均值(MPa);

σ_{f150}——混凝土立方体抗压强度标准差(MPa);

δ_{f150}——混凝土立方体抗压强度的变异系数,$\delta_{f150}=\sigma_{f150}/\mu_{f150}^{s}$,其值可按表2-1采用。

混凝土立方体抗压强度的变异系数　　表2-1

混凝土的强度等级	C20	C25	C30	C35	C40	C45	C50	C55	C60
变异系数 δ_{f150}	0.18	0.16	0.14	0.13	0.12	0.12	0.11	0.11	0.10

注:混凝土强度等级大于C60时,均取 $\delta_{f150}=0.10$。

《公路钢筋混凝土及预应力混凝土桥涵设计规范》(JTG D62—2004)[以下简称《桥规》(JTG D62)]规定,混凝土按强度等级可分为C15、C20、C25、C30、C35、C40、C45、C50、C55、C60、C65、C70、C75和C80共十四个等级。中间以5MPa进级。C50以下为普通混凝土,C50及以上为高强混凝土。公路桥涵钢筋混凝土受力构件的混凝土强度等级不应低于C20;当采用HRB400、KL400钢筋时,混凝土强度等级不应低于C25。预应力混凝土构件的混凝土强度等级不应低于C40。

当采用非标准试件时,应将其抗压强度折算为标准试件抗压强度。对边长为100mm和200mm的立方体试件,折算系数分别采用0.95和1.05。

需要指出,立方体的受力情况并不能代表混凝土构件中的受力情况,它只是作为一种在给定的统一试验方法下衡量混凝土强度的基本方法。因为这种试件的制作和试验均比较简便,而且离散性较小。

2)轴心抗压强度

用高宽比$h/b \geq 3$的柱体试件所测得的抗压强度,称为轴心抗压强度(或称为柱体抗压强度)。我国采用150mm×150mm×450mm柱体作为混凝土轴心抗压试验的标准试件进行试验,柱体强度试验统计平均值μ_{fc}^{s}与立方体抗压强度试验统计平均值μ_{f150}^{s}呈线性关系,即:

$$\mu_{fc}^{s} = \alpha\mu_{f150}^{s} \tag{2-2}$$

式中:α——柱体强度与立方体强度之比值:对于C50及以下混凝土,取$\alpha = 0.76$;对C55~C80混凝土,取$\alpha = 0.77 \sim 0.82$。

考虑到构件中混凝土与试件混凝土因品质、制作工艺、养护条件、受荷情况和环境条件等不同而存在差异,按《公路工程结构可靠度设计统一标准》(GB/T 50283—1999)[以下简称《可靠度统一标准》(GB/T 50283)]条文说明,对试件混凝土强度修正系数取为0.88。这样,构件混凝土柱体抗压强度f_c的平均值为:

$$\mu_{fc}^{s} = 0.88\alpha\mu_{f150}^{s} \tag{2-3}$$

轴心抗压强度f_c是混凝土结构最基本的强度指标。在实际工程结构中,绝大多数受压构件其高度比其支承面的边长要大得多,所以用柱体强度比立方体强度能更好地反映混凝土的实际抗压能力。

2. 混凝土的抗拉强度

混凝土的抗拉强度很小,一般约为其抗压强度的1/18~1/8。在钢筋混凝土结构构件的承载力计算中一般不考虑混凝土承受拉力,因而用不到这个强度指标。只有当验算钢筋混凝土结构的抗裂性,抗剪、抗扭承载力等时,抗拉强度才是起控制作用的强度指标。

混凝土抗拉强度常用的测试方法如图2-2所示。用钢模浇筑成型的100mm×100mm×500mm的柱体试件,通过预埋在试件轴线两端的肋纹钢筋(埋入长度为150mm),对试件施加拉力,试件破坏时的平均应力即为混凝土的轴心抗拉强度f_t^s。

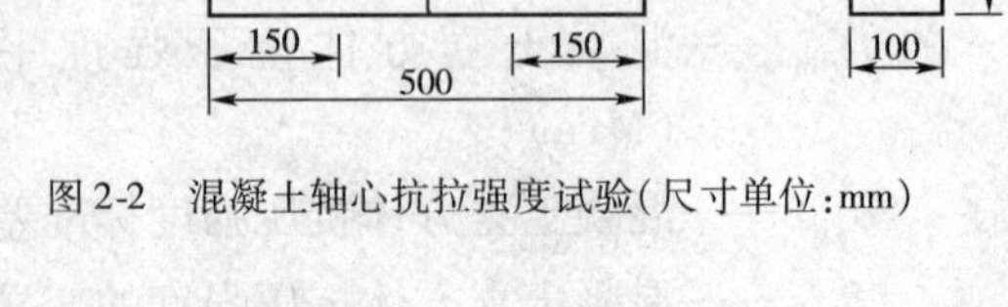

图2-2 混凝土轴心抗拉强度试验(尺寸单位:mm)

根据混凝土直接受拉试验结果,混凝土轴心抗拉强度的统计平均值μ_{ft}^{s}与立方体抗压强度试验统计平均值μ_{f150}^{s}之间的关系为:

$$\mu_{ft}^{s} = 0.395(\mu_{f150}^{s})^{0.55} \tag{2-4}$$

构件混凝土轴心抗拉强度的平均值为:

$$\mu_{ft}^{s}=0.88\times0.395(\mu_{f150}^{s})^{0.55} \tag{2-5}$$

3. 强度标准值和强度设计值

按照极限状态设计时，材料强度的取值是在数理统计的基础上，根据结构的安全和经济条件，选取某一个具有保证率的强度值作为设计指标。在分析大量试验结果的基础上，认为混凝土在各种受力状态下（立方体受压、棱柱体受压及轴心受拉）的强度变化规律均符合正态分布。

混凝土立方体强度的标准值相当于立方体抗压强度的统计平均值减去 1.645 倍均方差，即具有 95% 保证率的立方体抗压强度。与这个值相对应的各项强度指标（如轴心抗压强度、轴心抗拉强度等）就称为混凝土的各项"强度标准值"，记为 $f_{cu,k}$。

不同强度等级混凝土的轴心抗压强度标准值和轴心抗拉强度标准值是由立方体抗压强度标准值推算出来的，其中假定混凝土的各种强度的概率分布具有相同的变异系数 δ_{f150}（表 2-1）。

1）混凝土的轴心抗压强度标准值 f_{ck}

$$f_{ck}=\mu_{fc}(1-1.645\delta_{fc})=0.88\alpha\mu_{f150}^{s}(1-1.645\delta_{f150})=0.88\alpha f_{cu,k} \tag{2-6}$$

对于 C25 混凝土，$f_{ck}=0.88\times0.76\times25\approx16.7$（MPa）。

2）混凝土的轴心抗拉强度标准值 f_{tk}

$$f_{tk}=\mu_{ft}(1-1.645\delta_{ft})=0.88\times0.395(\mu_{f150}^{s})^{0.55}(1-1.645\delta_{f150})$$

将式（2-1）变为 $\mu_{f150}^{s}=\dfrac{f_{cu,k}}{1-1.645\delta_{f150}}$ 代入上式，则得：

$$f_{tk}=0.88\times0.395f_{cu,k}^{0.55}(1-1.645\delta_{f150})^{0.45} \tag{2-7}$$

对于 C25 混凝土，$f_{tk}=0.88\times0.395\times25^{0.55}\times(1-1.645\times0.16)^{0.45}\approx1.78$（MPa）。

混凝土强度标准值列入表 2-2 中。

混凝土强度标准值（单位：MPa）　　表 2-2

强度种类	符号	混凝土强度等级								
		C20	C25	C30	C35	C40	C45	C50	C55	C60
轴心抗压	f_{ck}	13.4	16.7	20.1	23.4	26.8	29.6	32.4	35.5	38.5
抗　　拉	f_{tk}	1.54	1.78	2.01	2.20	2.40	2.51	2.65	2.74	2.85

3）混凝土强度的设计值

混凝土抗压强度设计值 f_{cd} 和抗拉强度设计值 f_{td} 与其对应的标准值的关系为：

$$f_{cd}=\frac{f_{ck}}{\gamma_c} \tag{2-8}$$

$$f_{td}=\frac{f_{tk}}{\gamma_c} \tag{2-9}$$

式中：γ_c——混凝土材料性能的分项系数，公路桥涵工程按照可靠度分析方法确定出的各级混凝土的强度分项系数均为 $\gamma_c=1.45$。

用表 2-2 中混凝土强度标准值依次除以混凝土强度分项系数（$\gamma_c=1.45$）即可求得各级混凝土的强度设计值，如表 2-3 所列。

混凝土强度设计值（单位：MPa）　　表 2-3

强度种类	符号	混凝土强度等级								
		C20	C25	C30	C35	C40	C45	C50	C55	C60
轴心抗压	f_{cd}	9.2	11.5	13.8	16.1	18.4	20.5	22.4	24.4	26.5
轴心抗拉	f_{td}	1.06	1.23	1.39	1.52	1.65	1.74	1.83	1.89	1.96

注：计算现浇钢筋混凝土轴心受压和偏心受压构件时，如截面的长边或直径小于 300mm，表中数值应乘以系数 0.8；当构件质量（混凝土成型、截面和轴线尺寸等）确有保证时，可不受此限制。

二、混凝土的变形

1. 混凝土的收缩

混凝土在空气中结硬时，水泥胶膜内和混凝土孔隙内水分不断减少，造成混凝土体积减小的现象称为收缩。

混凝土的收缩过程很长，但在结硬初期和前六个月中，可以完成全部收缩量的 80% ~ 90%，在浇筑后的几天内收缩变形最为强烈。

造成混凝土收缩的原因很多，主要因素有水泥用量、强度等级、品种，集料的物理性能，施工过程中振捣、养护，构件的体表比。混凝土收缩的结果，会使钢筋混凝土构件产生裂缝，会使预应力混凝土构件产生预应力损失等，故应当设法减小混凝土收缩。减少混凝土收缩的措施有：在浇筑混凝土时认真振捣，混凝土密度愈大，孔隙率愈小，收缩愈小；在混凝土浇筑的最初几天里，注意洒水养护（或蒸汽养护），避免混凝土中的水分过快地蒸发，可以比较有效地减少收缩和收缩裂缝；在满足设计强度等级要求的前提下，尽量减少用灰量，也可以减少混凝土的收缩。此外，还可以用增设伸缩缝来解决，对于较厚和体积较大的混凝土板，在靠近上下表面的部位配置防止收缩裂缝展开的钢筋。

2. 混凝土的徐变

在荷载的长期作用下（不变的应力长期持续作用下），混凝土的变形（应变）随时间增加而不断增长的现象称为徐变（图 2-3）。

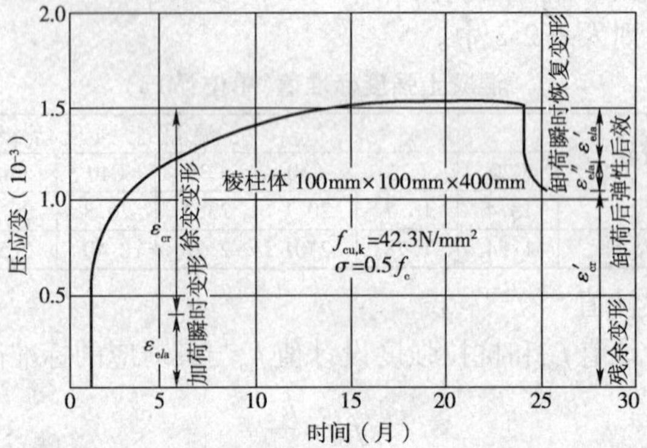

图 2-3　混凝土的徐变（加载卸载应变与时间关系曲线）

在钢筋混凝土板、梁中，混凝土的徐变会降低板、梁的刚度，导致板、梁变形（挠度）的增加，故在计算板、梁的挠度时应考虑长期荷载作用下混凝土产生的徐变影响。

在预应力混凝土结构中，混凝土徐变会造成预应力钢筋中的应力损失。因此，在设计预应力混凝土结构时，必须考虑混凝土徐变的影响。

试验表明，徐变变形具有如下特征：

（1）在不变静力作用下，徐变开始增长较快，然后逐渐减慢，直至接近水平渐近线；

（2）在荷载作用下，混凝土的应力愈大，徐变愈大；

（3）加荷载时，混凝土龄期愈长，徐变就愈小；

（4）混凝土强度愈大，徐变愈小；

（5）混凝土的组成成分对徐变影响很大，水泥用量愈大，水灰比愈大，徐变亦愈大；增加集料的含量，集料愈坚硬，弹性模量愈大，对徐变的约束作用愈大，混凝土徐变就愈小；

(6)混凝土的制作方法、养护条件对徐变也有重要影响，养护条件好，养护时温度高、湿度大、水泥水化作用充分，徐变就减小。

徐变分为线性徐变和非线性徐变。试验表明，当应力较小($\sigma_c < 0.5f_c$，其中 f_c 为混凝土轴心抗压强度)时，徐变变形与应力可近似看作成正比关系，曲线接近等间距分布，这种情形称为线性徐变。其特点是加荷初期徐变增长较快，六个月时一般已完成总量的 70% ~80%，之后徐变增长逐渐减小并趋于稳定。当混凝土应力较大($\sigma_c > 0.5f_c$)时，徐变变形增量与应力增量不成正比，徐变比应力增长更快，故称此为非线性徐变。非线性徐变的特点是：徐变变形急剧增加且呈非稳定现象。

应该指出，混凝土的徐变和收缩具有本质上的不同，收缩是混凝土本身在结硬过程中的物理化学现象，它与外力无关；而徐变是在静力荷载长期作用下，发生在力的作用方向的塑性变形。

3. 混凝土的变形模量

变形模量是指材料产生单位应变所需要的应力，它是衡量材料刚度性能的重要指标。

在进行结构设计时，计算钢筋混凝土构件的变形或抗裂性能以及预应力混凝土构件的截面应力时，均需要混凝土的弹性模量。

对于弹性材料，应力和应变之间的关系符合线性规律，其弹性模量 $E = \sigma/\varepsilon$ 是一个常量。

混凝土不是弹性材料，而是弹塑性材料，应力—应变图呈曲线状态(图 2-4)，即应力与应变之间不存在线性关系。因此，混凝土的变形模量不是弹性模量，而应该是包括塑性变形(不可恢复原状的变形)在内的弹塑性模量。

为消除混凝土的塑性变形影响，求得有代表性的弹性模量，桥梁规范采用柱体试件在应力 $\sigma = 0 \sim 0.5f_c$ 之间反复加荷 5 ~10 次的方法，从大量的试验数据中确定混凝土的弹性模量(图 2-5)。每次卸荷至应力为零，都要残存一部分塑性变形，随着加荷次数增加，塑性变形逐渐减小，当重复加荷 5 ~10 次后，应力—应变曲线接近于直线，此时求得的直线斜率即为规范所规定的弹性模量值 E_c，即：

$$E_c = \frac{\sigma_t}{\varepsilon_t} \tag{2-10}$$

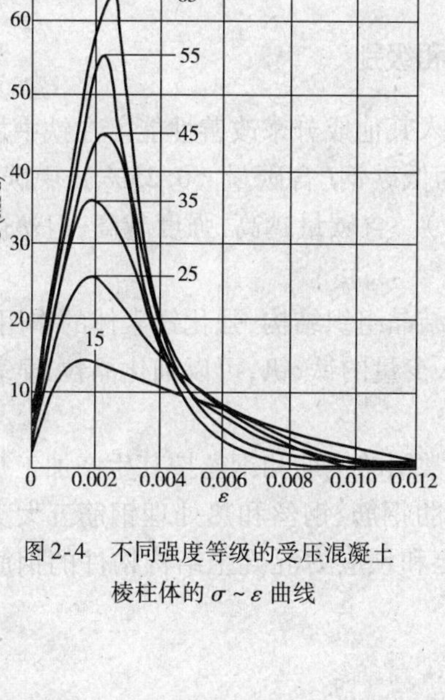

图 2-4　不同强度等级的受压混凝土棱柱体的 $\sigma \sim \varepsilon$ 曲线

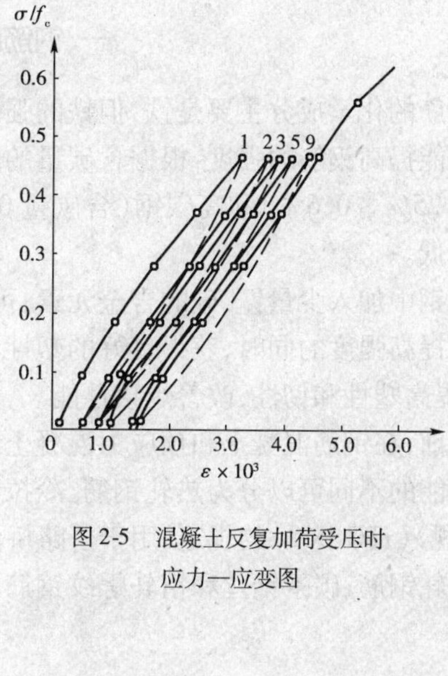

图 2-5　混凝土反复加荷受压时应力—应变图

利用上述测定的结果及通过回归分析，可求得混凝土的弹性模量与其主要影响参数立方体抗压强度$f_{cu,k}$之间关系的经验表达式，即：

$$E_c = \frac{10^5}{2.2 + \frac{34.74}{f_{cu,k}}} \quad (\text{MPa}) \tag{2-11}$$

式中：$f_{cu,k}$——立方体抗压强度标准值。

将不同强度等级混凝土的立方体抗压强度标准值代入式(2-11)，即可求得与之对应的弹性模量值，如表 2-4 所列。

混凝土弹性模量(单位：MPa)　　　表 2-4

混凝土强度等级	弹性模量 E_c	混凝土强度等级	弹性模量 E_c
C20	2.55×10^4	C45	3.35×10^4
C25	2.80×10^4	C50	3.45×10^4
C30	3.00×10^4	C55	3.55×10^4
C35	3.15×10^4	C60	3.60×10^4
C40	3.25×10^4		

混凝土的受拉弹性模量与受压弹性模量大体相等，计算中两者可取相同的数值。混凝土剪切变形弹性模量 G_c 可按表 2-4 中混凝土弹性模量的 0.4 倍采用，即：

$$G_c = 0.4E_c \tag{2-12}$$

桥梁工程中，通常要求构件混凝土能承受 200 万次以上反复荷载作用并不得产生疲劳破坏，这时混凝土的强度称为疲劳强度f_c^f，一般取$f_c^f \approx 0.5f_c$。

4. 混凝土的温度变形

混凝土与其他材料一样，当温度变化时其体积也有热胀冷缩的性质。混凝土的温度线膨胀系数采用 $\alpha = 1.0\times10^{-5} \sim 1.5\times10^{-5}/℃$，适用温度为 0 ~ 100℃。

第二节　钢　　筋

一、钢筋的成分、种类和级别

钢筋的化学成分主要是铁，但铁的强度低，需要加入其他成分来改善性能。在铁中加入少量的碳能提高钢筋的强度，根据含碳量的多少又可分为低碳钢(含碳量 <0.25%)、中碳钢(含碳量 0.25% ~0.6%)和高碳钢(含碳量 0.6% ~1.4%)。含碳量越高，强度越高，但塑性和可焊性降低。

在钢中加入少量锰、硅的合金元素，可以起到改善结晶组织结构、强化铁素体的作用，从而使钢在提高强度的同时，获得良好的塑性。在钢中加入少量的钛、钒，可以细化晶粒，显著提高强度，提高塑性和韧性，改善焊接性能。

目前，在钢筋混凝土和预应力混凝土结构构件中，常用的钢筋和钢丝按其生产加工工艺和力学性能的不同可以分为热轧钢筋、冷拉钢筋、冷轧带肋钢筋、钢丝和热处理钢筋五大类。按照《桥规》(JTG D62)的规定，用于公路桥涵钢筋混凝土和预应力混凝土结构构件的钢筋主要选用热轧钢筋、碳素钢丝和精轧螺纹钢筋三大类。

1. 热轧钢筋

热轧钢筋按其外形分为光面钢筋和带肋钢筋两大类(图2-6)。

1)光面钢筋

R235级光面圆钢筋(相当于原标准Ⅰ级钢筋),其公称直径范围 $d=8\sim20$mm,表示符号 ϕ。R235级光面圆钢筋属于低碳钢,其强度较低,但塑性和可焊性能较好,主要用于小型钢筋混凝土结构构件中的受力主筋,以及钢筋混凝土结构和预应力混凝土结构中的箍筋、构造钢筋。

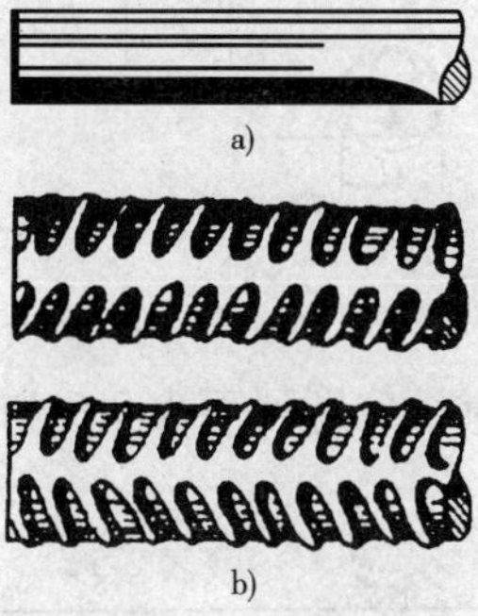

图2-6 钢筋的外形
a)光面钢筋;b)带肋钢筋

2)带肋钢筋

HRB335和HRB400、KL400两个强度等级的钢筋都在表面上轧有肋纹(包括两条纵肋和一系列与纵肋以不小于45°的角度相交的横肋),如图2-6b)所示。

HRB335级钢筋(相当于原标准Ⅱ级钢筋),其公称直径范围 $d=6\sim50$mm,推荐采用直径一般不超过32mm,表示符号Φ。HRB335级钢筋属于普通低碳合金钢,其强度比R235级光面圆钢筋高且表面轧有肋纹,与混凝土的黏结强度好,其塑性和可焊性能也都较好,用于钢筋混凝土结构中,可以比较有效地节约钢材。

HRB400、KL400钢筋相当于原标准Ⅲ级钢筋,分别用符号Φ、Φ^{R}表示。HRB400钢筋的公称直径范围 $d=6\sim50$mm,其中 $d=22$mm以下尺寸推荐采用以2mm递减,$d=22$mm以上为25mm、28mm、32mm、36mm、40mm和50mm;KL400钢筋为余热处理钢筋,其公称直径范围 $d=8\sim40$mm,尺寸进级情况与HRB400相同。HRB400、KL400钢筋强度较高,具有较好的黏结性能,用途与HRB335级钢筋相同。

2. 预应力钢筋

预应力构件中的预应力钢筋应选用钢绞线和碳素钢丝为主,中、小型构件或竖、横向预应力钢筋也可选精轧螺纹钢筋。

1)钢丝

预应力钢丝系指《预应力混凝土用钢丝》(GB/T 5223—2002)中的光面钢丝、刻痕钢丝和螺旋肋钢丝,公称直径范围 $d=4\sim9$mm。螺旋肋钢丝的最大直径为9mm。钢丝具有强度高、无需焊接和使用方便等优点。

碳素钢丝亦称高强钢丝,一般是由 $\phi8$ 高碳光圆盘条钢筋经冷拔和矫直回火制成的。

《桥规》(JTG D62)推荐采用的光面钢丝有公称直径为 $d=4$mm、5mm和6mm三种规格,表示符号 ϕ^{P}。

螺旋肋钢丝和刻痕钢丝(图2-7)是把碳素钢丝的表面经过机械加工而制成的。通过设置螺旋肋和刻痕,使钢丝与混凝土或水泥浆之间的黏结性能得到一定的改善。螺旋肋钢丝和刻痕钢丝适用于先张法预应力混凝土结构。刻痕钢丝有 $d=5$mm和7mm两种规格,表示符号 ϕ^{I}。由于刻痕,钢丝的极限抗拉强度比高强钢丝要略低一些。螺旋肋钢丝有 $d=7$mm、8mm和9mm三种规格,表示符号 ϕ^{H}。

2)钢绞线

光面钢丝一般是以多根钢丝组成的钢丝束或由若干根钢丝扭结成的钢绞线的形式应用。如图2-8所示,《桥规》(JTG D62)推荐选用的钢绞线有:两股钢绞线 $d=8.0$mm、10.0mm、12.0mm;三股钢绞线 $d=8.6$mm、10.8mm、12.9mm;七股钢绞线 $d=9.5$mm、11.1mm、12.7mm、15.2mm。其中七股钢绞线是被采用最多的。钢绞线的表示符号为 ϕ^{S}。

3）精轧螺纹钢筋

精轧螺纹钢筋是按企业标准生产的高强度钢筋，有公称直径 d = 18mm、25mm、32mm、40mm 四种规格，仅用于中、小型构件或竖、横向钢筋。

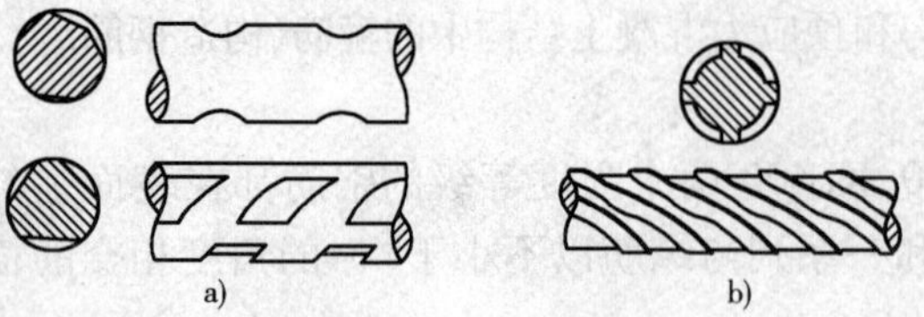

图 2-7　螺旋肋钢丝和刻痕钢丝

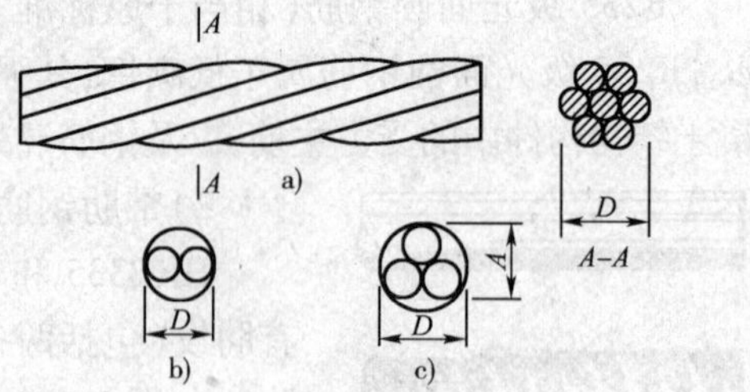

图 2-8　钢绞线

钢筋公称截面面积和公称质量、预应力钢筋公称截面面积和公称质量分别列于表 2-5 和表 2-6。

钢筋公称截面面积和公称质量　　表 2-5

公称直径（mm）	不同根数钢筋的公称截面面积（mm^2）									单根钢筋公称质量（kg/m）	螺纹钢筋	
	1	2	3	4	5	6	7	8	9		计算直径（mm）	外径（mm）
6	28.27	57	85	113	142	170	198	226	255	0.222	6	7.0
8	50.27	101	151	201	252	302	352	402	453	0.395	8	9.3
10	78.54	157	236	314	393	471	550	628	707	0.617	10	11.6
12	113.10	226	339	452	565	678	791	904	1017	0.888	12	13.9
14	153.89	308	461	615	769	923	1 077	1 231	1 385	1.210	14	16.2
16	201.10	402	603	804	1 005	1 206	1 407	1 608	1 809	1.580	16	18.4
18	254.50	509	763	1 017	1 272	1 527	1 781	2 036	2 290	2.000	18	20.5
20	314.20	628	942	1 256	1 570	1 884	2 199	2 513	2 827	2.470	20	22.7
22	380.10	760	1 140	1 520	1 900	2 281	2 661	3 041	3 421	2.980	22	25.1
25	490.90	982	1 473	1 964	2 454	2 945	3 436	3 927	4 418	3.850	25	28.4
28	615.80	1 232	1 847	2 463	3 079	3 695	4 310	4 926	5 542	4.830	28	30.5
32	804.20	1 609	2 413	3 217	4 021	4 826	5 630	6 434	7 238	6.130	32	35.8

预应力钢筋公称截面面积和公称质量　　表 2-6

钢筋种类及公称直径（mm）				截面面积（mm^2）	公称质量（kg/m）
钢绞线	1×2（两股）		8.0	25.3	0.199
			10.0	39.5	0.310
			12.0	56.9	0.447
	1×3（三股）		8.6	37.4	0.295
			10.8	59.3	0.465
			12.9	85.4	0.671
	1×7（七股）	标准型	9.5	54.8	0.432
			11.1	74.2	0.580
			12.7	98.7	0.774
			15.2	139.0	1.101

续上表

钢筋种类及公称直径(mm)		截面面积(mm^2)	公称质量(kg/m)
消除应力钢丝	4	12.57	0.099
	5	19.63	0.154
	6	28.27	0.222
	7	38.48	0.302
	8	50.26	0.394
	9	63.62	0.499
精轧螺纹钢筋	18	254.5	2.1
	25	490.9	4.1
	32	804.2	6.6
	40	1 247.0	10.3

二、钢筋的强度和变形

在钢筋混凝土构件中,所用的钢筋分为有明显屈服点钢筋和无明显屈服点钢筋。

1. 有明显屈服点钢筋的应力—应变曲线

钢筋混凝土构件中采用的普通热轧钢筋,其含碳量低,工程上习惯称其为软钢,属于有明显屈服点钢筋之列,其应力—应变曲线(图 2-9)的特点是有明显的屈服台阶,屈服强度是软钢的主要强度指标。

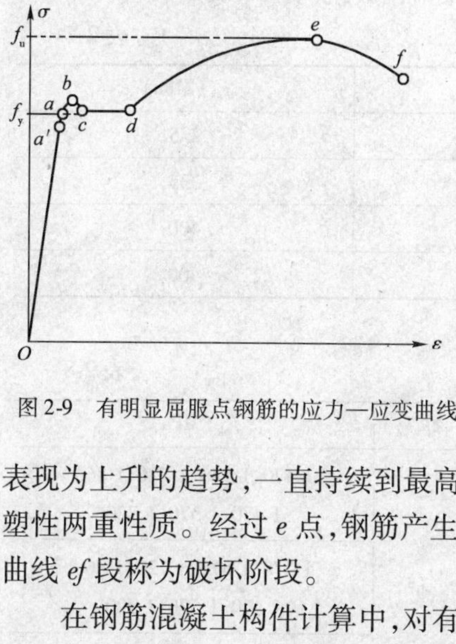

图 2-9　有明显屈服点钢筋的应力—应变曲线

如图 2-9 所示,在应力达到 a'点以前,应力与应变成正比,a'点称为比例极限,Oa'段属于弹性工作阶段。在比例极限稍稍往上的地方 a 是弹性极限。在到达弹性极限之前,钢筋的变形是弹性的。超过弹性极限之后,钢的塑性变形明显加快,应力达到 c 点,钢筋开始流动,即应力不再增加而变形在增加,c 点称为屈服强度。c 点是不稳定的,从 c 点以后到 d 点在应力—应变曲线上出现一个水平段(cd),称为屈服台阶(或称为流幅)。在屈服台阶上,钢筋几乎完全按塑性体工作。超过屈服台阶(d 点)之后,钢筋进入强化阶段(de 段),应力—应变曲线又表现为上升的趋势,一直持续到最高点 e 点(e 点的应力称为极限强度),这时钢筋具有弹性和塑性两重性质。经过 e 点,钢筋产生颈缩现象,应力—应变曲线开始下降,到 f 点钢筋被拉断,曲线 ef 段称为破坏阶段。

在钢筋混凝土构件计算中,对有明显屈服点的钢筋均取屈服强度作为强度限值。这是因为构件中的钢筋应力达到屈服点后会产生很大的塑性变形,使钢筋混凝土构件的变形和裂缝宽度大大增加,从而不能继续正常使用。钢筋的极限强度是钢筋的实际破坏强度,只能作为安全储备,而不能作为构件设计计算中钢筋强度取值的依据。

钢筋屈服台阶的大小随着钢筋的品种而异,屈服台阶大的钢筋,相对变形值大,塑性性能好。

2. 无明显屈服点钢筋的应力—应变曲线

各类钢丝属于无明显屈服点钢筋之列,工程上习惯称其为硬钢,其应力—应变曲线如图 2-10 所示。从图中可以看出,在钢筋应力达到比例极限 a 点之前,应力—应变呈线性变化,钢筋具有明显的弹性性质。超过 a 点之后,钢筋表现出塑性性质,但应力、应变持续增长,应力—应变曲线无明显的屈服点,到达极限抗拉强度 b 点后,钢筋同样产生颈缩现象,应力—应变曲线呈下降趋势，到 c 点钢筋被拉断。

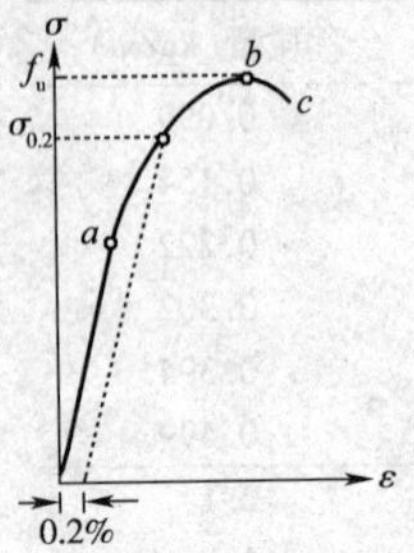

2-10　无明显屈服点钢筋的应力一应变曲线

在工程设计中，极限抗拉强度不能作为钢筋强度取值的依据，一般取钢筋残余应变为0.2%所对应的钢筋应力 $\sigma_{0.2}$ 作为无明显屈服点的钢筋的强度限值，通常称为条件屈服强度。按照最新国家标准的规定，钢绞线和钢丝的条件屈服强度为其抗拉强度的 0.85 倍，即：$\sigma_{0.2}=0.85\sigma_b$，其中 σ_b 为无明显屈服点钢筋的抗拉极限强度。

三、钢筋强度的取值

1. 钢筋强度的标准值

在各类钢筋或钢丝的国家标准中给出了钢材的强度检验指标。对于有明显屈服点的钢筋，所给出的是屈服强度的检验指标，而对于无明显屈服点的钢筋，给出的则是极限抗拉强度的检验指标。这些强度指标称为"强度标准值"。

钢筋强度标准值应以国家规定值作为确定标准值的依据。《桥规》(JTG D62)规定，钢筋的抗拉强度标准值 f_{sk} 应具有不小于95%的保证率。

普通钢筋的强度标准值系根据屈服强度确定，用 f_{sk} 表示。预应力钢筋的强度标准值系根据极限抗拉强度确定，用 f_{pk} 表示。

普通钢筋的强度标准值列于表 2-7，预应力钢筋的强度标准值列于表 2-8。

普通钢筋的强度标准值　　　　表 2-7

钢筋种类		符号	f_{sk}(MPa)
R235	$d=8\sim20$	ϕ	235
HRB335	$d=6\sim50$	Φ	335
HRB400	$d=6\sim50$	Φ	400
KL400	$d=8\sim40$	Φ^R	400

注：表中 d 系指国家标准中的钢筋公称直径，单位为 mm。

预应力钢筋的强度标准值　　　　表 2-8

钢筋种类			符号	f_{pk}(MPa)
钢绞线	1×2（两股）	$d=8.0$、10.0	ϕ^S	1 470、1 570、1 720、1 860
		$d=12.0$		1 470、1 570、1 720
	1×3（三股）	$d=8.6$、10.8		1 470、1 570、1 720、1 860
		$d=12.9$		1 470、1 570、1 720
	1×7（七股）	$d=9.5$、11.1、12.7		1 860
		$d=15.2$		1 720、1 860
消除应力钢丝	光面	$d=4$、5	ϕ^P	1 470、1 570、1 670、1 770
	螺旋肋	$d=6$	ϕ^H	1 570、1 670
		$d=7$、8、9		1 470、1 570
	刻痕	$d=5$、7	ϕ^I	1470、1570
精轧螺纹钢筋		$d=40$	JL	540
		$d=18$、25、32		540、785、930

注：表中 d 系指国家标准中钢绞线、钢丝和精轧螺纹钢筋的公称直径，单位为 mm。

2. 钢筋(钢丝)强度的设计值

钢筋(钢丝)的抗拉强度设计值可由表2-7和表2-8中的抗拉强度标准值f_{sk}(f_{pk})除以对应的钢筋材料分项系数γ_{fs}得到。对于R235、HRB335级钢筋和HRB400、KL400级钢筋,其材料分项系数$\gamma_{fs}=1.2$;对于钢绞线、钢丝,其材料分项系数$\gamma_{fs}=1.47$。精轧螺纹钢筋的材料分项系数与普通钢筋相同,即$\gamma_{fs}=1.2$。

钢筋(钢丝)的抗压强度设计值f'_{sd}(或f'_{pd})按以下两个条件确定:

(1)钢筋(钢丝)的受压应变ε'_s(或ε'_p)$=0.002$;

(2)钢筋(钢丝)的抗压强度设计值$f'_{sd}=\varepsilon'_s E_s$(或$f'_{pd}=\varepsilon'_p E_p$)不得大于钢筋(钢丝)的抗拉强度设计值$f_{sd}$(或$f_{pd}$)。

例如,HRB335级钢筋$f'_{sd}=\varepsilon'_s E_s=0.002\times2.0\times10^5MPa=400$MPa,该值大于钢筋抗拉设计强度值$f_{sd}=280$MPa,故取$f'_{sd}=280$MPa。再如,抗拉强度标准值$f_{pk}=1\ 860$MPa的钢绞线,其抗压强度设计值$f'_{pd}=\varepsilon'_p E_p=0.002\times1.95\times10^5MPa=390$MPa,该值小于抗拉强度设计值$f_{pd}=1\ 260$MPa,故取$f'_{pd}=390$MPa。

普通钢筋抗拉、抗压强度设计值列于表2-9;预应力钢筋抗拉、抗压强度设计值列于表2-10。

普通钢筋抗拉、抗压强度设计值 表2-9

钢筋种类	符号	d(mm)	f_{sd}(MPa)	f'_{sd}(MPa)
R235	ϕ	8~20	195	195
HRB335	Φ	6~50	280	280
HRB400	₵	6~50	330	330
KL400	₵R	8~40	330	330

注:①钢筋混凝土轴心受拉和小偏心受压构件的钢筋抗拉强度设计值大于330MPa时,仍应按330MPa取用;

②构件中配有不同种类的钢筋时,每种钢筋应采用各自的强度设计值。

预应力钢筋抗拉、抗压强度设计值(单位:MPa) 表2-10

钢筋种类		f_{pd}	f'_{pd}
钢绞线 1×2(两股) 1×3(三股) 1×7(七股)	$f_{pk}=1\ 470$	1 000	390
	$f_{pk}=1\ 570$	1 070	
	$f_{pk}=1\ 720$	1 170	
	$f_{pk}=1\ 860$	1 260	
消除应力光面钢丝和螺旋肋钢丝	$f_{pk}=1\ 470$	1 000	410
	$f_{pk}=1\ 570$	1 070	
	$f_{pk}=1\ 670$	1 140	
	$f_{pk}=1\ 770$	1 200	
消除应力刻痕钢丝	$f_{pk}=1\ 470$	1 000	410
	$f_{pk}=1\ 570$	1 070	
精轧螺纹钢筋	$f_{pk}=540$	450	400
	$f_{pk}=785$	650	
	$f_{pk}=930$	770	

四、钢筋的弹性模量

同一种钢筋的受拉和受压弹性模量是相同的。各种钢筋的弹性模量一般是根据受拉试验中测得的弹性阶段的应力—应变关系来确定的。设计中采用的各类钢筋的弹性模量如表2-11所列。

钢筋的弹性模量(单位:MPa) 表2-11

钢筋种类	E_s	钢筋种类	E_s
R235	2.1×10^5	消除应力光面钢丝、螺旋肋钢丝、刻痕钢丝	2.05×10^5
HRB335、HRB400、KL400、精轧螺纹钢筋	2.1×10^5	钢绞线	1.95×10^5

五、钢筋的构造

在钢筋混凝土结构中,钢筋大都是通过它周围的混凝土使它受力承载的。为保证混凝土能有效地传到钢筋,以及钢筋能充分发挥作用,钢筋的布置必须合理,锚固应该可靠。

1. 钢筋混凝土结构中钢筋的种类

配置在钢筋混凝土结构中的钢筋,按其作用性质可以分为两类。

1)受力钢筋

在受弯、受拉、偏心拉压构件的受拉区必需配置受力钢筋,以承受荷载作用下所产生的拉力。另外,在受压区也可配置受力钢筋来承受压力。

受力钢筋的数量由计算决定。根据计算所需钢筋截面面积,查表2-5、表2-6和表2-12确定钢筋的直径、根数、截面面积,并进行钢筋布置。

每米板宽各种钢筋间距时的钢筋截面面积(单位:mm^2) 表2-12

钢筋间距(mm)	钢筋直径(mm)									
	6	8	10	12	14	16	18	20	22	24
70	404	718	1 122	1 616	2 199	2 873	3 636	4 487	5 430	6 463
75	377	670	1 047	1 508	2 052	2 681	3 393	4 188	5 081	6 032
80	354	628	982	1 414	1 924	2 514	3 181	3 926	4 751	5 655
85	333	591	924	1 331	1 811	2 366	2 994	3 695	4 472	5 322
90	314	559	873	1 257	1 711	2 234	2 828	3 490	4 223	5 027
95	298	529	827	1 190	1 620	2 117	2 679	3 306	4 000	4 762
100	283	503	785	1 131	1 539	2 011	2 545	3 141	3 801	4 524
110	257	457	714	1 028	1 399	1 828	2 314	2 855	3 455	4 113
120	236	419	654	942	1 283	1 676	2 121	2 617	3 167	3 770
125	226	402	628	905	1 232	1 609	2 036	2 513	3 041	3 619
130	217	387	604	870	1 184	1 547	1 958	2 416	2 924	3 480
140	202	359	561	808	1 100	1 436	1 818	2 244	2 715	3 231
150	189	335	524	754	1 026	1 341	1 697	2 084	2 534	3 016
160	177	314	491	707	962	1 257	1 590	1 964	2 376	2 828
170	166	296	462	665	905	1 183	1 497	1 848	2 236	2 661
180	157	279	436	628	855	1 117	1 414	1 746	2 121	2 513
190	149	265	413	595	810	1 058	1 339	1 654	2 001	2 381
200	141	251	393	565	769	1 005	1 272	1 572	1 901	2 262

2) 构造钢筋

箍筋：一方面起着固定受力钢筋的构造作用，另一方面也分担承受剪力。所以，箍筋数量既要考虑构造上的要求，也要通过计算选定。

架立钢筋：主要用来保证箍筋的间距及固定受力钢筋的位置，以使钢筋形成骨架。

分布钢筋：它能将构件所受的荷载传递分布在较宽的范围，以改善构件的受力情况。分布钢筋也可兼作抵抗混凝土收缩和承受温度应力之用。

2. 钢筋的弯钩与接头

1) 弯钩

为防止钢筋在混凝土中滑动，承受拉力的光面圆钢筋，需要把钢筋的两端做成半圆弯钩；受压的光面圆钢筋可不设弯钩。螺纹钢筋的两端可以不加弯钩，也可以采用半圆弯钩或直角弯钩。半圆弯钩的弯曲内直径 D 不宜过小，光圆钢筋的内径 D 一般应大于或等于 $2.5d$（d 为钢筋的直径）。带肋钢筋的弯曲内直径 D 一般应大于 $4d \sim 5d$。焊接钢筋网及焊接钢筋骨架与混凝土握裹较好，所以可以不设弯钩。

根据受力要求，有时钢筋需要按设计要求弯转方向，为了避免在弯转处混凝土局部压碎，在弯折处钢筋内侧弯曲直径 D 不得小于 $20d$。

受拉钢筋端部弯钩及中间弯折应符合表 2-13 的要求。

受拉钢筋端部弯钩及中间弯折　　表 2-13

<table>
<tr><th>弯曲部位</th><th>弯曲角度</th><th>形 状 图</th><th>钢筋种类</th><th>弯曲直径 D</th><th>平直部分长度</th><th>备 注</th></tr>
<tr><td rowspan="5">末端弯钩</td><td>180°</td><td>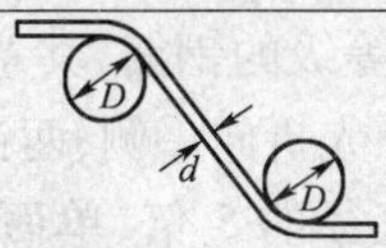</td><td>R235</td><td>≥2.5d
(d≤20mm)</td><td>≥2.5d</td><td rowspan="6">d 为直径</td></tr>
<tr><td rowspan="2">135°</td><td rowspan="2">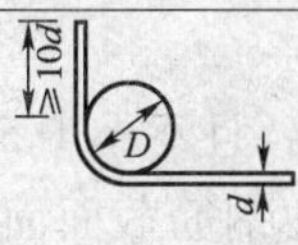</td><td>HRB335</td><td>≥4d</td><td rowspan="2">≥5d</td></tr>
<tr><td>HRB400
KL400</td><td>≥5d</td></tr>
<tr><td rowspan="2">90°</td><td rowspan="2"></td><td>HRB335</td><td>≥4d</td><td rowspan="2">≥10d</td></tr>
<tr><td>HRB400
KL400</td><td>≥5d</td></tr>
<tr><td>中间弯折</td><td>≤90°</td><td>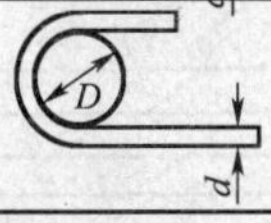</td><td>各种
钢筋</td><td>≥20d</td><td></td></tr>
</table>

注：采用环氧树脂涂层钢筋时，除满足表内规定外，当直径 $d \leqslant 20$mm 时，其弯曲内直径 D 应不小于 $4d$，当直径 $d > 20$mm 时，其弯曲内直径 D 不小于 $6d$，直线段长度不应小于 $5d$。

用 R235 级钢筋制作的箍筋，其末端应做成弯钩，弯钩的弯曲直径应大于受力主钢筋的直径，且不小于箍筋直径的 2.5 倍。弯钩平直部分的长度，一般结构不宜小于箍筋直径的 5 倍，有抗震要求的结构，不应小于箍筋直径的 10 倍。弯钩的形状，如无设计要求时，可按图 2-11a）、b）加工；有抗震要求的结构，应按图 2-11c）加工。

2) 接头

为了运输，出厂的钢筋除了小直径（直径在 10mm 以下）的圆盘外，一般长度约为 10 ~ 12m，在使用过程中就需要将钢筋接长到所需要长度。

钢筋的接长有两种方法：一种是绑扎搭接，另一种是焊接。对于直径 $d \leqslant 25$mm 的钢筋在无焊接条件时可采用绑扎接长。为了使接头处的强度可靠，对于绑扎搭接的搭接长度及焊接接头的焊缝长度应分别满足规范的规定。受拉钢筋绑扎接头的搭接长度应符合表2-14的规定；受压钢筋绑扎接头的搭接长度，应取受拉钢筋绑扎接头的搭接长度的0.7倍。

受拉钢筋绑扎接头搭接长度　　表2-14

钢筋类型	混凝土强度等级		
	C20	C25	>C25
R235	35d	30d	25d
HRB335	45d	40d	35d
HRB400、KL400	—	50d	45d

注：①当带肋钢筋直径 d>25mm 时，其受拉钢筋的搭接长度应按表中值增加5d采用；当带肋钢筋直径 d≤25mm 时，其受拉钢筋的搭接长度应按表中值减少5d采用；

②当混凝土在凝固过程中受力钢筋易受扰动时，其搭接长度应增加；

③在任何情况下，受拉钢筋的搭接长度不应小于300mm，受压钢筋的搭接长度不应小于200mm；

④环氧树脂涂层钢筋的绑扎接头搭接长度，受拉钢筋按表值的1.5倍采用；

⑤受拉区段内，R235钢筋绑扎接头的末端应做成弯钩，HRB335、HRB400、KL400钢筋的末端可不做成弯钩。

采用焊接接头受力可靠，便于布置钢筋，还可减少钢筋加工工作量和节约钢筋。钢筋的焊接接头形式很多，常见的接头形式有对焊（闪光对焊）接头、绑条焊接头和搭接焊接头等。

钢筋焊接接头易采用闪光接触对焊；当闪光接触对焊条件不具备时，也可以采用电弧焊（帮条焊或搭接焊）、电渣压力焊和气焊。电弧焊应采用双面焊缝，不得已时方可采用单面焊缝。帮条焊接的帮条应采用与被焊接钢筋同强度等级的钢筋，其总截面面积不应小于被焊接钢筋的截面面积。采用搭接焊时，两钢筋端部应预先折向一侧，两钢筋轴线应保持一致。电弧焊接接头的焊缝长度，双面焊缝不应小于钢筋直径的5倍，单面焊缝不应小于钢筋直径的10倍。

在任一焊接接头中心至长度为钢筋直径的35倍，且不小于500mm的区段 l 内（图2-12），同一钢筋不得有两个接头；在该区段内有接头的受力钢筋截面面积占受力钢筋总截面面积的百分数，普通钢筋在受拉区不宜超过50%，在受压区和装配式构件间的连接钢筋不受限制。

帮条焊或搭接焊接头部分钢筋的横向净距不应小于钢筋直径，且不小于25mm，同时非焊接钢筋部分钢筋净距仍应符合《桥规》（JTG D62）有关钢筋净距的规定。

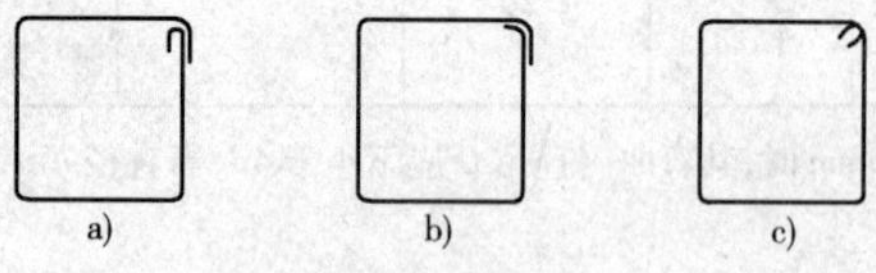

图2-11　箍筋弯钩形式

a）90°/180°；b）90°/180°；c）135°/135°

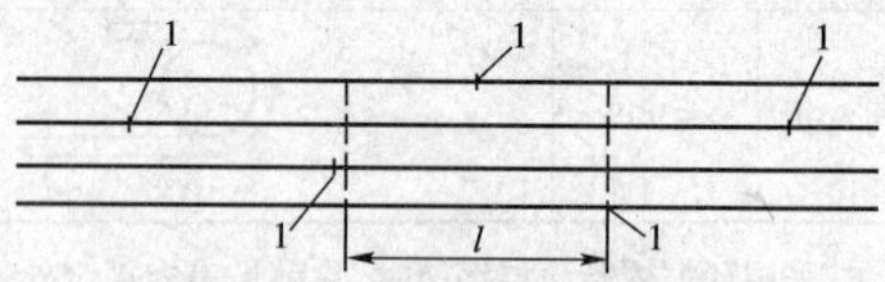

图2-12　焊接接头设置

1-焊接接头中心

（图中所示 l 区段内接头钢筋截面面积按两根计）

第三节　钢筋与混凝土的黏结作用

钢筋和混凝土之间的黏结，是保证钢筋和混凝土这两种力学性能截然不同的材料在结构中共同工作的基本前提。通过黏结在钢筋和混凝土之间进行应力传递并协调变形。在设计中，应尽量发挥材料各自的优点，使黏结力不超过黏结强度。

一、黏结力的定义及其构成

黏结力是指在钢筋和混凝土的交界面上,产生沿钢筋轴线方向的相互作用力。

黏结力由四个部分构成,即:水泥胶体对钢筋的黏着力、钢筋与混凝土之间的摩擦力、钢筋表面凹凸不平与混凝土的机械咬合力以及钢筋端部在混凝土内的锚固力。各种黏结力在不同的情况下(如钢筋截面形式、不同受力阶段和构件部位等)发挥各自的作用。

黏结强度(应力)是指在钢筋和混凝土的接触面上的剪应力。

二、影响黏结强度的因素

影响钢筋与混凝土黏结强度的因素很多,主要有混凝土强度、保护层厚度及钢筋净间距、横向配筋及侧向压应力以及浇筑混凝土时钢筋的位置等。

黏结强度通常是采用拔出试验方法确定的(图 2-13)。设拉拔力为 P,钢筋中承受的总拉力为 $P=\sigma_s A_s$,则钢筋与混凝土界面上的平均黏结应力 τ_u 为:

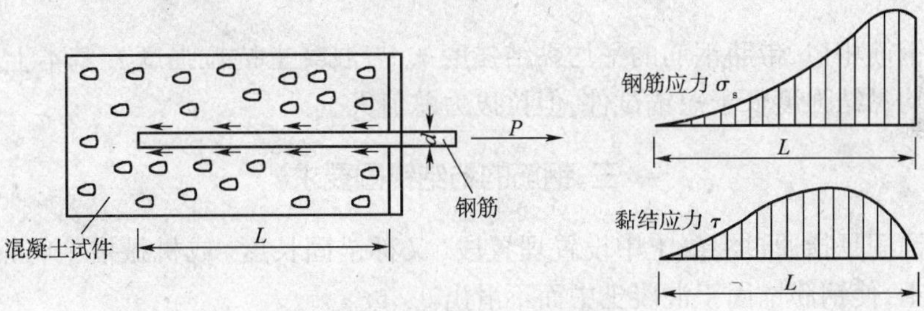

图 2-13　光圆钢筋拔出试验示意

$$\tau_u = \frac{P}{\pi d L} \tag{2-13}$$

式中:P——拉拔力;

d——钢筋直径;

L——钢筋埋置长度。

试验研究表明,钢筋与混凝土的黏结应力呈曲线形分布,且光面钢筋与带肋钢筋的黏结应力分布形状明显不同。

实测的黏结强度极限值变化范围很大,光面钢筋约为 1.5 ~ 3.5MPa,带肋钢筋约为 2.5 ~ 6.0MPa。

1. 光面钢筋

直段光面钢筋的黏结能力主要来源于胶结力和摩擦力。

光面钢筋黏结力主要取决于混凝土的强度和钢筋的表面状态,随平均黏结强度提高而增大,但不是与立方体抗压强度成正比,而与抗拉强度大体上呈正比关系。钢筋表面的粗糙程度影响摩擦力,轻度锈蚀的钢筋,其黏结强度比新轧制的无锈钢筋高。

光面钢筋的主要问题是强度低,滑移大。因此,为安全起见,在具体设计中,光面钢筋末端均需设置弯钩。设置弯钩后能较大地提高黏结锚固性能,是一种有效的附加安全措施。

2. 带肋钢筋

带肋钢筋的黏结效果比光面钢筋好得多,其黏结力主要来源于机械咬合力和摩擦力。带肋钢筋受力后在表面凸出的肋与混凝土之间产生机械咬合(图 2-14)。肋的斜向挤压产生楔的作用，其径向分力使外围混凝土受拉。其水平分力为滑动阻力，滑动阻力和摩擦力一起构成变形钢筋的黏结能力。

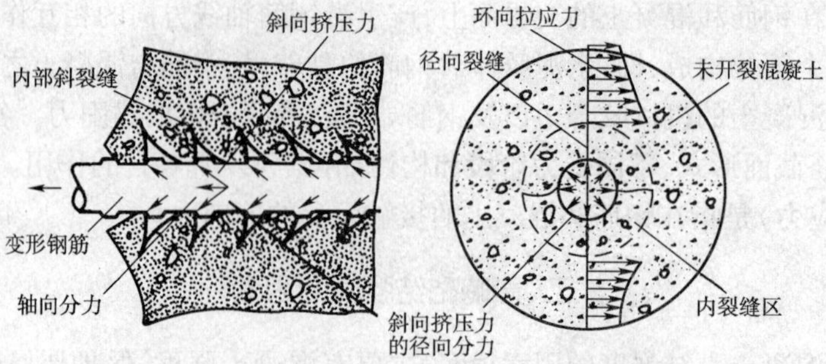

图 2-14　带肋钢筋横肋处的挤压力和内部裂缝

试验表明，影响变形钢筋黏结力的主要因素是混凝土强度、锚固长度、保护层相对厚度、钢筋间距、锚筋外形特征、箍筋情况或横向钢筋设置、混凝土浇筑情况及锚固钢筋的侧向受力情况等。

与光面钢筋相似，带肋钢筋的平均黏结强度 τ_u 与混凝土抗拉强度 f_t 基本上成正比关系，长锚试件平均黏结强度低于短锚试件，但拉拔力总值大。

三、钢筋的黏结锚固要求

钢筋的锚固是指通过混凝土中设置埋置段（又称锚固长度）或机械措施将钢筋所受的力传递给混凝土，使钢筋锚固于混凝土中而不滑出。

《桥规》（JTG D62）给出了钢筋最小锚固长度的计算表达式，即：

$$l_a \geqslant f_{sk}\frac{\pi d^2}{4}\times\frac{1}{\pi d\tau}=\frac{f_{sk}d}{4\tau} \tag{2-14}$$

式中：l_a ——钢筋的最小锚固长度；

f_{sk}——钢筋抗拉强度标准值；

d ——钢筋直径；

τ ——钢筋与混凝土的极限锚固黏结应力黏结强度。

《桥规》（JTG D62）参照《英国混凝土桥设计规范》（BS 5400）中的钢筋与混凝土的黏结强度 τ 值，给出了不同混凝土强度等级时的钢筋最小锚固长度，如表 2-15 所列。

钢筋最小锚固长度 l_a　　表 2-15

项目 \ 钢筋种类 / 混凝土强度等级		R235				HRB335				HRB400，KL400			
		C20	C25	C30	≥C40	C20	C25	C30	≥C40	C20	C25	C30	≥C40
受压钢筋（直端）		40d	35d	30d	25d	35d	30d	25d	20d	40d	35d	30d	25d
受拉钢筋	直端	—	—	—	—	40d	35d	30d	25d	45d	40d	35d	30d
	弯钩端	35d	30d	25d	20d	40d	35d	30d	25d	35d	30d	30d	25d

注：①d 为钢筋直径。

②对于受压束筋和等代直径 $d_e \leqslant 28$mm 的受拉束筋的锚固长度，应以等代直径按表值确定，束筋的各单根钢筋在同一锚固终点截断；对于等代直径 $d_e > 28$mm 的受拉束筋，束筋内各单根钢筋，应自锚固点开始，以表内规定的单根钢筋的锚固长度的 1.3 倍，呈阶梯形逐根延伸截断，即自锚固点开始，第一根延伸 1.3 倍单根钢筋的锚固长度，第二根延伸 2.6 倍单根钢筋的锚固长度，第三根延伸 3.9 倍单根钢筋的锚固长度。

③采用环氧树脂涂层钢筋时，受拉钢筋最小锚固长度应增加 25%。

④当混凝土在凝固过程中易受扰动时，锚固长度应增加。

四、钢筋与混凝土黏结的构造措施

为确保钢筋与混凝土之间的黏结强度,可采取如下构造措施:

(1)对不同等级的混凝土和钢筋,要保证最小搭接长度和锚固长度;

(2)为了保证混凝土与钢筋之间有足够的黏结,必须满足钢筋最小间距和混凝土保护层最小厚度的要求;

(3)在钢筋的搭接接头内应加密箍筋;

(4)在钢筋端部应设置弯钩;

(5)对大深度混凝土构件应分层浇筑或二次浇捣;

(6)除重锈钢筋外,一般可不必除锈。

思考题

1. 什么是混凝土强度等级?立方体抗压强度是怎样确定的?

2. 影响混凝土抗压强度的因素有哪些?

3.《桥规》(JTG D62)对公路桥梁工程中使用的混凝土有什么特殊要求?

4. 什么是混凝土的强度标准值、强度设计值?

5. 混凝土受力变形有什么特点?在重复荷载作用下,混凝土受力变形有什么特点?

6. 混凝土收缩和徐变的影响因素有哪些?混凝土收缩与徐变有什么区别与联系?

7. 收缩和徐变对普通钢筋混凝土结构和预应力混凝土结构有何影响?

8. 混凝土的弹性模量是怎样测定的?

9. 混凝土结构对钢筋性能有什么要求?

10. 公路桥梁工程常用的钢筋有哪几种?各类钢筋在混凝土中有哪些作用?

11.《桥规》(JTG D62)对公路桥梁工程中使用的钢筋的强度标准值和强度设计值如何取用?

12. 什么是黏结力?钢筋和混凝土之间的黏结力是怎样产生的?

13. 什么是黏结强度?如何提高钢筋和混凝土之间的黏结强度?

第三章 钢筋混凝土结构设计基本原理

第一节 极限状态的概念

一、可靠度的概念

结构的可靠度是指在规定的时间内、在规定的条件下完成预定功能的概率。“规定的时间”是指结构的设计基准期。“规定的条件”是指正常设计、正常施工和正常使用的条件，人为的过失在结构可靠度中是不被考虑的。“预定功能”对于公路桥梁结构是指结构构件的强度、变形、抗裂度等，总体上是指结构的安全性、适用性和耐久性。公路桥涵结构的设计必须符合下列功能要求：

(1)在正常施工和正常使用时，能承受可能出现的各种作用；

(2)在正常使用时具有良好的工作性能；

(3)在正常维护下，具有足够的耐久性能；

(4)在预计的偶然事件发生时及发生后，仍能保持必需的整体稳定性。

安全性、适用性和耐久性总称为结构的可靠性。结构的可靠性是指在规定的时间内、在规定的条件下完成预定功能的能力，而结构的可靠度是结构可完成“预定功能”的概率度量，它是建立在统计数学基础上经分析而给出的一个定量描述。

概率极限状态设计的特点之一是必须规定一个时间参数，因为影响结构可靠度的设计基本变量如车辆荷载、人群荷载、风载、温度作用等都是随时间变化的。设计值的大小与时间的长短有关，从而直接影响结构的可靠度。因此，必须参照结构的预期寿命、维护能力和措施等规定结构的设计基准期。

一般认为，桥梁的大小和重要程度不同应给予不同的设计基准期。但是，如果给出不同的设计基准期，就有不同的荷载统计参数及其代表值，这样不但给统计分析工作和设计使用带来麻烦，也增加了规范表达的复杂性。《可靠度统一标准》(GB/T 50283)将公路桥梁的设计基准期统一取为100年，而以不同的结构安全等级去体现不同状况的桥梁在可靠度上的差异。基准使用期是结构可靠度分析的一个参考时间坐标，可参考结构使用寿命的要求适当规定，但不能将设计基准使用期简单地理解为结构的使用寿命，两者是有联系的，然而不完全等同。当结构的使用年限超过设计基准使用期时，表明它的失效概率可能增大，不一定能保证其目标可靠指标，但不等于结构丧失所要求的功能或报废。

由于公路桥梁的结构体系、所处环境、经历的时间长短都有所不同，所以设计时采用的结构计算模式、承受的作用和材料性能的取值以及结构的可靠度水平等方面都是不同的。各类结构要根据各自的具体条件分别考虑设计状况。一般来说，公路桥梁结构需要考虑三种设计状况，即持久状况、短暂状况和偶然状况。

持久状况是指对应的桥涵建成后承受自重、汽车荷载等持续时间很长的状况。这个阶段的持续时间很长，一般取与设计基准期相同的时间。在这期间结构可能承受的作用（或荷载）是结构设计的主要对象，各类结构都需要加以考虑。短暂状况所对应的是桥涵施工阶段，是指桥涵施工过程中承受临时性作用的状况，结构体系、结构所受作用等与使用阶段也不同，结构设计时需要根据具体情况而定。偶然状况是指桥涵使用过程中可能偶然出现的，这种状况出现的概率极小，且持续的时间极短，结构在极短的时间内承受的作用以及结构的可靠度水平等在设计中都需特殊考虑。

二、极限状态

什么是"极限状态"？简单地说，就是整个结构或结构的一部分超过不能满足设计规定的某一功能要求时的某一特定状态。极限状态实质上即是结构可靠（有效）或不可靠（失效）的界限。《可靠度统一标准》（GB/T 50283）将极限状态划分为承载能力极限状态和正常使用极限状态两类。

承载能力极限状态是指对应于结构、结构构件达到最大承载能力或出现不适于继续承载的变形或变位的状态。承载能力极限状态直接关系到结构的安全与否，任何公路桥梁结构均需做承载能力极限状态的设计，且要求其出现的失效概率相当低。

当结构或结构构件出现下列状态之一时，应认为超过了承载能力极限状态。

（1）整个结构或结构的一部分作为刚体失去平衡（如倾覆、滑移等）；

（2）结构构件或其连接部因材料强度不够而破坏（包括疲劳破坏），或因过度的塑性变形而不适于继续承载；

（3）结构转变为机动体系；

（4）结构或结构构件丧失稳定（如压屈等）。

正常使用极限状态是指对应于结构、结构构件达到正常使用或耐久性的某项限值的状态。一般说来，公路桥梁结构均需要做正常使用极限状态的设计。

当结构或结构构件出现下列状态之一时，应认为超过了正常使用极限状态。

（1）影响正常使用或外观的变形；

（2）影响正常使用或耐久性的局部损坏（包括裂缝）；

（3）影响正常使用的振动；

（4）影响正常使用的其他特定状态。

正常使用极限状态仅涉及结构的工作条件和性能，例如桥梁结构的变形或振动是否过大，构件裂缝是否过宽等，这些现象并不引起结构破坏，也不造成生命和国家财产的严重损失。因此，正常使用极限状态设计的可靠度水平一般要低于承载能力极限状态设计。

三、极限状态方程

公路桥梁结构的可靠度通常受各种作用效应、材料性能、结构几何参数、计算模式准确程度等诸多因素的影响。在进行结构可靠度分析和设计时，应针对所要求的各种功能，把这些有关因素作为基本变量 X_1、$X_2 \cdots X_n$ 来考虑。由这些设计的基本变量组成的描述结构功能的函数 $Z = g(X_1, X_2, \cdots, X_n)$ 称为结构的功能函数。将若干基本变量组合成综合变量，例如将作用方面的基本变量组合成综合作用效应 S，抗力方面的基本变量组合成综合抗力 R。因此，结构的功能函数为 $Z = R - S$。

结构的极限状态可以相应功能函数取值为零来表达，即：

$$Z=g(X_1,X_2,\cdots,X_n)=0 \tag{3-1}$$

极限状态方程中的若干变量也可以组合为作用效应 S 和结构抗力 R 两个综合变量，此时极限状态方程可表达为：

$$Z=g(R,S)=R-S=0 \tag{3-2}$$

若对功能函数 $Z=R-S$ 进行考察，可能有如下三种情况：

(1) $Z=R-S>0$，表明结构抗力大于作用效应，结构处于可靠状态；

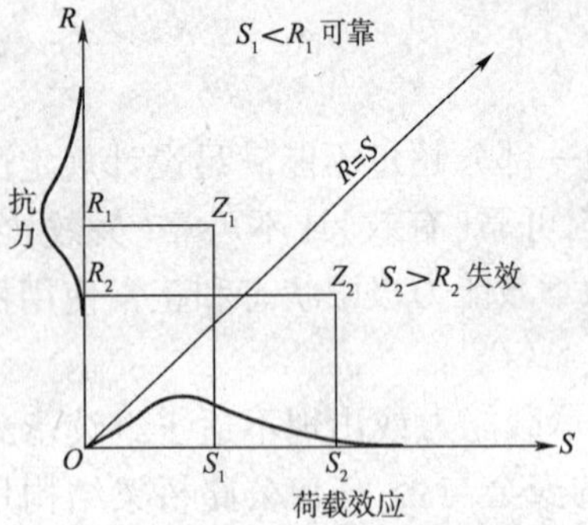

图 3-1　结构所处的状态

(2) $Z=R-S=0$，表明结构抗力等于作用效应，结构处于极限状态；

(3) $Z=R-S<0$，表明结构抗力小于作用效应，结构已失效或处于破坏状态。

因此，结构的可靠性设计可能出现三种状态：可靠状态、极限状态和失效状态，如图 3-1 所示。图中 45°斜直线表示结构处于极限状态，此时的极限状态方程为 $Z=R-S=0$，作用效应 S 等于结构抗力 R，即 $R=S$。图中位于直线上方的表示结构处于可靠状态，即 $S_1<R_1$；位于直线下方的表示结构处于失效状态，即 $S_2>R_2$。

四、概率极限状态设计原理

结构的可靠性指标 β（无量纲系数）是度量结构可靠性的一种由 $\beta=-\Phi^{-1}(p_f)$ 定义的数量指标，其确定方法如下。

结构的可靠度（可靠概率）的定义为在规定的时间内、在规定的条件下结构能完成预定功能的概率。结构的失效概率则为结构不能完成预定功能的概率，也就是结构的功能函数小于零的概率。

$$p_f=P[g(X_1,X_2,\cdots,X_n)<0] \tag{3-3}$$

图 3-2 为结构承载能力的功能函数 Z 的概率分布图。根据定义，结构失效的概率 P_f 就是图 3-2 中阴影面积 $P_f(Z<0)$，而非阴影面积 $P_s(Z>0)$，即为结构的可靠度 P_s。根据概率论，可靠概率与失效概率之和等于 1，即：

$$P(Z>0)+P(Z<0)=P_s+P_f=1 \tag{3-4}$$

故结构可靠度与失效概率有互补关系，即：

$$P_s=1-P_f \tag{3-5}$$

在结构功能函数服从正态分布时，失效概率与可靠性指标的关系为：

$$P_f=\Phi(-\beta) \tag{3-6}$$

取反函数则有：

$$\beta=-\Phi^{-1}(p_f) \tag{3-7}$$

式中：$\Phi^{-1}(\cdot)$——标准正态分布的反函数。

结构失效概率与可靠性指标的关系见图 3-3 所示。

结构的可靠性指标 β 是概率极限状态设计的基本标志，是衡量结构可靠性相对统一的数量化指标。结构的可靠性指标 β 可以利用已获得的作用效应和结构抗力的概率分布及统计参数经计算得到。只要计算出结构（构件）的可靠性指标 β，就可得到结构的可靠度。在正常设计、正常施工和正常使用的情况下，每一个结构或构件都具有自身的可靠度。结构和结构构件的可靠性指标应根据基本变量的概率分布类型和统计参数进行计算。当极限状态方程仅含有作用效应和结构抗力两个独立的综合变量时,结构和结构构件的可靠性指标应按下列公式计算:

$$\beta=\frac{\mu_R-\mu_S}{\sqrt{\sigma_R^2+\sigma_S^2}} \tag{3-8}$$

式中:μ_R,σ_R——结构或结构构件综合抗力的平均值与标准差;

μ_S,σ_S——作用效应的平均值与标准差。

可靠性指标 β 与失效概率 P_f 之间有着一一对应的数量关系,如表 3-1 所列。

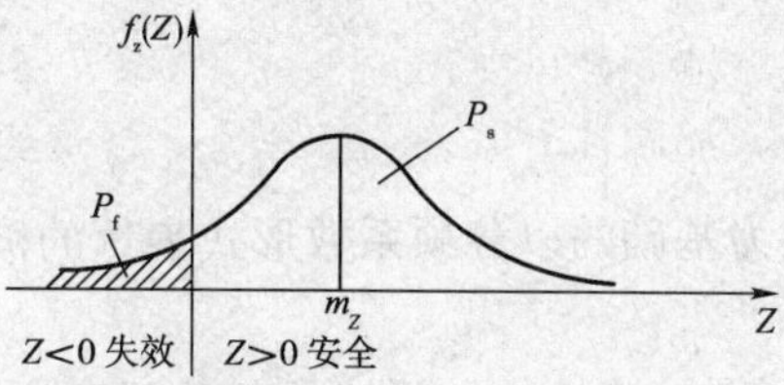

图 3-2 结构可靠概率与失效概率的关系

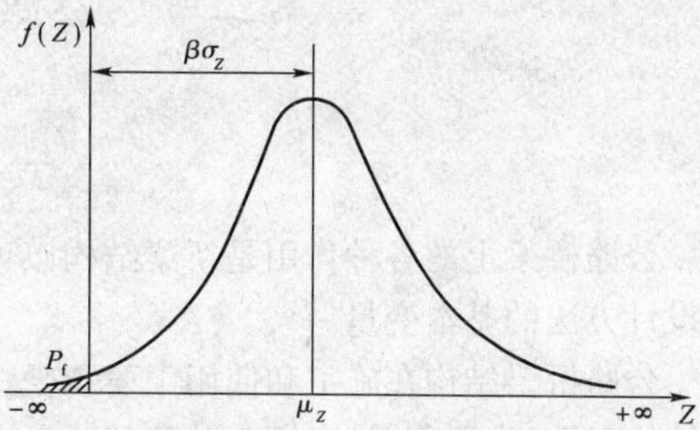

图 3-3 结构失效概率与可靠性指标的关系

可靠性指标 β 与失效概率 P_f 的对应关系 表 3-1

β	P_f	β	P_f	β	P_f
1.0	1.59×10^{-1}	2.5	6.21×10^{-3}	4.0	3.17×10^{-5}
1.5	6.68×10^{-2}	3.0	1.35×10^{-3}	4.5	3.40×10^{-6}
2.0	2.28×10^{-2}	3.5	2.33×10^{-4}	5.0	2.90×10^{-7}

结构的可靠性指标 β 不仅与结构抗力(指结构抵抗作用效应的能力)μ_R 和荷载效应 μ_S 有关,而且与它们的变异性(σ_R 和 σ_S)也有关。结构抗力和荷载效应变异性减小,可使 β 值提高,即结构可靠度提高,失效概率降低。此外,β 还与基本变量的概率类型有关,概括了基本变量的统计特征,较全面地反映了各个影响因素的变异性。因此,概率设计法比传统设计法更具科学性和合理性。

作为结构设计依据的可靠性指标称为目标可靠指标。公路桥梁结构按其重要性和跨径大小以及破坏后果的影响程度划分为三个安全级别,每一级都有其相应的目标可靠指标(见表 3-2)。安全等级一级用于特大桥与重要大桥,二级用于大桥、中桥与重要的小桥,三级用于小桥与涵洞。重要的大桥和小桥一般是指高速公路上和一级公路上、国防公路上及城市附近交通繁忙公路上的桥梁。

公路桥梁结构的目标可靠性指标 β 表 3-2

结构安全等级 / 构件破坏类型	一级	二级	三级
延性破坏	4.7	4.2	3.7
脆性破坏	5.2	4.7	4.2

注:表中延性破坏系指结构构件有明显变形或其他预兆的破坏;脆性破坏系指结构构件无明显变形或其他预兆的破坏。

在公路桥梁结构的可靠度设计中,结构的安全等级反映在目标可靠指标上,结构的安全等级不同,规定的目标可靠性指标也不同。表3-2给出不同等级结构的目标可靠性指标,一、二、三级结构的目标可靠性指标相差0.5,相应的失效概率约相差一个数量级。对于极限状态设计表达式,结构的重要性体现在重要性系数 γ_0 中,按照结构的安全等级采用:对于二级结构 $\gamma_0=1.0$;对于一、三级结构,在保持设计分项系数不变的情况下,为达到表3-2规定的目标可靠性指标,γ_0 较1.0应分别提高和降低,具体取值应根据计算结果而定,对一级和三级公路桥梁结构,重要性系数 γ_0 分别取值为1.1和0.9。

第二节　公路桥梁结构上的作用

一、概　　述

公路桥梁上的各种作用是桥梁结构以可靠性理论为基础的以分项系数形式表达的极限状态设计方法的基本变量。

公路桥梁结构在施工和使用中要承受自身的和外部的、直接的和间接的各种因素的作用,如结构自重、人群荷载、车辆荷载及其冲击力、土压力、温度变化和地震等。直接施加于结构上的一组集中力或分布力称为直接作用,又称为“荷载”;以引起结构外加变形或约束变形的因素(如地震、基础变位、温度和湿度变化、混凝土收缩和徐变等)称为间接作用。直接作用和间接作用统称为作用。

长期以来,把所有引起桥梁结构反应的原因习惯地统称为“荷载”,这种表达方法不科学,也不确切,因为没有区分引起结构反应的是直接施加于结构上的外力(如车辆、人群、结构自重等)还是间接作用(如地震、基础的不均匀沉降、混凝土收缩和徐变、温度变化等)的不同性质。因此,《可靠度统一标准》(GB/T 50283)把结构上的作用分为直接作用和间接作用。

结构承受的各种作用,当其在时间上或空间上可假定为互相随机独立(各种作用出现与否及其数值大小在时间上和空间上均彼此互不相关)时,每一种作用可按单独的作用考虑。当某些作用密切相关且经常以其最大值出现时,可将这些作用按一种作用来考虑。

二、作用的分类

公路桥涵设计采用的作用按随时间变化可分为永久作用、可变作用和偶然作用三类。这是结构作用的基本分类方法。

1. 永久作用

在结构使用期间,其量值不随时间而变化,或其变化值与平均值比较可忽略不计的作用,包括结构重力(结构附件重力)、预加力、土的重力和土侧压力、混凝土收缩和徐变作用、水的浮力、基础变位作用等。

2. 可变作用

在结构使用期间其量值随时间而变化,或其变化值与平均值比较不可忽略的作用,包括汽车荷载及其冲击力、离心力和制动力、人群荷载、汽车引起的土侧压力、风荷载、温度作用、流水压力、冰压力、支座摩阻力等。

3. 偶然作用

在结构使用期间出现的概率很小,一旦出现,其值很大且持续时间很短的作用,例如地震作用、船舶或漂浮物的撞击作用、汽车撞击作用。

三、作用(或荷载)效应及其组合原则

作用效应是指施加在结构上的各种作用所产生的响应,如轴向力、弯矩、剪力、扭矩、变形和裂缝等。习惯上常用的术语“荷载效应”仅指直接作用(或荷载)产生的效应。

结构通常要承受多种可变作用。在进行结构分析与设计时,必须考虑可能同时出现的多种作用的效应组合。在概率极限状态设计理论中,可变作用被模型化为设计基准期$[0,T]$内的随机过程,效应组合就是把多种参与组合的作用随机过程进行叠加,寻求其效应和的统计特征。《可靠度统一标准》(GB/T 50283)中选用的塔克斯特拉(Turkstra)组合规则的基本思路是:作用(荷载)效应组合最大值一般出现在某一主导作用出现设计基准期内最大值,其他伴随出现的作用为任意时点值时。

公路桥梁最常见、最主要的组合是恒荷载、汽车荷载和人群荷载的组合。用S_G、S_Q和S_L分别表示恒载、汽车荷载和人群荷载的任意时点效应值;用S_{QT}、S_{LT}表示汽车荷载、人群荷载在设计基准期$[0,T]$的效应最大值,按塔克斯特拉组合规则有:

$$\left.\begin{aligned} S_{M1} &= S_G + S_Q + S_L \\ S_{M2} &= S_G + S_{QT} + S_L \\ S_{M3} &= S_G + S_{QT} + S_{LT} \end{aligned}\right\} \tag{3-9}$$

公路桥梁结构的承载能力极限状态设计,按照可能出现的作用,将其分为两种作用效应组合,即基本组合和偶然组合。作用效应的基本组合是指永久作用设计值效应与可变作用设计值效应的组合。这种组合常用于结构常规设计,是所有桥梁结构都应该考虑的。作用效应的偶然组合是指永久作用标准值效应、可变作用代表值效应和一种偶然作用的标准值效应相组合。作用效应偶然组合用于结构特殊情况下的设计。

1. 承载能力极限状态时的组合选用

作为持久状况承载能力极限状态设计依据的目标可靠指标,当有多个可变作用参与组合时,应根据可变作用的性质和数量,采用不同的分项系数和效应组合系数。

2. 正常使用极限状态时的组合选用

在桥梁结构中,对于需要进行正常使用极限状态设计的结构,除了考虑作用的短期效应组合外,还需考虑作用的长期效应组合。例如,公路桥梁的混凝土结构,由于受混凝土收缩和徐变等长期作用的影响,结构构件的抗裂度、裂缝宽度或变形等都将发生变化。作用的长期效应有可能使结构失效。

四、荷载标准值、分项系数及设计值

1. 荷载标准值

荷载标准值是荷载代表值之一,是结构设计的主要参数。

1)永久荷载(结构自重)标准值

结构自重包括桥面铺装重和结构构件重,设计时它们都是由结构尺寸和材料重力密度(重度)计算所得。构件自重及恒载的标准值可按构件设计尺寸乘以材料标准重力密度计算。

2)可变荷载标准值

汽车荷载、人群荷载、风荷载等,这些基本变量均按随机过程进行统计分析,它们的标准值与设计基准期有密切关系。汽车荷载是公路桥梁设计的一个主要荷载。《公路工程技术标

准》(JTG B01—2003)和《公路桥涵设计通用规范》(JTG D60—2004)[以下简称《通用规范》(JTG D60)]规定:

汽车荷载分为公路—I 级和公路—II 级两个等级。

汽车荷载由车道荷载和车辆荷载组成。

桥梁结构的整体计算采用车道荷载,桥梁结构的局部加载,涵洞、桥台和挡土墙土压力等的计算采用车辆荷载,车道荷载与车辆荷载的作用不得叠加。

车道荷载由均布荷载和集中荷载组成,其计算图式如图 3-4 所示,并按下列规定取值:

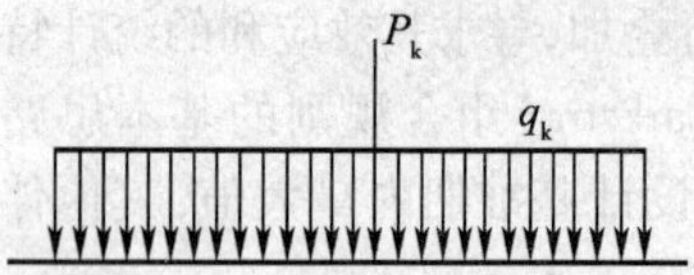

图 3-4 车道荷载

公路—I 级车道荷载的均布荷载标准值为 $q_k = 10.5$kN/m;集中荷载标准值 P_k 按以下规定选取:

(1)桥涵计算跨径小于或等于 5m 时,$P_k = 180$kN;

(2)桥涵计算跨径等于或大于 50m 时,$P_k = 360$kN;

(3)桥涵计算跨径大于 5m、小于 50m 时,P_k 值采用直线内插求得。

计算剪力效应时,上述荷载标准值应乘以 1.2 的系数。

公路—II 级车道荷载的均布荷载标准值 q_k 和集中荷载标准值 P_k 为公路—I 级车道荷载的 0.75 倍。

车道荷载的均布荷载标准值应满布于使结构产生最不利效应的同号影响线上;集中荷载标准值只作用于相应影响线中一个影响线峰值处。

车辆荷载布置如图 3-5 所示,其主要技术指标规定如表 3-3。

公路—I 级和公路—II 级汽车荷载采用相同的车辆荷载标准值。

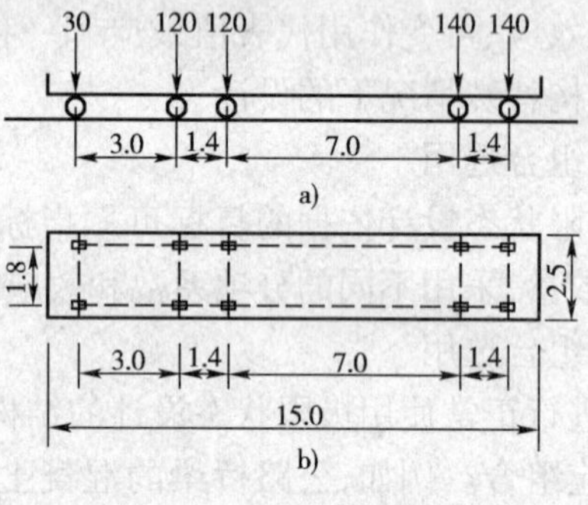

图 3-5 车辆荷载布置图(轴重力单位:kN;尺寸单位:m)

车辆荷载主要技术指标 表 3-3

项 目	单位	技术指标
车辆重力标准值	kN	550
前轴重力标准值	kN	30
中轴重力标准值	kN	2 × 120
后轴重力标准值	kN	2 × 140
轴距	m	3 + 1.4 + 7 + 1.4

续上表

项　　目	单位	技术指标
轮距	m	1.8
前轮着地宽度及长度	m	0.3×0.2
中、后轮着地宽度及长度	m	0.6×0.2
车辆外形尺寸(长×宽)	m	15×2.5

2. 作用(或荷载)效应分项系数

作用(或荷载)效应分项系数的确定原则是:在恒载和汽车荷载标准值已给定的前提下,选取一级分项系数 γ_G、γ_Q,使所设计的各构件的可靠性指标与规定的目标可靠指标 β_k 之间在总体上误差最小。

按照上述原则,《通用规范》(JTG D60)给出的作用(或荷载)效应分项系数为:

1) γ_G——永久作用(或荷载)效应分项系数

对于恒载(结构及附加物自重),取 $\gamma_G=1.2$;当永久作用(或荷载)效应的增大对结构的承载力有利时(永久作用效应与可变作用效应异号),则其分项系数取值不应大于1.0,对于恒载(结构及附加物重量)取 $\gamma_G=1.0$。

2) γ_Q——主导可变作用(或荷载)效应分项系数

一般为汽车荷载效应的分项系数,$\gamma_Q=1.4$。

3. 作用(或荷载)设计值

结构按承载能力极限状态设计时,作用(或荷载)应采用设计值。作用(或荷载)设计值为作用(或荷载)标准值乘以相应的作用(或荷载)效应分项系数:

$$F_d=\gamma_m F_k \tag{3-10}$$

式中:F_d——作用(或荷载)设计值;

F_k——作用(或荷载)标准值;

γ_m——作用(或荷载)效应分项系数。

五、作用(或荷载)效应组合系数

1. 作用(或荷载)效应组合

结构通常要承受多种可变作用(或荷载)。在进行结构分析和设计时,必须考虑可能同时出现的多种作用(或荷载)的效应组合。

2. 作用(或荷载)效应组合系数

对于目标可靠指标,永久荷载和可变荷载(汽车)分项系数 γ_G 和 γ_Q 都是在荷载最简单的组合下确定的。当结构上同时作用着多个可变荷载时,随着荷载种类和比例的不同,综合荷载效应最大值的统计规律也发生相应的变化,从而影响了结构的可靠性指标和荷载分项系数的取值。因此,需要引入荷载效应组合系数对上述的变化加以考虑。具体的做法是:在荷载分项系数 γ_G、γ_Q 已选定的条件下,有多个可变荷载参与效应组合时,引入荷载效应组合系数 ψ_c 对荷载效应标准值作等值折减。

以常见的恒载、汽车荷载和人群荷载效应组合为例,经统计计算,组合系数 $\psi_c=0.76$,《桥规》(JTG D62)取 $\psi_c=0.8$。

第三节　概率极限状态设计法

一、概　　述

《可靠度统一标准》(GB/T 50283)明确指出,以结构可靠性理论为基础的概率极限状态设计法是工程结构设计的总原则。以结构的失效概率与极限状态方程为依据的结构设计方法称为"概率极限状态设计法"。在公路桥梁结构设计中,给定目标可靠指标及极限状态方程中各个基本变量的统计特征等进行结构设计,采用分项系数设计表达式,所以设计方法的全称是"以结构可靠性理论为基础的以分项系数形式表达的极限状态设计法"。

二、极限状态设计表达式

以可靠性理论为基础的概率极限状态设计,一般应具备以下条件:设计基本变量与试验,作用效应和结构抗力分析,可靠性指标的计算与校准及设计表达式(分项系数与组合系数的计算方法)四个条件。公路桥梁结构极限状态设计的表达式可根据结构的设计要求采用分项系数模式或可靠度系数模式表达。公路桥梁结构的设计采用带有分项系数的极限状态设计表达式,再引入反映结构安全等级的结构重要性系数和反映结构上作用相遇概率的作用(作用效应)组合系数。这样,最后的设计表达式为一个以规定的目标可靠指标为依据,采用由作用代表值、材料性能标准值、几何参数标准值以及各相应的分项系数组成的多系数极限状态表达式。

按照《通用规范》(JTG D60)的规定,公路桥梁结构按承载能力极限状态设计时,应根据各自的情况,考虑基本组合和偶然组合中最不利情况进行设计。

1)基本组合

在选用作用效应基本组合时,永久作用的设计值与可变作用设计值效应相组合,其效应组合的表达式为:

$$\gamma_0 S_{ud} = \gamma_0 \left(\sum_{i=1}^{m} \gamma_{Gi} S_{Gik} + \gamma_{Q1} S_{Q1k} + \psi_c \sum_{j=2}^{n} \gamma_{Qj} S_{Qjk} \right) \tag{3-11}$$

或

$$\gamma_0 S_{ud} = \gamma_0 \left(\sum_{i=1}^{m} S_{Gid} + S_{Q1d} + \psi_c \sum_{j=2}^{n} S_{Qjd} \right) \tag{3-12}$$

式中:S_{ud}——承载能力极限状态下作用基本组合的效应组合设计值;

γ_0——结构重要性系数,对于公路桥梁,安全等级为一级、二级、三级时,分别取 1.1、1.0、0.9;

γ_{Gi}——第 i 个永久作用效应的分项系数,对于混凝土和圬工结构重力(包括结构附加重力)取 $\gamma_G = 1.2$;

S_{Gik}, S_{Gid}——第 i 个永久作用效应标准值和设计值;

γ_{Q1}——汽车荷载效应(含汽车冲击力、离心力)的分项系数,对于公路桥梁,根据作用效应的组合情况取 $\gamma_{Q1} = 1.4$,当某个可变作用在效应组合中超过汽车荷载效应时,则该作用取代汽车荷载,其分项系数应采用汽车荷载分项系数,对专为承受某作用而设置的结构或装置,设计时该作用的分项系数取与汽车荷载同值,计算人行道板和人行道栏杆局部荷载，其分项系数也与汽车荷载取同值；

S_{Q1k}, S_{Q1d}——汽车荷载效应（含汽车冲击力、离心力）标准值和设计值；

γ_{Qj}——在作用组合中除汽车荷载效应（含汽车冲击力、离心力）、风荷载外的其他第 j 个可变作用的分项系数，取 $\gamma_{Qj}=1.4$，但风荷载的分项系数取 $\gamma_{Qj}=1.1$；

S_{Qjk}, S_{Qjd}——在作用组合中除汽车荷载效应（含汽车冲击力、离心力）外的其他第 j 个其他可变作用效应标准值和设计值；

ψ_c——在作用组合中除汽车荷载效应（含汽车冲击力、离心力）外的其他可变作用效应的组合系数，当永久作用与汽车荷载和人群荷载（或其他一种可变作用）组合时，人群荷载（或其他一种可变作用）的组合系数取 $\psi_c=0.80$，当除汽车荷载效应（含汽车冲击力、离心力）外尚有两种其他可变作用参与组合时，其组合系数取 $\psi_c=0.70$，尚有三种可变作用参与组合时，其组合系数取 $\psi_c=0.60$，尚有四种及多于四种的可变作用参与组合时，取 $\psi_c=0.50$。

设计弯桥时，当离心力与制动力同时参与组合时，制动力标准值或设计值按 70% 取用。

2）偶然组合

在选用作用效应偶然组合时，极限状态设计表达式的确定原则是：永久作用效应与可变作用某种代表效应、一种偶然作用标准值效应相组合。

（1）偶然作用效应分项系数取 1.0；

（2）与偶然作用同时出现的可变作用，可根据观测资料和工程经验取适当的代表值效应；

（3）地震作用标准值及其表达式按现行《公路工程抗震设计规范》（JTJ 004—89）的规定采用。

公路桥梁结构按正常使用极限状态设计时，应根据不同的设计要求，采用以下两种效应组合。

1）作用短期效应组合

永久作用标准值效应与可变作用频遇值效应相组合，其效应组合表达式为：

$$S_{sd}=\sum_{i=1}^{m} S_{Gik}+\sum_{j=1}^{n} \psi_{1j} S_{Qjk} \tag{3-13}$$

式中：S_{sd}——作用短期效应组合设计值；

ψ_{1j}——第 j 个可变作用的频遇值系数，汽车荷载（不计冲击力）$\psi_1=0.7$，人群荷载 $\psi_1=1.0$，风荷载 $\psi_1=0.75$，温度梯度作用 $\psi_1=0.8$，其他作用 $\psi_1=1.0$；

$\psi_{1j}S_{Qjk}$——第 j 个可变作用的频遇值。

2）作用长期效应组合

永久作用标准值效应与可变作用准永久值效应相组合，其效应组合表达式为：

$$S_{ld}=\sum_{i=1}^{m} S_{Gik}+\sum_{j=1}^{n} \psi_{2j} S_{Qjk} \tag{3-14}$$

式中：S_{ld}——作用长期效应组合设计值；

ψ_{2j}——第 j 个可变作用的准永久值系数，汽车荷载（不计冲击力）$\psi_2=0.4$，人群荷载 $\psi_2=0.4$，风荷载 $\psi_2=0.75$，温度梯度作用 $\psi_2=0.8$，其他作用 $\psi_2=1.0$。

需要指出的是，结构构件当需要进行弹性阶段截面应力计算时，除特别指明外，各作用效应的分项系数及组合系数应取为 1.0，各项应力限值应按设计规范规定采用。

三、作用标准值及其组合计算示例

【例 3-1】 20m 预应力混凝土空心板作用标准值及其组合计算示例。

1. 计算依据

1)标准

跨径：标准跨径 20m；计算跨径(正交、简支)19.6m；预制板长 19.96m。

设计荷载：公路—Ⅰ级。

桥面宽度：(路基宽 26m，高速公路)半幅桥全宽 12.5m。

2)主要材料

混凝土：预制板及铰缝为 C50，现浇铺装层为 C40，护栏为 C30。

预应力钢筋：采用钢绞线 $\phi^{s}15.2$，$f_{pk}=1\ 860\text{MPa}$，$E_p=1.95\times10^5\text{MPa}$。

普通钢筋：采用 HRB335 级钢筋，$f_{pk}=335\text{MPa}$，$E_s=2.0\times10^5\text{MPa}$。

3)预制板几何特性

半幅桥全宽采用 8 块板，其中包括 6 块中板和 2 块边板，截面尺寸如图 3-6 所示。

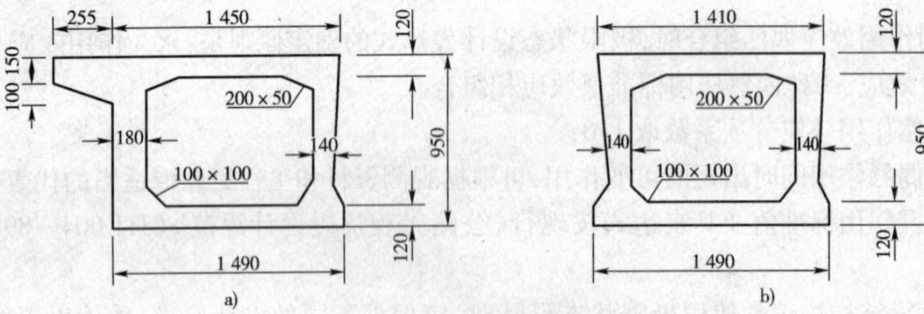

图 3-6 预制板截面(尺寸单位：mm)

a)边板；b)中板

边板、中板毛截面几何特性计算过程从略，计算结果列于表 3-4。

边板、中板毛截面几何特性 表 3-4

板号	边板			中板		
几何特性	面积 $A(\text{m}^2)$	抗弯惯性矩 $I(\text{m}^4)$	截面重心到顶板距离 $y_x(\text{m})$	面积 $A(\text{m}^2)$	抗弯惯性矩 $I(\text{m}^4)$	截面重心到顶板距离 $y_x(\text{m})$
	0.642 2	0.074 9	0.477 68	0.594 4	0.072 47	0.481 07

2. 作用标准值计算

1)永久作用标准值

一期恒载 q_1：

预制板重力密度取：

$$\gamma=26\text{kN/m}^3$$

边板：

$$q_1=\gamma A=26\times0.642\ 2=17.659(\text{kN/m})(\text{计入悬臂部分重量})$$

中板：

$$q_1=\gamma A=26\times0.594\ 4=15.454(\text{kN/m})$$

二期恒载 q_2：

(1)100mm 厚 C40 混凝土或沥青混凝土铺装重力密度取 $\gamma=24\text{kN/m}^3$。

(2)铰缝混凝土 $0.038\text{m}^3/\text{m}$，重力密度取 $\gamma=25\text{kN/m}^3$。

(3)护栏(单侧)$0.35\text{m}^3/\text{m}$，重力密度取 $\gamma=25\text{kN/m}^3$，由八块板平分。

边板：

$$q_2=2\times24\times0.1\times1.745+25\times0.038/2+2\times25\times0.35/8=11.04(\text{kN/m})$$

中板：

$$q_2=2\times24\times0.1\times1.5+25\times0.038/2+2\times25\times0.35/8=9.86(\text{kN/m})$$

控制断面永久作用标准值计算列于表 3-5。

2)汽车作用标准值

(1)公路—I 级车道荷载计算图式如图 3-7 所示。

永久作用标准值计算　　表 3-5

截面	板块	弯矩			剪力		
		计算式	M_{G1k} (kN·m)	M_{G2k} (kN·m)	计算式	V_{G1k} (kN)	V_{G2k} (kN)
跨中	边板	$\frac{1}{8}qL^2$	801.90	530.14	—	—	—
	中板		742.10	473.48		—	—
$L/4$	边板	$\frac{3}{32}qL^2$	601.45	397.66	$\frac{1}{4}qL$	81.83	54.10
	中板		556.43	355.11		75.72	48.31
支点	边板	—	—	—	$\frac{1}{2}qL$	163.66	108.19
	中板		—	—		151.41	96.63

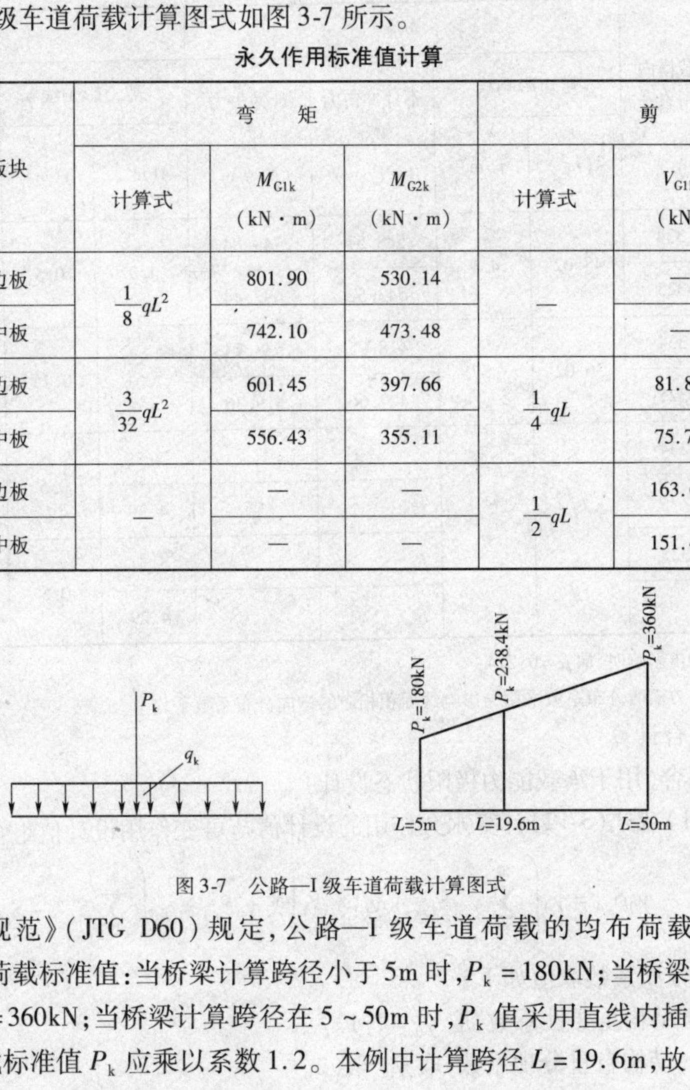

图 3-7　公路—I 级车道荷载计算图式

根据《通用规范》(JTG D60)规定，公路—I 级车道荷载的均布荷载标准值为 $q_k=10.5\text{kN/m}$，集中荷载标准值：当桥梁计算跨径小于 5m 时，$P_k=180\text{kN}$；当桥梁计算跨径等于或大于 50m 时，$P_k=360\text{kN}$；当桥梁计算跨径在 5～50m 时，P_k 值采用直线内插求得。计算剪力时，上述集中荷载标准值 P_k 应乘以系数 1.2。本例中计算跨径 $L=19.6\text{m}$，故

$$P_k=180+\frac{360-180}{50-5}\times(19.6-5)=238.4(\text{kN})$$

计算剪力时：

$$P_k=1.2\times238.4=286.0(\text{kN})$$

(2)计算跨中、$L/4$、支点截面公路—I级车道荷载效应标准值。

因半幅桥全宽 $W=12.5\text{m}$，$6.0\text{m}\leqslant W<14.0\text{m}$，故两列车道荷载控制设计，横向折减系数 $\xi=1.00$。公路—I级车道荷载效应标准值按下式计算：

$$S_k=(1+\mu)\xi\eta(q_kA+P_ky)$$

式中：μ——冲击系数；

η——荷载横向分布系数；

A——内力影响线面积；

y——内力影响线竖标值。

各截面公路—I级车道荷载效应标准值计算结果见表3-6。

跨中、$L/4$、支点截面公路—I级车道荷载效应标准值 表3-6

截面	板块	荷载横向分布系数 η	M_{Qk} 弯矩影响线 $A(m^2)$	M_{Qk} 弯矩影响线 $y(m)$	不计冲击力 M_{Qk} (kN·m)	计冲击力 M_{Qk} (kN·m)	V_{Qk} 剪力影响线 $A(m^2)$	V_{Qk} 剪力影响线 $y(m)$	不计冲击力 V_{Qk} (kN)	计冲击力 V_{Qk} (kN)
跨中	边板	0.334	48.02	4.9	588.57	749.84	4.9	0.5	64.95	82.74
	中板	0.325			543.52	692.44			63.20	80.51
$\frac{L}{4}$	边板	0.334	36.02	3.675	418.95	533.74	5.51	0.75	90.67	115.89
	中板	0.325			407.66	519.36			88.52	112.77
支点	边板	0.334					5.51	0.5	181.11	230.73
							4.29			
	中板	0.325					5.51	0.5	180.41	229.84
							4.29			

注：① 考虑冲击影响时，取 $\mu=0.274$；

② 支点剪力横向分布系数采用与影响线面积相应的横向分布系数平均值。

3. 作用组合计算

1)基本组合(用于承载能力极限状态设计)

按式(3-11)或式(3-12)计算永久作用的设计值与可变作用设计值组合，即：

$$\gamma_0S_{ud}=\gamma_0\left(\sum_{i=1}^{m}\gamma_{Gi}S_{Gik}+\gamma_{Q1}S_{Q1k}\right)\text{或}\ \gamma_0S_{ud}=\gamma_0\left(\sum_{i=1}^{m}S_{Gid}+S_{Q1d}\right)$$

本例中各分项系数取值如下：

(1)γ_0——结构重要性系数，取 $\gamma_0=1.1$。

(2)γ_G——结构自重分项系数，取 $\gamma_G=1.2$。

(3)γ_{Q1}——汽车荷载(含冲击力)的分项系数，取 $\gamma_{Q1}=1.4$。

永久作用的设计值与可变作用设计值组合计算列于表3-7和表3-8。

2)作用短期效应组合(用于正常使用极限状态设计)

按式(3-13)计算永久作用标准值效应与可变作用频遇值效应组合值，即：

$$S_{sd}=\sum_{i=1}^{m}S_{Gik}+\sum_{j=1}^{n}\psi_{1j}S_{Qjk}$$

式中：ψ_{1j}——可变作用的频遇值系数，汽车荷载（不计冲击力），$\psi_1=0.7$，温度梯度作用，$\psi_1=0.8$。

永久作用的设计值与可变作用设计值组合 表 3-7

板块	作用分类	组合计算表达式	跨中 弯矩（kN·m）	跨中 剪力（kN）	L/4 弯矩（kN·m）	L/4 剪力（kN）	支点 剪力（kN）
边板	永久作用	一期恒载 S_{G1k}	801.90	0	601.45	81.83	163.66
		二期恒载 S_{G2k}	530.14	0	397.66	54.10	108.19
		$\sum_{i=1}^{2}S_{Gik}$	1 332.04	0	999.11	135.93	271.85
		$\sum_{i=1}^{2}S_{Gid}=1.2\sum_{i=1}^{2}S_{Gik}$	1 598.45	0	1 198.93	163.12	326.22
	可变作用	S_{Q1k}（计冲击力）	749.84	82.74	533.74	115.89	230.73
		$S_{Q1d}=1.4S_{Q1k}$	1 049.78	115.84	747.24	162.25	324.77
	作用组合	$S_{uk}=\sum_{i=1}^{2}S_{Gik}+S_{Q1k}$	2 081.88	82.74	1 532.85	251.82	502.58
		$\gamma_0 S_{ud}=\gamma_0\left(\sum_{i=1}^{2}S_{Gid}+S_{Q1d}\right)$	2 913.05	127.42	2 140.79	357.91	716.09
中板	永久作用	一期恒载 S_{G1k}	742.10	0	556.43	75.72	151.41
		二期恒载 S_{G2k}	473.48	0	355.11	48.31	96.63
		$\sum_{i=1}^{2}S_{Gik}$	1 215.58	0	921.54	124.03	248.04
		$\sum_{i=1}^{2}S_{Gid}=1.2\sum_{i=1}^{2}S_{Gik}$	1 458.70	0	1 105.85	148.84	297.65
	可变作用	S_{Q1k}（计冲击力）	692.44	80.51	519.36	112.77	229.84
		$S_{Q1d}=1.4S_{Q1k}$	969.42	112.71	727.10	157.88	321.78
	作用组合	$S_{uk}=\sum_{i=1}^{2}S_{Gik}+S_{Q1k}$	1 908.02	80.51	1 440.90	236.80	477.88
		$\gamma_0 S_{ud}=\gamma_0\left(\sum_{i=1}^{2}S_{Gid}+S_{Q1d}\right)$	2 670.93	123.99	2 016.25	337.39	681.37

作用短期效应组合计算列于表 3-8。

3）作用长期效应组合（用于正常使用极限状态设计）

按式（3-14）计算永久作用标准值效应与可变作用准永久值效应组合，即：

$$S_{id}=\sum_{i=1}^{m}S_{Gik}+\sum_{j=1}^{n}\psi_{2j}S_{Qjk}$$

式中：ψ_{2j}——可变作用的准永久值系数，汽车荷载（不计冲击力），$\psi_2=0.4$，温度梯度作用，$\psi_2=0.8$。

作用长期效应组合计算列于表 3-8。

作用短期效应和长期效应组合计算 表 3-8

板块	作用分类	组合计算表达式	跨中 弯矩 (kN·m)	跨中 剪力 (kN)	L/4 弯矩 (kN·m)	L/4 剪力 (kN)	支点 剪力 (kN)
边板	永久作用	$\sum_{i=1}^{2} S_{Gik}$	1 332.04	0	999.11	135.93	271.85
边板	可变作用	S_{Q1k}(不计冲击力)	558.57	64.95	418.95	90.97	181.11
边板	可变作用	温度梯度效应(另计)					
边板	可变作用	$\psi_1 S_{Q1k}=0.7S_{Q1k}$	391.00	45.47	293.27	63.68	126.78
边板	可变作用	$\psi_2 S_{Q1k}=0.4S_{Q1k}$	223.43	25.98	167.58	36.39	72.44
边板	作用组合	$S_{sd}=\sum_{i=1}^{2} S_{Gik}+0.7S_{Q1k}$	1 723.04	45.47	1 292.38	199.61	398.63
边板	作用组合	$S_{ld}=\sum_{i=1}^{2} S_{Gik}+0.4S_{Q1k}$	1 555.47	25.98	1 166.69	172.32	344.29
中板	永久作用	$\sum_{i=1}^{2} S_{Gik}$	1 215.58	0	921.54	124.03	248.04
中板	可变作用	S_{Q1k}(不计冲击力)	543.52	63.20	407.66	88.52	180.41
中板	可变作用	温度梯度效应(另计)					
中板	可变作用	$\psi_1 S_{Q1k}=0.7S_{Q1k}$	380.46	44.24	285.36	61.96	126.29
中板	可变作用	$\psi_2 S_{Q1k}=0.4S_{Q1k}$	217.41	25.28	163.06	35.41	72.16
中板	作用组合	$S_{sd}=\sum_{i=1}^{2} S_{Gik}+0.7S_{Q1k}$	1 596.04	44.24	1 206.90	185.99	374.33
中板	作用组合	$S_{ld}=\sum_{i=1}^{2} S_{Gik}+0.4S_{Q1k}$	1 432.99	25.28	1 084.60	159.44	320.20

第四节 混凝土结构的耐久性设计

一、概 述

混凝土结构的耐久性是指暴露在野外环境或有腐蚀剂及其他类似条件下结构物的生存时间。耐久性问题是指混凝土结构受到环境条件、化学品以及与水泥发生作用的影响而导致结构物的钢筋锈蚀、混凝土剥落以及发生一般损坏的情况。在正常使用条件下,如果桥梁结构物的安全性、适用性和耐久性都能得到保证,就意味着这个结构物是可靠的。因此,耐久性是结构物可靠性的三个组成部分之一。

二、耐久性的主要影响因素

影响结构耐久性的主要因素包括混凝土的物理、化学性质,混凝土材料性能,施工方法和施工质量以及破坏作用的性质等。例如，低强度混凝土由于水灰比大，有害孔隙多，容易受到各种破坏因素作用而破坏；混凝土体积大，容易因温差引起开裂；寒冷地区的混凝土结构易遭受冻融破坏；炎热地区的混凝土结构易因钢筋锈蚀而损坏；处于含硫酸盐的地下水和土壤中的混凝土结构可能会受到硫酸盐侵蚀破坏；有碱活性集料地区的混凝土存在碱集料反应的危险；外加剂使用不当也会对混凝土结构产生破坏作用；早期施工中使用氯化钙作早强剂引起钢筋严重腐蚀而导致混凝土结构破坏。

1. 混凝土的渗透性

水可以以液体或气体形态在压力作用下或在毛细管引力作用下，或者在压力和毛细管引力的共同作用下进入多孔物体。吸水性表示混凝土吸收水分到它的毛细孔隙内的性能，透水性则表示水或水蒸气通过混凝土的难易程度的性能。透水性和吸水性与各种侵蚀介质对混凝土的破坏有关，所以是混凝土的重要性能。一般来说，水灰比大，水化程度低，水泥石有较高的毛细孔隙率，水泥石含有大量连通的孔隙，所以其渗透性很高。所有的混凝土都有一定程度的透水性，氯离子渗透到混凝土内部引起混凝土中的钢筋锈蚀，进而导致混凝土结构的严重破坏。

2. 混凝土冻融破坏

在寒冷地区，渗入到混凝土中的水在低温下结冰膨胀，使混凝土结构产生内部裂缝和损伤，经多次反复冻融循环后，损伤积累到一定程度就引起混凝土结构破坏。

3. 混凝土的碳化

混凝土中因水泥石含有氢氧化钙[$Ca(OH)_2$]而呈碱性，在钢筋表面形成碱性薄膜而保护钢筋免遭酸性介质的侵蚀，从而起到“钝化”保护作用。但是，大气中存在的酸性介质及水通过各种孔道、裂隙而渗入混凝土中，与混凝土中的碱性物质发生反应，从而使混凝土的碱性下降。例如，工业污染造成的酸雨，或者大气中的二氧化碳与水形成碳酸(H_2CO_3)，与混凝土中的氢氧化钙发生反应而生成碳酸钙($CaCO_3$)，这一过程就是“碳化”。混凝土碳化的主要危害表现在使混凝土中的钢筋保护膜破坏，使钢筋产生腐蚀。混凝土碳化是影响混凝土结构耐久性的重要因素之一。

4. 侵蚀性介质的腐蚀作用

侵蚀性介质(如硫酸盐、海水以及盐类等)对混凝土的腐蚀表现在其侵入后造成混凝土的一些成分被溶解，流失，引起裂缝、松散破碎，或与混凝土中的某些成分发生反应而生成体积膨胀的物质，从而引起混凝土结构破坏。工业污染、酸雨、酸性土壤及地下水均可能对混凝土产生酸性腐蚀。

5. 混凝土的碱集料反应

混凝土集料中某些活性矿物与混凝土微孔中的碱性溶液发生化学反应称为碱集料反应。碱集料反应生成碱—硅酸盐凝胶，吸水后体积膨胀，从而引起混凝土自然开裂、剥落、疏松的现象，甚至结构破坏。碱集料反应引起的混凝土结构的损害往往难以阻止，且修补也较为困难，所以有时也称这种病害为混凝土的“癌症”。

6. 钢筋的锈蚀

当混凝土碳化而将钢筋表面的氧化膜破坏后，在有水和有氧的条件下，才有可能引起钢筋的锈蚀。钢筋锈蚀造成体积膨胀而导致混凝土保护层脱落，使钢筋有效截面面积减小，使构件的承载力降低，甚至引起结构破坏。因此，钢筋锈蚀是影响混凝土结构耐久性的关键因素。

7. 其他影响因素

还有一些因素也会影响构件的正常使用,如温度变化,生物腐蚀,混凝土徐变等。

三、桥梁结构所处环境条件分类

桥梁使用环境条件是影响混凝土结构耐久性的外部因素。桥梁结构所处的环境条件不同,对结构混凝土的耐久性影响程度亦不同。根据公路桥梁结构的使用情况并参照国内有关现行规范,《桥规》(JTG D62)将桥梁结构使用环境划分为如下四种类型。

I类环境:温暖或寒冷地区的大气环境、与无侵蚀性的水或土接触的环境。其中寒冷地区是指累年最冷月平均温度高于-10℃,低于或等于0℃的地区。

II类环境:严寒地区的大气环境、使用除冰盐环境、海滨环境。严寒地区指累年最冷月平均温度低于-10℃地区。除冰盐环境是指北方城市依靠喷洒盐水除冰化雪,且其主梁受到侵蚀的环境;海滨环境是指在海水浪溅区以外且其前面无建筑物遮挡的环境。

III类环境:海水环境。海水环境是指潮汐区、浪溅区及海水中的环境。

IV类环境:受侵蚀性物质影响的环境。这是指某些化学工业和石油化工工厂的气态、液态和固态侵蚀物质影响的环境。

四、结构混凝土耐久性的基本要求

《桥规》(JTG D62)规定,公路桥涵应根据其所处环境条件进行耐久性设计,且结构混凝土耐久性应符合表3-9规定的基本要求。主要指标包括最大水灰比、最小水泥用量、最低混凝土强度等级、最大氯离子含量和最大碱含量等。

结构混凝土耐久性的基本要求 表3-9

环境类别	环境条件	最大水灰比	最小水泥用量(kg/m^3)	最低混凝土强度等级	最大氯离子含量(%)	最大碱含量(kg/m^3)
I	温暖或寒冷地区的大气环境、与无侵蚀性的水或土接触的环境	0.55	275	C25	0.30	3.0
II	严寒地区的大气环境、使用除冰盐环境、海滨环境	0.50	300	C30	0.15	3.0
III	海水环境	0.45	300	C35	0.10	3.0
IV	受侵蚀性物质影响的环境	0.40	325	C35	0.10	3.0

注:①有关现行规范对海水环境中结构混凝土的最大水灰比和最小水泥用量有更详细规定时,可参照执行;

②表中氯离子含量系指其与水泥用量的百分率;

③当有实际工程经验时,处于I类环境中结构混凝土的最低强度等级可比表中降低一个等级;

④预应力混凝土构件中的最大氯离子含量为0.06%,最小水泥用量为350kg/m^3,最低混凝土强度等级为C40或按表中规定I类环境提高三个等级,其他环境类别提高两个等级;

⑤特大桥和大桥混凝土中最大碱含量宜降至1.8kg/m^3,当处于III类、IV类环境或使用除冰盐和海滨环境时,宜使用非碱活性集料。

此外,《桥规》(JTG D62)还规定,对水位变动区有抗冻要求的结构混凝土,其抗冻等级不应低于表3-10的规定。

对有抗渗要求的结构混凝土,其抗渗等级应符合表3-11的规定。

水位变动区混凝土抗冻等级选用标准　　表3-10

桥梁所在地区	海水环境	淡水环境
严重受冻地区(最冷月月平均气温低于 -8℃)	F350	F250
受冻地区(最冷月月平均气温低于 -4 ~ -8℃之间)	F300	F200
微冻地区(最冷月月平均气温低于0 ~ -4℃之间)	F250	F150

注:① 混凝土抗冻性试验方法应符合现行标准《公路工程水泥及水泥混凝土试验规程》(JTG E30—2005)的规定;
② 墩、台身混凝土应选用比表值高一级的抗冻等级。

结构混凝土抗渗等级选用标准　　表3-11

最大作用水头与混凝土壁厚之比	抗渗等级	最大作用水头与混凝土壁厚之比	抗渗等级
<5	W4	16 ~ 20	W10
5 ~ 10	W6	>20	W12
11 ~ 15	W8		

注:混凝土抗冻性试验方法应符合现行标准《公路工程水泥及水泥混凝土试验规程》(JTG E30—2005)的规定。

为防止钢筋锈蚀和提高混凝土结构耐久性,应根据《桥规》(JTG D62)对结构混凝土耐久性的基本要求,采取有效措施,精心设计配合比,降低水灰比,选择致密、级配良好的集料,限制氯离子含量,精心施工,保证混凝土振捣密实,避免浇筑混凝土过程中产生离析,加强混凝土早期养护。还应注意混凝土保护层的作用、混凝土的质量、排水和防护环境影响(如冻融、氯化物和水的渗透等),并考虑由于温度变化、混凝土收缩和徐变以及约束作用等引起的开裂和变形对结构的影响。

思考题

1. 什么是结构的可靠度?什么是结构的可靠性?
2. 公路桥梁结构需要考虑哪几种设计状况?
3. 什么是"极限状态"?《可靠度统一标准》(GB/T 50283)将极限状态分为哪几类?
4. 什么是结构的可靠性指标?
5. 什么叫作用?作用如何分类?
6. 什么是概率极限状态设计法?
7. 什么是混凝土的耐久性?其主要影响因素有哪些?
8.《桥规》(JTG D62)将桥梁结构使用环境划分为哪几种类型?
9.《桥规》(JTG D62)对桥梁结构混凝土耐久性有哪几项指标要求?

第四章 钢筋混凝土受弯构件正截面抗弯承载力计算

第一节 钢筋混凝土受弯构件的应用及其构造特点

梁和板是典型的受弯构件,受弯构件是指截面上通常有弯矩和剪力共同作用而轴力可以忽略不计的构件。梁和板也是组成工程结构的基本构件,在公路桥涵工程中应用很广。梁与板的区别是梁的截面高度大于其宽度,而板的截面高度远小于其宽度。公路桥涵工程中受弯构件常用的截面形式有矩形、T形、空心截面、I字形截面等(图4-1)。

一、板的构造

在桥梁结构中,行车道板一般是与支承梁浇筑成一个整体。

单边固结的板称为悬臂板,主钢筋应布置在截面上部。

四边支承的板(图4-2),视其长短边的比例可分为两种情况:

(1)当 $l/b \geqslant 2$ 时,弯矩主要沿短边方向分配,长边方向受力很小,其受力情况与两边支承板基本相同,故可按短边为计算跨径的单向板计算。

(2)当 $l/b < 2$ 时,两个方向同时承受弯矩,故应按双向板计算。

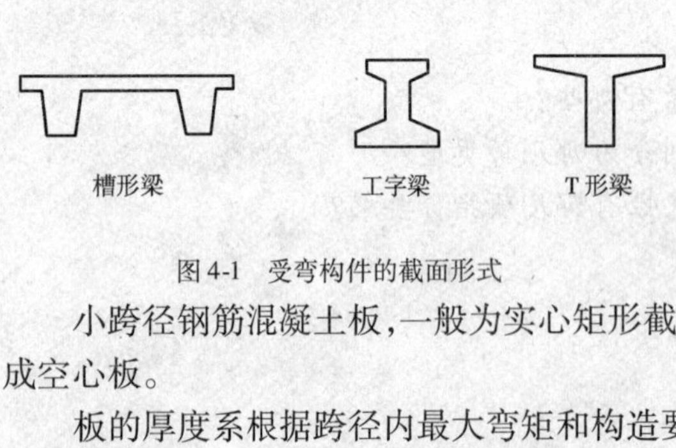

图4-1 受弯构件的截面形式

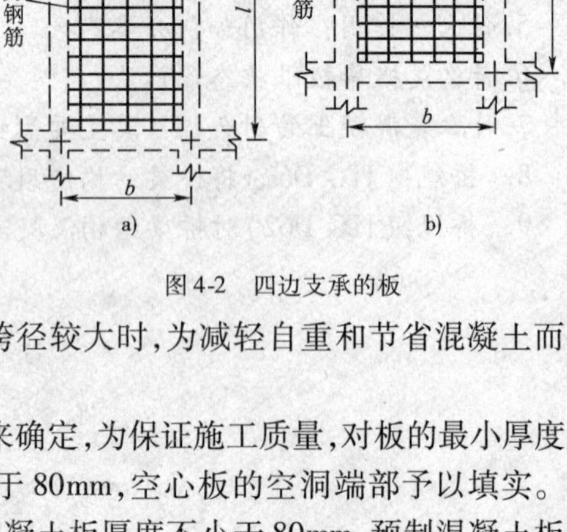

图4-2 四边支承的板

小跨径钢筋混凝土板,一般为实心矩形截面,跨径较大时,为减轻自重和节省混凝土而做成空心板。

板的厚度系根据跨径内最大弯矩和构造要求来确定,为保证施工质量,对板的最小厚度应加以控制。空心板桥的顶板和底板厚度均不应小于80mm,空心板的空洞端部予以填实。行车道板的跨间厚度不应小于120mm,就地现浇的混凝土板厚度不小于80mm,预制混凝土板的厚度不小于60mm。

板的钢筋由主钢筋(受力钢筋)和分布钢筋组成(图4-3)。主钢筋布置在板的受拉区,行车道板内的主钢筋直径不宜小于 10mm，人行道板内的主钢筋直径不应小于 8mm。在简支板跨中和连续支点处，板内主钢筋的间距不应大于 200mm。

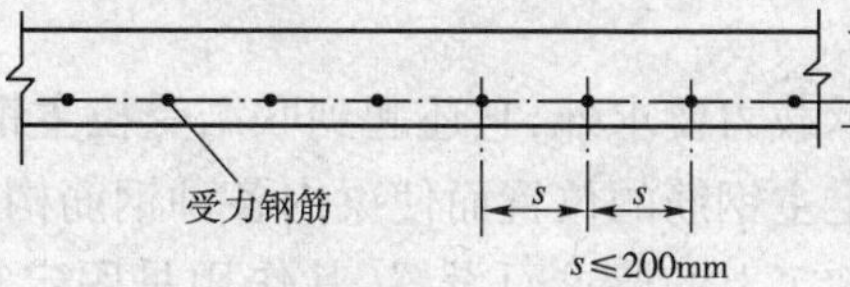

图 4-3 板的钢筋

主钢筋外缘到构件边缘的保护层厚度应不小于 20mm。垂直于主钢筋的行车道板内应设置分布钢筋，在交叉处点焊或用铁丝绑扎。分布钢筋的作用是将荷载更均匀地分布到主钢筋上，同时防止因混凝土收缩和温度变化而出现裂缝。分布钢筋设在主钢筋的内侧，其直径不小于 8mm，其间距应不大于 200mm，其截面面积不宜小于板的截面面积的 0.1%。在所有主钢筋的弯折处均应设置分布钢筋。人行道板内分布钢筋直径不应小于 6mm，其间距不应大于 200mm。

为防止钢筋外露锈蚀，钢筋表面到构件边缘的混凝土保护层厚度应符合《桥规》(JTG D62)规定的最小保护层厚度要求。《桥规》(JTG D62)规定，行车道板、人行道板的受力主钢筋最小保护层要求是：I 类环境条件为 30mm，II 类环境条件为 40mm，III、IV 类环境条件为 45mm；分布钢筋的最小保护层厚度是：I 类环境条件为 15mm，II 类环境条件为 20mm，III、IV 类环境条件为 25mm。

二、梁的构造

小跨径钢筋混凝土梁一般采用矩形截面；当跨径较大时，采用 T 形、工字形和箱形截面。考虑施工制模的方便，截面尺寸应模数化，矩形梁的截面宽度一般取 150mm、180mm、200mm、220mm、250mm，以后按 50mm 为一级，当梁高超过 800mm 时，以 100mm 为一级。矩形梁的高宽比一般为 2.5～3。T 形截面梁的高度主要与梁的跨径、间距及作用大小有关。公路桥梁中常用的 T 形简支梁桥，其梁高与跨径之比约为 1/10～1/18。T 形梁上翼缘尺寸按行车道板的受力和构造要求确定。T 形梁的腹板（梁肋）宽度与配筋形式有关，当采用焊接骨架时，腹板宽度不应小于 140mm，一般采用 160～220mm。T 形梁在与腹板相连接处的翼缘厚度不应小于梁高的 1/10。

梁内的钢筋骨架由纵向受力钢筋、弯起钢筋、箍筋、架立钢筋和水平纵向钢筋构成（图 4-4）。

主钢筋：仅在截面受拉区配置受力钢筋的受弯构件称为单筋截面受弯构件，同时在截面受压区也配置受力钢筋的受弯构件称为双筋截面受弯构件。因此，梁内主钢筋按其受力不同而有受拉及受压钢筋两种，受拉主钢筋系承受拉应力，受压主钢筋则承受压应力。一般当梁的截面高度受到限制，受压区混凝土截面不足时才在受压区设置受压主钢筋。

图 4-4 简支梁的钢筋骨架

弯起钢筋:为满足斜截面抗剪强度而设置,一般可以由受拉主钢筋弯起而成,故此称为弯起钢筋。若将主钢筋弯起还不满足斜截面抗剪强度要求,或者由于构造上的要求需增设斜筋时,则另需加专门的斜钢筋。

箍筋:除了满足斜截面抗剪承载力要求外,它还起到联结受拉主钢筋和受压混凝土使其共同工作的作用。此外,用它来固定主钢筋的位置而使梁内各种钢筋构成钢筋骨架。

架立钢筋:主要为构造上或施工上的要求而设置,其作用是固定箍筋,并与主钢筋等连成箍筋骨架。

纵向水平钢筋:当梁高大于 1 000mm 时,沿梁肋高度的两侧,并在箍筋外侧水平方向设置,以抵抗温度应力及混凝土收缩应力,同时与箍筋共同构成网格骨架以利于应力扩散。

梁内钢筋骨架可以采用两种形式,即绑扎钢筋骨架(图 4-4)和焊接钢筋骨架(图 4-5)。在装配式 T 形梁中,钢筋数量多,如钢筋最小净距要求排列有困难时,可将钢筋叠置,并与弯起钢筋、架立钢筋一起焊接成钢筋骨架。焊接钢筋骨架整体性好,钢筋重心位置较低,安装就位比较简单。然而,焊接钢筋骨架的主钢筋与混凝土的黏结面积较小,一般说来,抗裂性能稍差。因此,工程实践中选用直径较小的螺旋钢筋,以增强其黏结强度,从而改善其抗裂性。

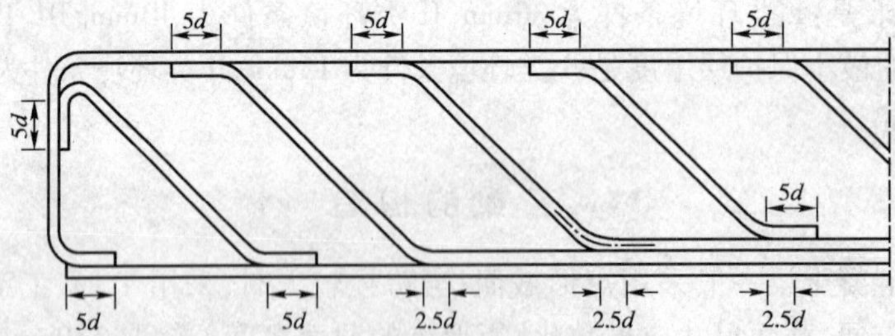

图 4-5　焊接钢筋骨架

布置在梁的受拉区的纵向受力钢筋一般称为主筋。当梁的高度受限制时,可以在受压区布置纵向受力钢筋,用来协助混凝土承受压力。纵向钢筋的直径一般为 14 ~ 32mm,为简化施工,在同一梁内宜采用相同直径的钢筋。当采用两种直径时,为便于识别,直径的差值应不小于 2mm。

梁内主钢筋的排列原则是:由上而下、下粗上细和对称布置。

梁内的受力钢筋可以单根或 2 ~ 3 根成束布置,亦可采用焊接钢筋骨架。当采用单根配筋时,钢筋层数不宜多于三层,上下层钢筋的排列应注意对正,以便于浇筑混凝土。

为保护钢筋免受腐蚀,主钢筋至构件边缘的净距应符合《桥规》(JTG D62)规定的最小保护层厚度要求,即:I 类环境条件为 30mm,II 类环境条件为 40mm,III、IV 类环境条件为 45mm。

为便于浇筑混凝土并保证混凝土的质量,增加混凝土与钢筋的黏结力,梁内主钢筋之间横向净距和层与层之间的竖向净距,当钢筋为三层及以下时,不应不小于 30mm,并不小于钢筋直径;当钢筋为三层以上时,净距应不小于 40mm,并不小于钢筋直径的 1.25 倍(图 4-6)。对于束筋,此处直径采用等代直径($d_e = \sqrt{n}d$,其中 n 为组成束筋的钢筋根数,d 为单根钢筋的直径)。

在钢筋混凝土梁的支点处,应至少有 2 根并不少于总数 1/5 的下层受拉主钢筋通过。简支梁两侧的受拉主钢筋应延伸出支点截面以外,并弯成直角,顺梁高延伸至顶部,与顶层纵向架立钢筋相连。两侧之间的其他未弯起钢筋,伸出支点截面以外的长度应不小于 $10d$(环氧树脂涂层钢筋为 $1.25d$);R235 钢筋应带半圆钩。

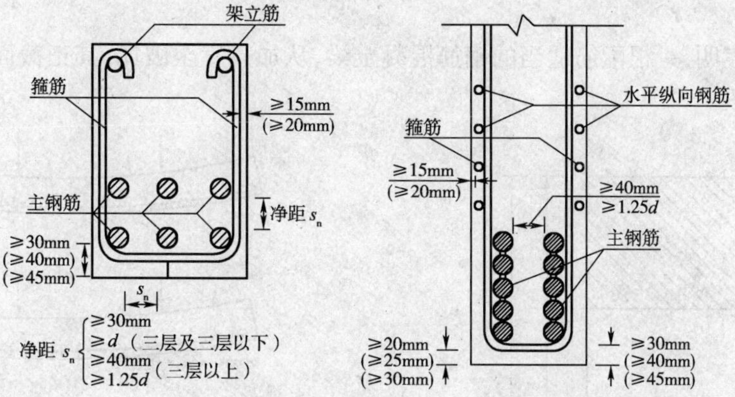

图 4-6　梁内主钢筋净距和混凝土保护层

第二节　钢筋混凝土梁的正截面破坏状态

一、受弯构件正截面承载力的试验研究

为解决受弯构件正截面的承载力计算问题，必须通过试验来了解钢筋混凝土梁的破坏过程，确定在破坏时的截面应力分布，以便建立正截面的承载力计算公式。通常是采用图 4-7 所示的试验方案，进行钢筋混凝土试验研究。

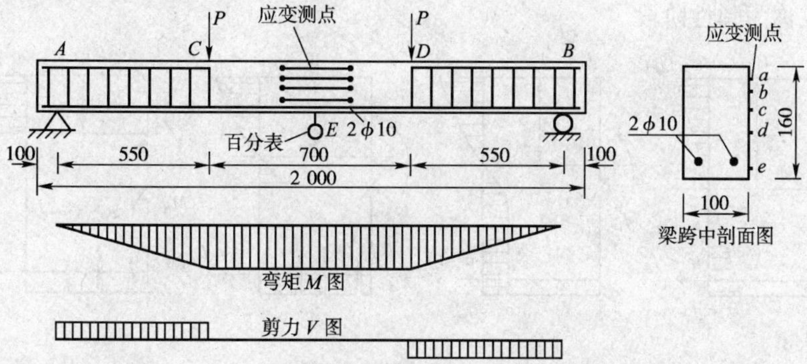

图 4-7　钢筋混凝土试验梁(尺寸单位:mm)

试验采用两点对称加载，在梁的 CD 段剪力为零(忽略梁的自重影响)，弯矩为常数，称为纯弯曲段。在梁的纯弯曲段，布置应变测点，测量各点的应变。在跨中截面布置百分表，量测挠度值。

试验结果表明，当梁的截面尺寸和材料强度一定时，若改变配筋百分率，不仅梁的承载力会发生变化，而且梁在破坏阶段的受力性能也会发生变化。

在单筋截面(仅在受拉区设置钢筋的垂直截面)中，受拉区钢筋配置的多少是以配筋百分率表示的。受弯构件受拉钢筋的配筋百分率是指受拉钢筋截面面积 A_s 与梁(扣除翼缘后)的有效截面面积 bh_0 的比值，其中 b 为腹板宽度，h_0 为有效高度(图 4-8)，常以 ρ 表示，即：

$$\rho = A_s/(bh_0) \tag{4-1}$$

根据受拉区钢筋配置的多少，钢筋混凝土梁可以分为适筋梁、超筋梁和少筋梁三种类型，它们的破坏形式是不同的(图 4-9)。

1. 适筋梁

试验研究表明，一根配筋适当的钢筋混凝土梁，从加载直至破坏，其正截面工作状态大致可分为三个阶段。

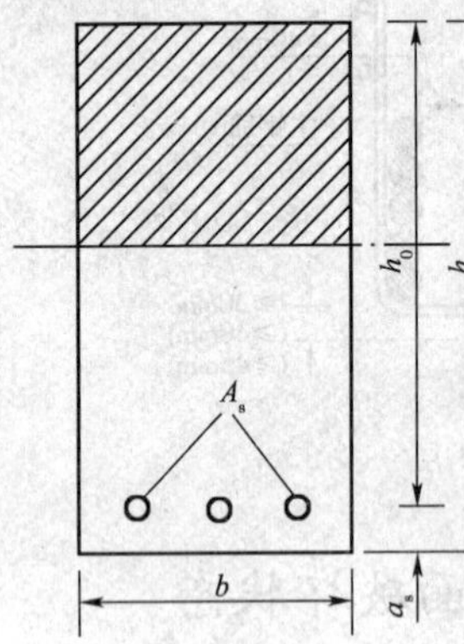

图 4-8　梁的配筋率计算图

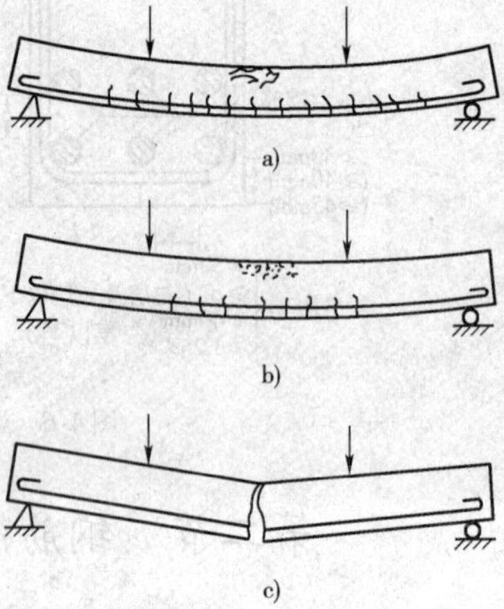

图 4-9　梁的三种破坏形式

a）适筋梁；b）超筋梁；c）少筋梁

适筋梁在荷载作用下受力的全过程可根据其受力特点分为三个阶段（图 4-10）。

第 I 阶段——弹性工作阶段：当荷载很小时，截面上应力很小，混凝土尚能按弹性体工作，受压区与受拉区混凝土应力图形均为三角形。这时受拉区的拉力是混凝土和钢筋共同承担的。这个阶段称为弹性阶段。

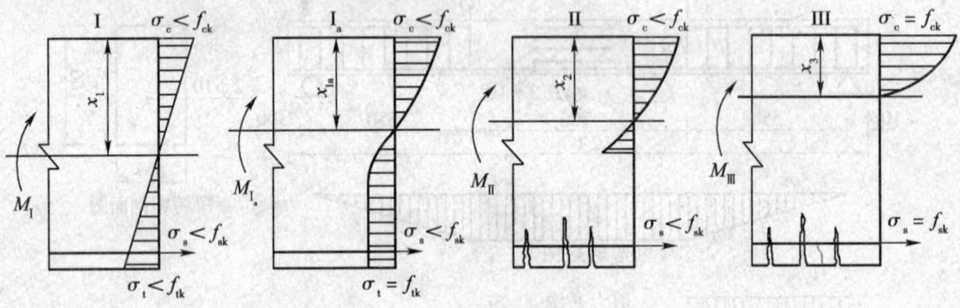

图 4-10　适筋梁的破坏特征

第 I_a 阶段：随着荷载增加，受拉区边缘混凝土表现出塑性特征，即应变比应力增加为快，受拉区应力图形呈曲线；在受压区，由于压应力还远小于混凝土的抗压强度，应力图形仍呈三角形。荷载继续增加，受拉区边缘混凝土的应变达到混凝土的极限拉应变时，梁处于即将开裂而未裂的极限状态，标志着 I_a 阶段的终结。I_a 阶段可作为构件抗裂度计算的依据。

第 II 阶段——带裂缝工作阶段：荷载增加，裂缝向上延展，开裂后的混凝土不再参加受拉区受力，拉力全部由钢筋承担，受压区混凝土由于应力的增加而表现出塑性性能，压应力图形呈曲线形。

这时构件已有裂缝，但未破坏，这时的荷载值相当于梁在正常使用阶段的荷载值（所以普通钢筋混凝土梁在使用阶段一般都是带裂缝工作）。所以，II 阶段作为受弯构件变形、裂缝宽度计算的依据。

第 III 阶段——破坏阶段：荷载继续增加，钢筋应力已经达到屈服强度，$\sigma_s = f_y$。随着荷载进一步增加，钢筋应力将保持不变，而应变增长加速，裂缝随之扩展并向上延伸，中性轴继续上移，挠度急剧增加，受压区高度不断减少，受压区混凝土应力迅速增大，受压区混凝土的塑性特征更明显，应力图形呈更丰满的曲线形。当受压区边缘达到混凝土的极限压应变时，受压区混凝土被压碎，构件破坏，这个阶段被称为 III_a 阶段。III_a 阶段是正截面破坏的极限状态，因此，把它作为构件正截面承载力计算的依据。

受拉区混凝土开裂和钢筋达到屈服强度是三个受力阶段的转折点。

由于适筋梁在破坏前钢筋达到屈服强度，所以构件在破坏前裂缝开展很宽，挠度很大，这就给人以即将破坏的预兆，这种破坏，称之为塑性破坏。

钢筋混凝土受弯构件正截面的破坏特征与截面配筋率大小、钢筋及混凝土的力学性能等因素有关，可分为塑性破坏和脆性破坏两种情况。因为塑性破坏属于有预兆的破坏，且材料强度可以得到充分发挥，而脆性破坏属于无预兆的破坏，且钢筋不能充分发挥应有的作用，所以应保证前者，而避免出现后者。

2. 超筋梁

受拉区钢筋含量过多的梁称为超筋梁。这种梁在破坏试验时发现，由于受拉区钢筋配置过多，钢筋应力在梁破坏时尚未达到屈服强度，而受压区混凝土先被压碎而使梁破坏，破坏前钢筋没有屈服，所以裂缝开展不大，挠度亦小，破坏是突然发生的，没有明显的预兆，属于脆性破坏。所以，超筋梁是不安全的。同时，由于钢筋应力未达到流限，强度未被充分利用，因而也是不经济的。在工程中不允许采用超筋梁，在强度计算中为保证钢筋用量适当，就以最大含筋率 ρ_{max} 来加以限制。

3. 少筋梁

受拉区钢筋含量过少的梁称为少筋梁。在试验中当出现第一条裂缝时，裂缝截面的拉力即全部由钢筋承担而使裂缝处的钢筋应力突然增加，由于钢筋很少，所以钢筋应力很快超过流限，甚至被拉断而使梁破坏，破坏较突然，属于脆性破坏。少筋梁的承载力和素混凝土梁差不多，也是不安全的。因此，在工程上不允许采用少筋梁，在正截面的强度计算中以最小含筋率 ρ_{min} 来加以限制。

最小含筋率 ρ_{min} 即是根据配筋后的承载力不低于素混凝土梁的承载力而确定。

二、受弯构件正截面承载力计算

1. 基本假定

钢筋混凝土受弯构件正截面承载能力极限状态计算以适筋梁在第 III 阶段（破坏阶段）应力状态为依据，为便于计算，尚须作如下简化假定。

（1）构件弯曲后，其截面仍保持为平面。

（2）截面受压混凝土应力图形简化为矩形，其压力强度取混凝土的轴心抗压强度设计值 f_{cd}，不考虑截面受拉混凝土的抗拉强度。

矩形应力图高度（受压区高度）x 可取曲线应力图混凝土受压区高度（实际受压区）x_0 乘以 β 系数，即 $x=\beta x_0$。当混凝土强度等级不超过 C50 时，$\beta=0.8$，当混凝土强度等级为 C80 时，$\beta=0.74$，其间按线性内插法确定。受压区混凝土的极限应变 ε_{cu}，对于 C50 及以下强度等级混凝土取 0.003 3，强度等级 C50 ~ C80 混凝土按直线内插法取 0.003 3 ~ 0.003 中间值。

（3）受拉钢筋应力取其抗拉强度设计值 f_{sd}，受压钢筋应力取其抗压强度设计值 f'_{sd}。

（4）钢筋应力等于钢筋应变与其弹性模量的乘积，但不大于其强度设计值。受拉钢筋的极限拉应变取 0.01。

根据上述假定,可以得到应力分布图形,如图 4-11 所示。

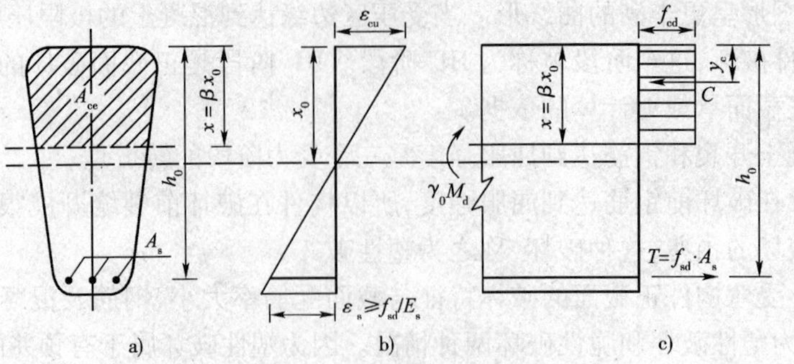

图 4-11 适筋梁正截面承载力计算图

a)断面图;b)应变图;c)应力图

2. 受弯承载力的基本方程

根据内力平衡条件:

由 $\sum X=0$ 得:

$$C=T \text{ 或 } f_{cd}A_{ce}=f_{sd}A_s \tag{4-2}$$

由 $\sum M_{Ac}=0$ 得:

$$\gamma_0 M_d \leqslant M_{du}=f_{sd}A_s(h_0-y_c) \tag{4-3}$$

式中:C——受压区混凝土合力;

T——受拉区钢筋的合力;

A_{ce}——等效矩形应力图的受压区混凝土面积;

y_c——等效矩形应力图合力作用点至截面受压区边缘的距离;

γ_0——桥梁结构的重要性系数;

M_d——弯矩组合设计值;

M_{du}——截面所能承受的弯矩设计值;

f_{cd}——混凝土轴心抗压强度设计值,见表 2-3;

f_{sd}——纵向普通钢筋的抗拉强度设计值,按表 2-9 采用;

A_s——受拉区普通钢筋的截面面积;

h_0——截面有效高度,$h_0=h-a_s$,h 为截面全高度;

a_s——受拉区普通钢筋合力点到截面受拉边缘的距离。

3. 界限相对受压区高度和最大配筋率

需要指出,式(4-2)和式(4-3)是根据正常配筋的适筋梁的破坏状态导出的,因而必须满足下列要求:

$$\rho_{min} \leqslant \rho \leqslant \rho_{max} \tag{4-4}$$

对于钢筋和混凝土强度等级都已经确定的梁,总会有一个特定的配筋率 ρ,使得钢筋的应力达到屈服强度的同时,受压区混凝土边缘纤维的应变也恰好达到混凝土的抗压极限应变值,通常这种梁的破坏称为"界限破坏"。对于配置热轧普通钢筋(R235、HRB335、HRB400、KL400)的钢筋混凝土构件,纵向受拉钢筋和受压区混凝土同时达到其强度设计值时的相对界限受压高度 ξ_b(又称为混凝土受压区高度界限系数)可按下式计算:

$$\xi_b=\frac{x_b}{h_0}=\beta\frac{\varepsilon_{cu}}{f_{sd}/E_s+\varepsilon_{cu}} \tag{4-5}$$

式中：ξ_b——相对界限受压区高度；

ε_{cu}——受压边缘混凝土的极限应变值，当混凝土强度等级在 C50 及以下时取 $\varepsilon_{cu}=0.0033$，当混凝土强度等级在 C80 时取 $\varepsilon_{cu}=0.003$，其间值按直线内插法求得；

β——截面受压区矩形应力图高度系数，按表 4-1 取用；

f_{sd}——普通钢筋的抗拉强度设计值；

E_s——钢筋的弹性模量。

混凝土矩形应力图高度系数 β　　表 4-1

混凝土强度等级	C50 及以下	C55	C60	C65	C70	C75	C80
β	0.8	0.79	0.78	0.77	0.76	0.75	0.74

当混凝土强度等级在 C50 及以下时，若将 ε_{cu}、β、f_{sd}、E_s 的数值代入式(4-5)，则得：

R235 级钢筋

$$\xi_b = 0.8 \times \frac{0.0033}{195/(2.1\times10^5)+0.0033} = 0.624$$

HRB335 级钢筋

$$\xi_b = 0.8 \times \frac{0.0033}{280/(2.0\times10^5)+0.0033} = 0.562$$

表 4-2 给出常用的热轧普通钢筋(R235、HRB335、HRB400、KL400)的 ξ_b 值。

对于单筋截面，在求得 ξ_b 之后，再由式(4-2)得：

$$\xi = \frac{x}{h_0} = \frac{f_{sd}A_s}{f_{cd}bh_0} = \rho\frac{f_{sd}}{f_{cd}} \tag{4-6}$$

相对界限受压区高度 ξ_b　　表 4-2

钢筋级别 \ 混凝土强度等级	相对界限受压区高度 ξ_b			
	C50 及以下	C55、C60	C65、C70	C75、C80
R235	0.62	0.60	0.58	—
HRB335	0.56	0.54	0.52	—
HRB400、KL400	0.53	0.51	0.49	—

将上式变形后，可求得截面最大配筋率 ρ_{max}，即：

$$\rho_b = \rho_{max} = \xi_b\frac{f_{cd}}{f_{sd}} \tag{4-7}$$

钢筋混凝土受弯构件的最大配筋率 ρ_{max}(%)与混凝土强度等级和钢筋级别有关。表 4-3 给出配有屈服点钢筋的受弯构件的最大配筋率 ρ_{max}(%)。

普通钢筋混凝土受弯构件的最大配筋率(单位:%)　　表 4-3

混凝土强度等级	钢筋级别			
	R235 (195MPa)	HRB335 (280MPa)	HRB400 (330MPa)	KL400 (330MPa)
C20	2.925	1.840	1.477	1.477
C25	3.656	2.300	1.847	1.847
C30	4.388	2.760	2.216	2.216
C35	5.119	3.220	2.586	2.586

续上表

混凝土强度等级	钢筋级别			
	R235 (195MPa)	HRB335 (280MPa)	HRB400 (330MPa)	KL400 (330MPa)
C40	5.850	3.680	2.955	2.955
C45	6.518	4.100	3.292	3.292
C50	7.122	4.480	3.598	3.598
C55	7.508	4.706	3.771	3.771
C60	8.154	5.111	4.095	4.095

4. 最小配筋率 ρ_{min}

钢筋混凝土受弯构件中纵向受拉钢筋的最小配筋率 ρ_{min}，是根据钢筋混凝土构件破坏时截面所能承受的弯矩（按第Ⅲ阶段应力图计算）不应小于同样截面尺寸的素混凝土构件所能承受的弯矩（按第 I_a 阶段应力图计算）的原则而确定的。《桥规》(JTG D62）规定，矩形和T形截面受弯构件的最小配筋率为：

$$\rho_{min}=0.45f_{td}/f_{sd}\text{，且不小于 }0.2\% \tag{4-8}$$

式中：f_{td}——混凝土抗拉强度设计值（MPa）；

f_{sd}——钢筋的抗拉强度设计值（MPa）。

第三节　单筋矩形截面正截面抗弯承载力计算

一、基本计算公式

根据钢筋混凝土受弯构件正截面抗弯承载力计算的基本假定，可以绘出仅在受拉区设置钢筋的单筋矩形截面受弯构件的正截面承载力的计算图式，如图4-12所示。据此，由内力平衡条件可求得单筋矩形截面受弯构件的正截面抗弯承载力计算公式。

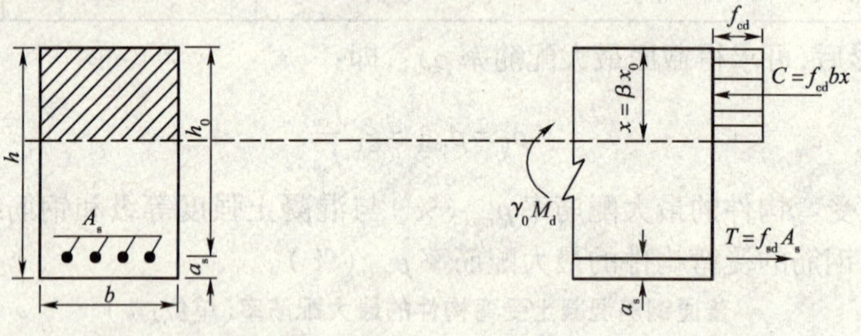

图4-12　单筋矩形截面受弯构件的正截面承载力的计算图式

由水平力平衡条件，即 $\sum X=0$ 得：

$$f_{cd}bx=f_{sd}A_s \tag{4-9}$$

由所有的力对受拉钢筋合力作用点力矩为零的平衡条件，即 $\sum M_{As}=0$ 得：

$$\gamma_0 M_d \leqslant f_{cd}bx\left(h_0-\frac{x}{2}\right) \tag{4-10}$$

或由所有的力对受压区混凝土的合力作用点力矩为零的平衡条件，即 $\sum M_c=0$ 得：

$$\gamma_0 M_d \leqslant f_{sd} A_s \left(h_0 - \frac{x}{2}\right) \tag{4-11}$$

以上式中：M_d——弯矩组合设计值；

γ_0——桥梁结构的重要性系数，按公路桥涵的设计安全等级取用，一级、二级、三级分别取 1.1、1.0 和 0.9；

f_{cd}——混凝土轴心抗压强度设计值，见表 2-3；

f_{sd}——纵向普通钢筋的抗拉强度设计值，按表 2-9 采用；

A_s——受拉区普通钢筋的截面面积；

b——矩形截面的宽度或倒 T 形截面的腹板宽度；

x——混凝土受压区高度；

h_0——截面有效高度，$h_0 = h - a_s$；

h——截面全高度；

a_s——受拉区普通钢筋合力点到截面受拉边缘的距离，当为一层钢筋时，$a_s = c + \frac{d}{2}$，其中 d 为钢筋直径，c 为混凝土保护层厚度。

二、公式适用条件

为保证梁的适筋梁条件，上述基本计算公式必须满足下列条件：

(1)
$$x \leqslant \xi_b h_0 \text{ 或 } \xi \leqslant \xi_b \tag{4-12}$$

(2)
$$\rho = \frac{A_s}{bh_0} \geqslant \rho_{min} = 0.45 \frac{f_{td}}{f_{sd}}, \text{且不小于 } 0.2\% \tag{4-13}$$

第一个条件（$x \leqslant \xi_b h_0$ 或 $\xi \leqslant \xi_b$）即是最大配筋率的限制。从式(4-9)可知，A_s 愈大，则相应的 x 亦愈大，限制 x 实质上限制了 A_s。式(4-7)（$\rho_{max} = \xi_b \frac{f_{cd}}{f_{sd}}$）中，$\xi_b$ 的限值是从试验中得出的规律。

试验结果表明，在 $\rho < \xi_b \frac{f_{cd}}{f_{sd}}$ 时，梁的承载力随着配筋率的增加而提高，当 ρ 达到 $\xi_b \frac{f_{cd}}{f_{sd}}$（$x = \xi_b h_0$）之后，再继续增加配筋，梁的承载力并不再随着配筋率的增加而提高。这说明梁的承载力已不再受含钢量控制，而由受压区混凝土的强度设计值控制，即已进入超筋梁范围，故把 $x \leqslant \xi_b h_0$ 定为适筋梁的界限。

若以适筋梁混凝土受压区高度 x 的最大限值 $x = \xi_b h_0$ 代入式(4-10)，则可确定适筋梁的最大承载力。

$$M_{max} = f_{cd} b h_0^2 \xi_b (1 - 0.5\xi_b) \tag{4-14}$$

第二个条件即是为了避免少筋梁的情况。由于钢筋混凝土受弯构件受弯承载力计算时不考虑受拉区混凝土参加工作，所以当配筋过少时，构件的承载力可能就低于素混凝土梁。显然，这是不合理的。在计算中，若出现了 $\rho < \rho_{min}$ 的情况，则钢筋面积应按 $A_s = \rho_{min} b h_0$ 采用。最小配筋率 ρ_{min} 按式(4-8)计算。

三、实用计算方法

按式(4-9)～式(4-11)计算钢筋用量，一般需解二次方程。为便于使用，可将式(4-10)改写为下列形式：

$$\gamma_0 M_d \leqslant f_{cd} bx\left(h_0 - \frac{x}{2}\right) = f_{cd} b\xi h_0 (h_0 - 0.5\xi h_0) = \xi(1 - 0.5\xi) f_{cd} b h_0^2$$

令

$$\alpha_s = \xi(1 - 0.5\xi) \tag{4-15}$$

可得：

$$\gamma_0 M_d \leqslant \alpha_s f_{cd} b h_0^2 \tag{4-16}$$

式中：α_s——截面抵抗矩系数。

由式(4-16)可得：

$$h_0^2 = \frac{1}{\alpha_s} \times \frac{\gamma_0 M_d}{f_{cd} b} = \frac{1}{\xi(1 - 0.5\xi)} \times \frac{\gamma_0 M_d}{f_{cd} b}$$

$$h_0 = \sqrt{\frac{\gamma_0 M_d}{\alpha_s f_{cd} b}} = \frac{1}{\sqrt{\xi(1 - 0.5\xi)}} \times \sqrt{\frac{\gamma_0 M_d}{f_{cd} b}}$$

令

$$\beta_s = \frac{1}{\sqrt{\xi(1 - 0.5\xi)}} \tag{4-17}$$

可得：

$$h_0 = \beta_s \sqrt{\frac{\gamma_0 M_d}{f_{cd} b}} \tag{4-18}$$

将式(4-11)改写为下列形式：

$$\gamma_0 M_d \leqslant f_{sd} A_s \left(h_0 - \frac{x}{2}\right) = f_{sd} A_s (h_0 - 0.5\xi h_0) = (1 - 0.5\xi) f_{sd} A_s h_0$$

令

$$\gamma_s = 1 - 0.5\xi \tag{4-19}$$

可得：

$$\gamma_0 M_d \leqslant \gamma_s f_{sd} A_s h_0 \tag{4-20}$$

式中：γ_s——内力臂系数，$\gamma_s = \frac{1 + \sqrt{1 - 2\alpha_s}}{2}$。

系数 α_s、β_s、γ_s 仅与受压区高度系数 ξ（亦即 $\rho \frac{f_{sd}}{f_{cd}}$）有关，可以预先算出，列成表格（表4-4）以供使用。

钢筋混凝土矩形截面受弯构件正截面受弯承载力计算系数 表4-4

ξ	α_s	β_s	γ_s	ξ	α_s	β_s	γ_s
0.010	0.010	10.025	0.995	0.024	0.024	6.494	0.988
0.012	0.012	9.156	0.994	0.026	0.026	6.242	0.987
0.014	0.014	8.481	0.993	0.028	0.028	6.018	0.986
0.016	0.016	7.938	0.992	0.030	0.030	5.817	0.985
0.018	0.018	7.487	0.991	0.032	0.031	5.635	0.984
0.020	0.020	7.107	0.990	0.034	0.033	5.470	0.983
0.022	0.022	6.779	0.989	0.036	0.035	5.319	0.982

续上表

ξ	α_s	β_s	γ_s	ξ	α_s	β_s	γ_s
0.038	0.035	5.179	0.981	0.112	0.106	3.075	0.944
0.040	0.039	5.051	0.980	0.114	0.108	3.050	0.943
0.042	0.041	4.932	0.979	0.116	0.109	3.025	0.942
0.044	0.043	4.821	0.978	0.118	0.111	3.001	0.941
0.046	0.045	4.171	0.977	0.120	0.113	2.977	0.940
0.048	0.047	4.620	0.976	0.122	0.115	2.955	0.939
0.050	0.049	4.529	0.975	0.124	0.116	2.932	0.938
0.052	0.051	4.443	0.974	0.126	0.118	2.910	0.937
0.054	0.053	4.363	0.973	0.128	0.120	2.889	0.936
0.056	0.054	4.286	0.972	0.130	0.122	2.868	0.935
0.058	0.056	4.214	0.971	0.132	0.123	2.848	0.934
0.060	0.058	4.145	0.970	0.134	0.125	2.828	0.933
0.062	0.060	4.080	0.969	0.136	0.127	2.809	0.932
0.064	0.062	4.018	0.968	0.138	0.128	2.790	0.932
0.066	0.064	3.958	0.967	0.140	0.130	2.771	0.930
0.068	0.066	3.902	0.966	0.142	0.132	2.753	0.929
0.070	0.068	3.848	0.965	0.144	0.134	2.736	0.928
0.072	0.069	3.796	0.964	0.146	0.135	2.718	0.927
0.074	0.071	3.746	0.963	0.148	0.137	2.701	0.926
0.076	0.073	3.698	0.962	0.150	0.139	2.685	0.925
0.078	0.075	3.653	0.961	0.152	0.140	2.668	0.924
0.080	0.077	3.608	0.960	0.154	0.142	2.652	0.923
0.082	0.079	3.566	0.959	0.156	0.144	2.637	0.922
0.084	0.080	3.525	0.958	0.158	0.146	2.621	0.921
0.086	0.082	3.486	0.957	0.160	0.147	2.606	0.920
0.088	0.084	3.448	0.956	0.162	0.149	2.592	0.919
0.090	0.086	3.411	0.955	0.164	0.151	2.577	0.918
0.092	0.088	3.375	0.954	0.166	0.152	2.563	0.917
0.094	0.090	3.341	0.953	0.168	0.154	2.549	0.916
0.096	0.091	3.308	0.952	0.170	0.156	2.536	0.915
0.098	0.093	3.276	0.951	0.172	0.157	2.522	0.914
0.100	0.095	3.244	0.950	0.174	0.159	2.509	0.913
0.102	0.097	3.214	0.949	0.176	0.161	2.496	0.912
0.104	0.099	3.185	0.948	0.178	0.162	2.483	0.911
0.106	0.100	3.156	0.947	0.180	0.164	2.471	0.910
0.108	0.102	3.129	0.946	0.182	0.165	2.459	0.909
0.110	0.104	3.102	0.945	0.184	0.167	2.447	0.908

续上表

ξ	α_s	β_s	γ_s	ξ	α_s	β_s	γ_s
0.186	0.169	2.435	0.907	0.260	0.226	2.103	0.870
0.188	0.170	2.423	0.906	0.262	0.228	2.096	0.869
0.190	0.172	2.412	0.905	0.264	0.229	2.089	0.868
0.192	0.174	2.400	0.904	0.266	0.231	2.082	0.867
0.194	0.175	2.389	0.903	0.268	0.232	2.076	0.866
0.196	0.177	2.378	0.902	0.270	0.234	2.069	0.865
0.198	0.178	2.368	0.901	0.272	0.235	2.063	0.864
0.200	0.180	2.357	0.900	0.274	0.236	2.056	0.863
0.202	0.182	2.347	0.899	0.276	0.238	2.050	0.862
0.204	0.183	2.336	0.898	0.278	0.239	2.044	0.861
0.206	0.185	2.326	0.897	0.280	0.241	2.038	0.860
0.208	0.186	2.316	0.896	0.282	0.242	2.032	0.859
0.210	0.188	2.307	0.895	0.284	0.244	2.026	0.858
0.212	0.190	2.297	0.894	0.286	0.245	2.020	0.857
0.214	0.191	2.288	0.893	0.288	0.247	2.014	0.856
0.216	0.193	2.278	0.892	0.290	0.248	2.008	0.855
0.218	0.194	2.269	0.891	0.292	0.249	2.003	0.854
0.220	0.196	2.260	0.890	0.294	0.251	1.991	0.853
0.222	0.197	2.251	0.889	0.296	0.252	1.986	0.852
0.224	0.199	2.242	0.888	0.298	0.254	1.986	0.851
0.226	0.200	2.233	0.887	0.300	0.255	1.980	0.850
0.228	0.202	2.225	0.886	0.302	0.256	1.975	0.849
0.230	0.204	2.216	0.885	0.304	0.258	1.970	0.848
0.232	0.205	2.208	0.884	0.306	0.259	1.964	0.847
0.234	0.207	2.200	0.883	0.308	0.261	1.959	0.846
0.236	0.208	2.192	0.882	0.310	0.262	1.954	0.845
0.238	0.210	2.184	0.881	0.312	0.263	1.949	0.844
0.240	0.211	2.176	0.880	0.314	0.265	1.944	0.843
0.242	0.213	2.168	0.879	0.316	0.266	1.939	0.842
0.244	0.214	2.161	0.878	0.318	0.267	1.934	0.841
0.246	0.216	2.153	0.877	0.320	0.269	1.929	0.840
0.248	0.217	2.145	0.876	0.322	0.270	1.924	0.839
0.250	0.219	2.138	0.875	0.324	0.272	1.919	0.838
0.252	0.220	2.131	0.874	0.326	0.273	1.914	0.837
0.254	0.222	2.124	0.873	0.328	0.274	1.910	0.836
0.256	0.223	2.117	0.872	0.330	0.276	1.905	0.835
0.258	0.225	2.110	0.871	0.332	0.277	1.900	0.834

续上表

ξ	α_s	β_s	γ_s	ξ	α_s	β_s	γ_s
0.334	0.278	1.896	0.833	0.408	0.325	1.755	0.796
0.336	0.280	1.891	0.832	0.410	0.326	1.752	0.795
0.338	0.281	1.887	0.831	0.412	0.327	1.748	0.794
0.340	0.282	1.882	0.830	0.414	0.328	1.745	0.793
0.342	0.284	1.878	0.829	0.416	0.329	1.742	0.792
0.344	0.285	1.874	0.828	0.418	0.331	1.739	0.791
0.346	0.286	1.869	0.827	0.420	0.332	1.736	0.790
0.348	0.287	1.865	0.826	0.422	0.333	1.733	0.789
0.350	0.289	1.861	0.825	0.424	0.334	1.730	0.788
0.352	0.290	1.857	0.824	0.426	0.335	1.727	0.787
0.354	0.291	1.853	0.823	0.428	0.336	1.724	0.786
0.356	0.293	1.849	0.822	0.430	0.338	1.724	0.785
0.358	0.294	1.845	0.821	0.432	0.339	1.718	0.784
0.360	0.295	1.841	0.820	0.434	0.340	1.715	0.783
0.362	0.296	1.837	0.819	0.436	0.341	1.713	0.782
0.364	0.298	1.833	0.818	0.438	0.342	1.710	0.781
0.366	0.299	1.829	0.817	0.440	0.343	1.707	0.780
0.368	0.300	1.825	0.816	0.442	0.344	1.704	0.779
0.370	0.302	1.821	0.815	0.444	0.345	1.701	0.778
0.372	0.303	1.817	0.814	0.446	0.347	1.699	0.777
0.374	0.304	1.814	0.813	0.448	0.348	1.696	0.776
0.376	0.305	1.810	0.812	0.450	0.349	1.693	0.775
0.378	0.307	1.806	0.811	0.452	0.350	1.691	0.774
0.380	0.308	1.802	0.810	0.454	0.351	1.688	0.773
0.382	0.309	1.799	0.809	0.455	0.351	1.687	0.772
0.384	0.310	1.795	0.808	0.456	0.352	1.685	0.772
0.386	0.312	1.792	0.807	0.458	0.353	1.683	0.771
0.388	0.313	1.788	0.806	0.460	0.354	1.680	0.770
0.390	0.314	1.785	0.805	0.462	0.355	1.678	0.769
0.392	0.315	1.781	0.804	0.464	0.356	1.675	0.768
0.394	0.316	1.778	0.803	0.466	0.357	1.673	0.767
0.396	0.318	1.774	0.802	0.468	0.358	1.670	0.766
0.398	0.319	1.771	0.801	0.470	0.360	1.668	0.765
0.400	0.320	1.768	0.800	0.472	0.361	1.665	0.764
0.402	0.321	1.764	0.799	0.474	0.362	1.663	0.763
0.404	0.322	1.761	0.798	0.476	0.363	1.660	0.762
0.406	0.324	1.758	0.797	0.478	0.364	1.658	0.761

续上表

ξ	α_s	β_s	γ_s	ξ	α_s	β_s	γ_s
0.480	0.365	1.656	0.760	0.552	0.400	1.582	0.724
0.482	0.366	1.653	0.759	0.554	0.401	1.580	0.723
0.484	0.367	1.651	0.758	0.556	0.401	1.578	0.722
0.486	0.368	1.649	0.757	0.558	0.402	1.577	0.721
0.488	0.369	1.646	0.756	0.560	0.403	1.575	0.720
0.490	0.370	1.644	0.755	0.562	0.404	1.573	0.719
0.492	0.371	1.641	0.754	0.564	0.405	1.571	0.718
0.494	0.372	1.640	0.753	0.566	0.406	1.570	0.717
0.496	0.373	1.637	0.752	0.568	0.407	1.568	0.716
0.498	0.374	1.635	0.751	0.570	0.408	1.566	0.715
0.500	0.375	1.633	0.750	0.572	0.408	1.565	0.714
0.502	0.376	1.631	0.749	0.574	0.409	1.563	0.713
0.504	0.377	1.629	0.748	0.576	0.410	1.562	0.712
0.506	0.378	1.627	0.747	0.578	0.411	1.560	0.711
0.508	0.379	1.624	0.746	0.580	0.412	1.558	0.710
0.510	0.380	1.622	0.745	0.582	0.413	1.557	0.709
0.512	0.381	1.620	0.744	0.584	0.413	1.555	0.708
0.514	0.382	1.618	0.743	0.586	0.414	1.554	0.707
0.516	0.383	1.616	0.742	0.588	0.415	1.552	0.706
0.518	0.384	1.614	0.741	0.590	0.416	1.551	0.705
0.520	0.385	1.612	0.740	0.592	0.417	1.549	0.704
0.522	0.386	1.610	0.739	0.594	0.418	1.547	0.703
0.524	0.387	1.608	0.738	0.596	0.418	1.546	0.702
0.526	0.388	1.606	0.737	0.598	0.419	1.545	0.701
0.528	0.389	1.604	0.736	0.600	0.420	1.543	0.700
0.530	0.390	1.602	0.735	0.602	0.421	1.542	0.699
0.532	0.390	1.600	0.734	0.604	0.422	1.540	0.698
0.534	0.391	1.598	0.733	0.606	0.422	1.539	0.697
0.536	0.392	1.596	0.732	0.608	0.423	1.537	0.696
0.538	0.393	1.595	0.731	0.610	0.424	1.536	0.695
0.540	0.394	1.593	0.730	0.612	0.425	1.534	0.694
0.542	0.395	1.591	0.729	0.614	0.426	1.533	0.693
0.544	0.396	1.589	0.728	0.616	0.426	1.532	0.692
0.546	0.397	1.587	0.727	0.618	0.427	1.530	0.691
0.548	0.398	1.585	0.726	0.620	0.428	1.529	0.690
0.550	0.399	1.584	0.725	0.622	0.428	1.527	0.689

注:① 计算公式 $\gamma_0 M_d \leqslant \alpha_s f_{cd} b h_0^2$;$\xi=\frac{x}{h_0}=\frac{f_{sd}A_s}{f_{cd}bh_0}$;$h_0=\beta_s\sqrt{\frac{\gamma_0 M_d}{f_{cd}b}}$;$A_s=\frac{\gamma_0 M_d}{\gamma_s f_{sd} h_0}$或$A_s=\xi_{sd}\frac{f_{cd}}{f_{sd}}bh_0$。

② $\xi=0.530$ 以下的数值不适用于 HRB400 和 KL400 级钢筋;$\xi=0.560$ 以下的数值不适用于 HRB335 级钢筋。

四、计算公式应用

受弯构件垂直截面的承载力计算，一般可分为两类问题，即截面设计和受弯承载力复核。设计系根据已知弯矩组合设计值、材料供应情况及施工技术条件确定材料强度等级，决定截面尺寸及配筋。复核则是根据已知的截面尺寸(包括钢筋面积)判断梁是否安全经济。

1. 截面设计

设计受弯构件时，一般只需对控制截面进行受弯承载力计算。控制截面在等截面受弯构件中通常指弯矩设计值最大的截面，而相对较大弯矩设计值将对构件的配筋数量起到控制作用。

根据已知的弯矩组合设计值设计截面，常遇到下列两种情况：

1)截面尺寸已定，根据已知的弯矩设计值，选择钢筋截面面积

已知：弯矩设计值 M_d，截面尺寸 b、h_0。

求：钢筋截面面积 A_s。

解：(1)数解法

首先，应选定钢筋等级与混凝土强度等级(确定相应的强度设计值 f_{sd} 和 f_{cd})，然后应用式(4-9)~式(4-11)计算钢筋用量。

由式(4-10)解二次方程求得受压区高度 x，若 $x \leqslant \xi_b h_0$，再由式(4-9)或式(4-11)求得钢筋截面面积。

$$A_s = \frac{\gamma_0 M_d}{f_{sd}\left(h_0 - \frac{x}{2}\right)}$$

或

$$A_s = \frac{f_{cd} b x}{f_{sd}}$$

根据所求得的钢筋截面面积，参考构造要求，选择钢筋直径和根数，并验算实际配筋率 $\rho = \frac{A_s}{b h_0} \geqslant \rho_{min}$。

若 $x > \xi_b h_0$，应加大截面尺寸或提高混凝土强度等级，或改用双筋截面。

(2)查表法

由式(4-16)计算 $\alpha_s = \frac{\gamma_0 M_d}{f_{cd} b h_0^2}$ 值，根据 α_s 值查得与其对应的 γ_s 及 ξ，若查得的 $\xi \leqslant \xi_b$，则可由式(4-20)求得钢筋截面面积。

$$A_s = \frac{\gamma_0 M_d}{\gamma_s f_{sd} h_0}$$

或

$$A_s = \rho b h_0 = \xi \frac{f_{cd}}{f_{sd}} b h_0$$

最后选择钢筋，并验算实际配筋率 $\rho = \frac{A_s}{b h_0} \geqslant \rho_{min}$。若 $\xi > \xi_b$，则应加大截面尺寸，或提高混凝土强度等级，或改为双筋截面。

选择钢筋，主要是根据计算所需的 A_s(mm^2)决定钢筋的直径及根数。首先应使截面面积

满足计算所需要的 A_s 要求(可查到各种规格钢筋的截面面积)。此外,一般梁中至少配两根纵向受力钢筋,但梁内的钢筋根数也不宜太多,因为在梁宽范围内排列时要留有保护层及钢筋间的净距,以便于浇筑混凝土并保证钢筋与混凝土之间有足够的黏结力。

在选配钢筋时梁中常用的钢筋直径为 $\phi14 \sim \phi32$,板中为 $\phi6 \sim \phi12$,同一根梁或一块板内,钢筋种类不宜变化太多,直径也不要相差太悬殊。

2)根据已知的弯矩组合设计值,选择截面尺寸和配置钢筋

已知:弯矩设计值 M_d。

求:截面尺寸 b、h_0 和钢筋截面面积 A_s。

解:在式(4-15)~式(4-20)中,只有两个独立的方程式,而实际求解这类问题时存在四个未知数(b、h_0、A_s 和 x)。为求得一个比较合理的解,通常的做法是先假定梁宽 b 和配筋率 ρ(对矩形梁取 $\rho=0.006 \sim 0.015$,板取 $\rho=0.003 \sim 0.008$),然后按下列步骤进行求解。

(1)求相对受压区高度 ξ

首先由式(4-5)求得 $\xi=\rho\dfrac{f_{sd}}{f_{cd}}$。

(2)计算截面尺寸

若 $\xi \leqslant \xi_b$,则取 $x=\xi h_0$,将其代入式(4-16),即求得梁的有效高度。

$$h_0=\sqrt{\frac{\gamma_0 M_d}{\xi(1-0.5\xi)f_{cd}b}}$$

亦可根据求得的 ξ 值,计算或查得相应的系数 α_s、β_s、γ_s,由式(4-16)求得梁的有效高度。

$$h_0=\sqrt{\frac{\gamma_0 M_d}{\alpha_s f_{cd} b}}$$

则梁的高度 $h=h_0+a_s$(a_s 为受拉钢筋合力点至截面受拉边缘的距离),布置一排钢筋时 $a_s \approx 40$mm,布置两排钢筋时 $a_s \approx 65$mm。经过计算,在选择截面尺寸时,梁高应取整数,并注意尺寸模数化和检验梁的高度比是否合适。

(3)计算钢筋面积

由式(4-11)或式(4-20)近似求得钢筋截面面积。

$$A_s=\frac{\gamma_0 M_d}{f_{sd}\left(h_0-\dfrac{x}{2}\right)}$$

或

$$A_s=\frac{\gamma_0 M_d}{\gamma_s f_{sd} h_0}$$

需要指出,上式中 h_0 应以截面尺寸调整后梁的实际有效高度代入。截面尺寸调整后,受压区高度 x 值发生了变化,因而按照上式求得的钢筋截面面积是近似的。截面尺寸调整后,截面尺寸即为已知数,故应按照第一种设计情况精确计算钢筋截面面积。

2. 受弯承载力复核

承载力复核就是对已经设计好的钢筋等级与混凝土强度等级(确定相应的强度设计值 f_{sd} 和 f_{cd})、截面尺寸和配筋的构件截面进行受弯承载力计算,判断其是否安全。

已知:截面尺寸 b、h_0,配筋 A_s,钢筋等级与混凝土强度等级(确定相应的强度设计值 f_{sd} 和 f_{cd})和弯矩设计值 M。

求：所能承受的弯矩设计值，并判断安全程度。

解：首先由式(4-9)求得受压区高度：

$$x=\frac{f_{sd}A_s}{f_{cd}b}$$

若 $x\leqslant\xi_b h_0$，则可按式(4-10)和式(4-11)求得截面所受的计算弯矩 M_{du}：

$$M_{du}=f_{cd}bx\left(h_0-\frac{x}{2}\right)$$

或

$$M_{du}=f_{sd}A_s\left(h_0-\frac{x}{2}\right)$$

若截面所能承受的弯矩设计值 M_{du} 大于实际的弯矩组合设计值 M_u，则认为结构是安全的。

截面承载力复核亦可采用查表法。这时，应按实际的配筋率 $\rho=\frac{A_s}{bh_0}$，由式(4-6)计算 $\xi=\rho\frac{f_{sd}}{f_{cd}}$。若 $\xi\leqslant\xi_b$，根据所求得的 ξ 值查得相应的系数 α_s、γ_s。再根据式(4-16)或式(4-20)求得截面所能承受的弯矩设计值 M_{du}：

$$M_{du}=\alpha_s f_{cd}bh_0^2$$

或

$$M_{du}=\gamma_s f_{sd}A_s$$

五、计 算 示 例

【例 4-1】 钢筋混凝土矩形截面尺寸 $b\times h=200\text{mm}\times400\text{mm}$，承受弯矩组合设计值 $M_d=50\text{kN}\cdot\text{m}$，结构重要性系数 $\gamma_0=1.0$，选用 R235 级钢筋，混凝土强度等级为 C25。要求分别用数解法和查表法求受拉钢筋截面面积，并绘出截面图。

解：1. 数解法

查表 2-3、表 2-9，得 $f_{cd}=11.5\text{MPa}$，$f_{sd}=195\text{MPa}$，$f_{td}=1.23\text{MPa}$。

1）求受压区高度 x

在钢筋直径尚未选定时，可先估算截面有效高度 h_0，一般取梁的保护层 $c=30\text{mm}$。钢筋按一排布置，其直径先按 20mm 估计，则 $a_s=30+\frac{d}{2}=30+10=40(\text{mm})$，$h_0=h-a_s=400-40=360(\text{mm})$。将已知各值代入式(4-10)，即：

$$M_{du}=f_{cd}bx\left(h_0-\frac{x}{2}\right)$$

$$50\times10^6=11.5\times200x\left(360-\frac{x}{2}\right)$$

化简，得：

$$x^2-720x+43\,478.3=0$$

解之得，$x=66.5(\text{mm})<\xi_b h_0=0.62\times360=223.2(\text{mm})$。

2）求钢筋面积 A_s

将 $x=66.5\text{mm}$ 代入式(4-9),得:$A_s=\frac{f_{cd}}{f_{sd}}bx=\frac{11.5}{195}\times200\times66.5=784.4(\text{mm}^2)$。钢筋选用 $3\phi20$,$A_s=942\text{mm}^2$,按一排布置,最小布置宽度要求为 $b_{\min}=2c+3d+2s_n=2\times30+3\times20+2\times30=180(\text{mm})<b=200(\text{mm})$,满足要求。钢筋布置如图 4-13 所示。

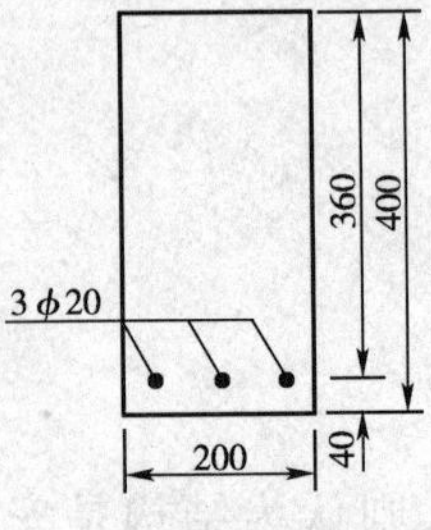

图 4-13 [例 4-1]图
(尺寸单位:mm)

3)验算适用条件

查表 4-2,得 $\xi_b=0.62$。按式(4-13)计算得 $\rho_{\min}=0.45\frac{f_{td}}{f_{sd}}=0.45\times\frac{1.23}{195}\times100\%=0.28\%$。

$$x=\frac{f_{sd}A_s}{f_{cd}b}=\frac{195}{11.5}\times\frac{942}{200}=79.9(\text{mm})<\xi_bh_0=0.62\times360=223.2(\text{mm})$$

$$\rho=\frac{A_s}{bh_0}=\frac{942}{200\times360}=1.31\%>\rho_{\min}=0.28\%$$

经验算,满足适用条件。

2. 查表法

1)求梁的有效高度 h_0

假设钢筋按一排布置,则 $a_s=30+\frac{d}{2}=40\text{mm}$,$h_0=h-a_s=400-40=360(\text{mm})$。

2)求参数 α_s

利用式(4-16)得:

$$\alpha_s=\frac{\gamma_0M_d}{f_{cd}bh_0^2}=\frac{1.0\times50\times10^6}{11.5\times200\times360^2}=0.168$$

据 $\alpha_s=0.168$ 查表 4-4,得 $\gamma_s=0.907$,$\xi=0.185<\xi_b=0.62$。

3)求钢筋面积 A_s

利用式(4-20)得:

$$A_s=\frac{\gamma_0M_d}{\gamma_sf_{sd}h_0}=\frac{1.0\times50\times10^6}{0.907\times195\times360}=785.3(\text{mm}^2)$$

选用 $3\phi20$,$A_s=942\text{mm}^2$,最小布置宽度要求为 $b_{\min}=2c+3d+2s_n=2\times30+3\times20+2\times30=180(\text{mm})<b=200(\text{mm})$,满足要求。截面配筋如图 4-13 所示。

4)验算适用条件

$$\gamma_s=\frac{\gamma_0M_d}{A_sf_{sd}h_0}=\frac{1.0\times50\times10^6}{942\times195\times360}=0.756$$

据 $\gamma_s=0.756$ 查表 4-4,得 $\xi=0.488<\xi_b=0.62$,而

$$\rho=\xi\frac{f_{cd}}{f_{sd}}=0.488\times\frac{11.5}{195}=2.88\%>\rho_{\min}=0.28\%$$

满足要求。

【例 4-2】 某钢筋混凝土简支矩形截面梁,计算跨径为 6m,均布荷载为 40.5kN/m(包括自重),结构重要性系数 $\gamma_0=1.0$,采用 HRB335 级钢筋,混凝土的强度等级为 C30。试设计此梁。

解:查表 2-3、表 2-9 分别得 $f_{cd}=13.8\text{MPa}$ 和 $f_{td}=1.39\text{MPa}$,$f_{sd}=280\text{MPa}$。

1)荷载效应计算

梁跨中最大弯矩设计值为：

$$M_d = 1.2 \times \frac{1}{8} q l_0^2 = 1.2 \times \frac{1}{8} \times 40.5 \times 6.0^2 = 218.7(\text{kN} \cdot \text{m})$$

梁的经济配筋率约为0.6% ~1.5%，初步拟定$\rho = 1.0\%$，则

$$\xi = \rho \frac{f_{sd}}{f_{cd}} = 0.01 \times \frac{280}{13.8} = 0.203$$

据此，查表4-4，得$\alpha_s = 0.182$，$\beta_s = 2.342$。

2）求截面有效高度h_0

将β_s值代入式(4-18)，得：

$$h_0 = \beta_s \sqrt{\frac{\gamma_0 M_d}{f_{cd} b}} = 2.342 \times \sqrt{\frac{1.0 \times 218.7 \times 10^6}{13.8 b}} = \frac{9\ 323.3}{\sqrt{b}}$$

假定选用Φ22钢筋，净保护层取30mm，则$a_s = 30 + \frac{d}{2} = 30 + \frac{25.1}{2} = 43(\text{mm})$。按截面尺寸模数化及高宽比要求，计算截面尺寸（表4-5），进而从中选出比较合理的截面尺寸。

截面尺寸计算与比较 表4-5

b(mm)	h_0(mm)	$h = h_0 + a_s$ (mm)	选用截面 $b \times h$ (mm × mm)	截面面积 (mm^2)	高宽比 h/b
150	761	804	150×800	120 000	5.33
180	695	738	180×750	135 000	4.17
200	659	702	200×700	140 000	3.50
220	628	671	220×650	143 000	2.95
250	590	633	250×650	162 500	2.60
300	538	581	300×600	180 000	2.00

从表4-5可见，宜选用$b \times h = 250\text{mm} \times 650\text{mm}$。此时，$h_0 = 650 - \left(30 + \frac{25.1}{2}\right) = 608(\text{mm})$，从而

$$\alpha_s = \frac{\gamma_0 M_d}{f_{cd} b h_0^2} = \frac{218.7 \times 10^6}{13.8 \times 250 \times 608^2} = 0.172$$

据α_s值查表4-4，得：$\xi = 0.190 < \xi_b = 0.56$（见表4-2），$\gamma_s = 0.905$。

3）求钢筋面积A_s

利用式(4-20)得：

$$A_s = \frac{\gamma_0 M_d}{\gamma_s f_{sd} h_0} = \frac{218.7 \times 10^6}{0.905 \times 280 \times 608} = 1\ 420(\text{mm}^2)$$

若选用4Φ22，$A_s = 1\ 520\text{mm}^2$，最小布置宽度要求为$b_{min} = 2 \times 30 + 4 \times 25.1 + 3 \times 30 = 250.4(\text{mm}) > 250(\text{mm})$，此时，$h_0 = 600 - \left(30 + \frac{25.1}{2}\right) = 557.5(\text{mm})$。

因最小布置宽度不满足要求，可考虑按$b \times h = 300\text{mm} \times 600\text{mm}$重新计算。

利用式(4-20)得：

$$A_s = \frac{218.7 \times 10^6}{0.906 \times 280 \times 557.5} = 1\ 546(\text{mm}^2)$$

选用5 Φ20，$A_s=1\ 570\text{mm}^2$，最小布置宽度要求为：

$b_{min}=2\times30+5\times22.7+4\times30=293.5(\text{mm})<b=300(\text{mm})$，满足要求。

$$a_s=30+\frac{d}{2}=30+\frac{22.7}{2}=41(\text{mm})$$

钢筋布置如图4-14所示。

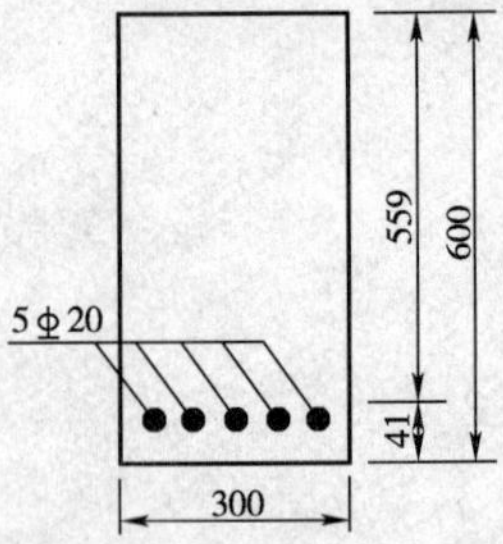

图4-14 ［例4-2］图
（尺寸单位：mm）

4）验算适用条件

查表4-2，得 $\xi_b=0.56$。

$$x=\frac{f_{sd}A_s}{f_{cd}b}=\frac{280}{13.8}\times\frac{1\ 570}{300}=106.2(\text{mm})<\xi_b h_0$$

$$=0.56\times559=313.0(\text{mm})$$

$$\rho=\frac{A_s}{bh_0}=\frac{1\ 570}{300\times559}=0.94\%>\rho_{min}=0.45\frac{f_{td}}{f_{sd}}$$

$$=0.45\times\frac{1.39}{280}\times100\%=0.223\%$$

经验算，满足适用条件。

【例4-3】 钢筋混凝土矩形截面尺寸 $b\times h=200\text{mm}\times400\text{mm}$，承受弯矩组合设计值为 $M=110\text{kN}\cdot\text{m}$，选用HRB335级钢筋（5 Φ20），混凝土强度等级为C25，结构重要性系数 $\gamma_0=1.0$。钢筋布置如图4-15所示。试进行截面抗弯承载力复核。

解：根据混凝土强度等级和钢筋级别，查表2-3、表2-9和表4-2，分别得到：$f_{cd}=11.5\text{MPa}$，$f_{sd}=280\text{MPa}$，$\xi_b=0.56$。

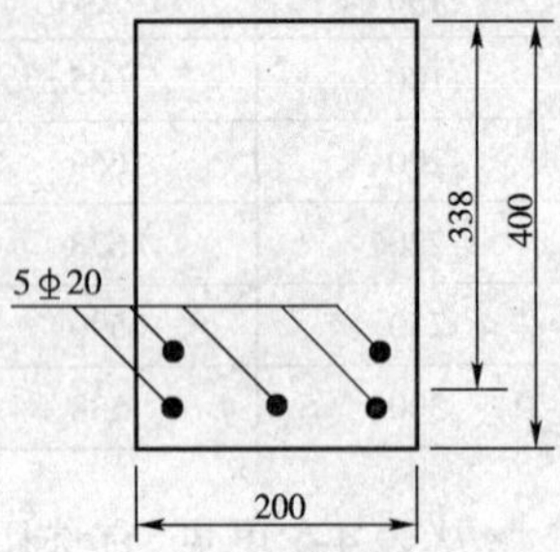

图4-15 ［例4-3］图

钢筋间距 $s=\frac{200-2\times30-3\times22.7}{2}=36(\text{mm})>30(\text{mm})$ 及 $d=22.7(\text{mm})$（外径），层间净距为30mm，亦满足要求。

$$a_s=\frac{3\times\left(30+\frac{22.7}{2}\right)+2\times\left(30+22.7+30+\frac{22.7}{2}\right)}{5}$$

$$=\frac{124+188}{5}=62.4(\text{mm})$$

这样，$h_0=h-a_s=400-62.4=337.6(\text{mm})$。

由式（4-1）计算配筋率 ρ：

$$\rho=\frac{A_s}{bh_0}=\frac{1\ 570}{200\times337.6}=0.023\ 3$$

由式（4-6）求得 ξ：

$$\xi=\rho\frac{f_{sd}}{f_{cd}}=0.023\ 3\times\frac{280}{11.5}=0.567>\xi_b=0.56$$

故为超筋截面。对于超筋截面，其抗弯承载力 M_{du}（与配筋无关）应按式（4-14）计算，即：

$$M_{du}=f_{cd}bh_0^2\xi_b(1-0.5\xi_b)$$

$$=11.5\times200\times337.6^2\times0.56\times(1-0.5\times0.56)$$

$$=105.7\times10^6(\text{N}\cdot\text{mm})$$

$$=105.7(\text{kN}\cdot\text{m})<\gamma_0M_d=110(\text{kN}\cdot\text{m})$$

故不能满足设计要求。

为此,将混凝土强度等级改为C30,则$f_{cd}=13.8$MPa。重新计算ξ值:

$$\xi=\rho\frac{f_{sd}}{f_{cd}}=0.0233\times\frac{280}{13.8}=0.473<\xi_b=0.56$$

再计算受弯承载力M_{du},即:

$$\begin{aligned}M_{du}&=f_{cd}bh_0^2\xi(1-0.5\xi)\\&=13.8\times200\times337.6^2\times0.473\times(1-0.5\times0.473)\\&=113.6\times10^6(\text{N}\cdot\text{mm})\\&=113.6(\text{kN}\cdot\text{m})>M_d=110(\text{kN}\cdot\text{m})\end{aligned}$$

计算表明,调整混凝土强度等级之后,该截面是安全的。

第四节　双筋矩形截面正截面抗弯承载力计算

一、概　述

双筋矩形截面系指在受拉区设置受拉钢筋和在受压区设置纵向受压钢筋的截面。当梁承受的弯矩很大($M_d<0.4f_{cd}bh_0^2$),截面尺寸受到使用上的限制而不能加大以及不能提高混凝土强度等级时,若仍采用单筋矩形截面则无法保证$x\leqslant\xi_bh_0$的条件而造成超筋现象,这时可在截面的受压区设置受压钢筋来帮助混凝土承受压力。这种在受拉区和受压区均布置纵向受力钢筋的梁称为双筋梁。另外,某些构件截面需要承受正、负弯矩作用时,也需要采用双筋截面。

需要指出,双筋截面是通过在受压区配置钢筋来补充混凝土抗压能力的不足。在一般情况下,采用受压钢筋来承受截面的部分压力是不经济的,应避免采用。

在设计双筋截面时,必须注意在构造上设置闭合箍筋,其间距一般不超过受压钢筋直径的15倍,以防止纵向受压钢筋被压屈,引起保护层混凝土剥落。

二、基本计算公式及其适用条件

1. 基本计算公式

双筋截面梁破坏时的受力特点与单筋梁相似,其受弯承载力的计算简图如图4-16所示,其中除受压钢筋的应力取钢筋的抗压强度设计值外,其余各项均与单筋梁相同。

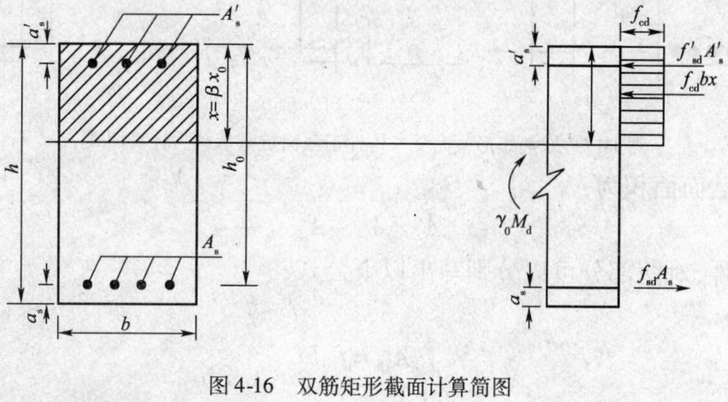

图4-16　双筋矩形截面计算简图

由平衡条件可写出下列基本公式:

由水平力平衡,即$\sum X=0$,得:

$$f_{sd}A_s = f_{cd}bx + f'_{sd}A'_s \tag{4-21}$$

由所有的力对受拉钢筋合力作用点取矩的平衡条件，即$\sum M_{As}=0$，得：

$$\gamma_0 M_d \leqslant f_{cd}bx(h_0 - \frac{x}{2}) + f'_{sd}A'_s(h_0 - a'_s) \tag{4-22}$$

由所有的力对受压钢筋合力作用点取矩的平衡条件，即$\sum M_{A's}=0$，得：

$$\gamma_0 M_d \leqslant -f_{cd}bx(\frac{x}{2} - a'_s) + f_{sd}A_s(h_0 - a'_s) \tag{4-23}$$

以上式中：M_d——弯矩组合设计值；

γ_0——桥梁结构的重要性系数，按公路桥涵的设计安全等级取用，一级、二级、三级分别取1.1、1.0和0.9；

f_{cd}——混凝土轴心抗压强度设计值，见表2-3；

f_{sd}，f'_{sd}——纵向普通钢筋的抗拉强度设计值和抗压强度设计值，按表2-9采用；

A_s，A'_s——受拉区、受压区纵向普通钢筋的截面面积；

b——矩形截面的宽度或倒T形截面的腹板宽度；

x——混凝土受压区高度；

h_0——截面有效高度，$h_0 = h - a_s$；

h——截面全高度；

a_s，a'_s——受拉区、受压区纵向普通钢筋合力点到截面受拉区边缘、受压区边缘的距离，当为一层钢筋时，$a_s = c + \frac{d}{2}$，其中d为钢筋直径，c为混凝土保护层厚度。

为计算方便，亦可把双筋截面所承受的弯矩设计值M_{du}看作由两部分所组成：一部分由受压区混凝土与相应的一部分受拉钢筋A_{s1}所组成；另一部分由受压钢筋A'_s和另一部分受拉钢筋A_{s2}所组成（图4-17）。由图4-17可以看出，双筋截面所承受的弯矩设计值为两部分之和，即：

$$\gamma_0 M_d \leqslant M_{du} = M_{du1} + M_{du2} \tag{4-24}$$

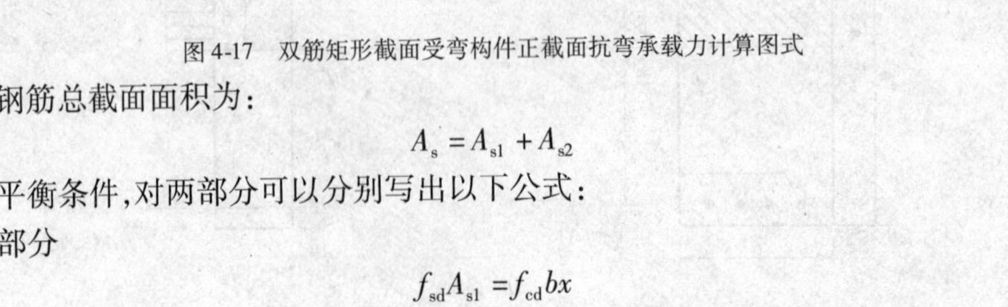

图4-17　双筋矩形截面受弯构件正截面抗弯承载力计算图式

受拉钢筋总截面面积为：

$$A_s = A_{s1} + A_{s2} \tag{4-25}$$

根据平衡条件，对两部分可以分别写出以下公式：

第一部分

$$f_{sd}A_{s1} = f_{cd}bx$$

故

$$A_{s1} = \frac{f_{cd}}{f_{sd}}bx = \frac{f_{cd}}{f_{sd}}bh_0\xi \tag{4-26}$$

$$M_{du1}=f_{cd}bx(h_0-\frac{x}{2})=f_{cd}bh_0^2\xi(1-0.5\xi) \tag{4-27}$$

第二部分

$$f_{sd}A_{s2}=f'_{sd}A'_s$$

故

$$A_{s2}=\frac{f_{sd}}{f_{cd}}A'_s \tag{4-28}$$

$$M_{du2}=f'_{sd}A'_s(h_0-a'_s) \tag{4-29}$$

$$A'_s=\frac{M_{du2}}{f'_{sd}(h_0-a'_s)}=\frac{\gamma_0M_d-M_{du1}}{f'_{sd}(h_0-a'_s)}=\frac{\gamma_0M_d-f_{cd}bh_0^2\xi(1-0.5\xi)}{f'_{sd}(h_0-a'_s)} \tag{4-30}$$

综合上述两部分即可得式(4-21)和式(4-22)。

2.适用条件

为保证梁的适筋梁条件,式(4-21)和式(4-22)必须满足下列条件:

$$x\leqslant\xi_bh_0 \text{ 或 } \xi\leqslant\xi_b \tag{4-31}$$

这主要是限制 A_s,以保证不致发生脆性破坏。

$$x\geqslant2a'_s,\text{或内力臂 } z\leqslant h_0-a'_s \tag{4-32}$$

这个限制条件是为了保证受压钢筋的应力达到抗压强度设计值。如果 $x<2a'_s$,表明受压钢筋离中性轴太近,梁破坏时受压钢筋的应变不大,其应力达不到抗压强度设计值。

在实际设计中,当 $x<2a'_s$ 时,可近似取 $x=2a'_s$ 计算截面所能承受的弯矩设计值,即:

$$\gamma_0M_d\leqslant M_{du}=f_{sd}A_s(h-a_s-a'_s) \tag{4-33}$$

三、截面设计

一般说来,双筋截面的尺寸是根据构造要求或总体布置预先确定的。因此,双筋截面设计主要是确定受拉钢筋截面面积 A_s 和受压钢筋截面面积 A'_s。在双筋截面受弯构件受弯承载力计算中,通常遇到的设计问题可能有两类。

1.已知弯矩组合设计值 M_d,材料强度设计值 f_{cd}、f_{sd} 和 f'_{sd},截面尺寸 b、h,求受拉钢筋截面面积 A_s 和受压钢筋截面面积 A'_s

解:1)判断是否需要设置受压钢筋

在式(4-21)~式(4-23)中只有两个独立方程式,而有三个未知数,即 A_s、A'_s 和 x。因此,解决这类问题,需要补充一个条件。在实际设计中,可取 $x=\xi_bh_0$ 分别代入式(4-21)和式(4-22),求得受拉钢筋截面面积 A_s 和受压钢筋截面面积 A'_s。其基本出发点是首先考虑充分利用混凝土的抗压强度和钢筋的抗拉强度,对超出部分无法承担的弯矩,再考虑由受压钢筋和部分受拉钢筋来承担。

2)计算经济配筋时的 A_s 和 A'_s

按单筋矩形截面计算截面所能承受的极限弯矩设计值 M_{du},即 $M_{du1}=f_{cd}bx(h_0-\frac{x}{2})=f_{cd}bh_0^2\xi_b(1-0.5\xi_b)$。如果 $M_{du}\geqslant M_d$,就可按照单筋矩形截面来计算,不需要配置受压钢筋。如果 $M_{du}<M_d$,从理论上说需要配置受压钢筋。最经济的设计应使配筋截面面积 $A_s+A'_s$ 为最小。设 $f_{sd}=f'_{sd}$,由式(4-21)和式(4-22)基本计算公式得:

$$A_s+A'_s=\frac{f_{cd}bh_0^2\xi}{f_{sd}}+\frac{\gamma_0M_d-f_{cd}bh_0^2\xi(1-0.5\xi)}{f'_{sd}(h_0-a'_s)}$$

这时，应由$\frac{d(A_s+A'_s)}{dx}=0$或$\frac{d(A_s+A'_s)}{d\xi}=0$的条件，求得经济配筋时的混凝土受压区高度$x$（或$\xi=\frac{x}{h_0}$）。解之得，$x=0.5(h_0+a'_s)$，或$\xi=0.5\left(1+\frac{a'_s}{h_0}\right)$。

对于常用材料和常用a'_s/h_0比值情况下，$\xi=0.5\left(1+\frac{a'_s}{h_0}\right)\geqslant\xi_b$。另一方面，在计算时，当$\xi\geqslant\xi_b$时，取$\xi=\xi_b$。因此，为简化计算，可直接取$\xi=\xi_b$，这时

$$M_{du1}=f_{cd}bh_0^2\xi_b(1-0.5\xi_b)$$

相应的受拉钢筋截面面积为：

$$A_{s1}=\frac{f_{cd}}{f_{sd}}bx=\frac{f_{cd}}{f_{sd}}bh_0\xi$$

受压钢筋承担的极限弯矩设计值$M_{du2}=\gamma_0M_d-M_{du1}$，则由式(4-29)得：

$$A'_s=\frac{M_{du2}}{f'_{sd}(h_0-a'_s)}=\frac{\gamma_0M_d-M_{du1}}{f'_{sd}(h_0-a'_s)}$$

总的受拉钢筋截面面积为：

$$A_s=A_{s1}+\frac{f_{sd}}{f_{cd}}A'_s$$

2. 已知弯矩组合设计值M_d，材料强度设计值f_{cd}、f_{sd}和f'_{sd}，受压钢筋截面面积A'_s和构件截面尺寸b、h，求受拉钢筋截面面积A_s

解：1）求A'_s所承担的极限弯矩设计值

在这种情况下，可考虑充分利用受压钢筋的强度，即利用式(4-28)和式(4-29)求得A_{s2}和M_{du2}，即令$A'_s=A_{s2}$，而$M_{du2}=f'_{sd}A'_s(h_0-a'_s)$。

2）求单筋矩形截面所承担的极限弯矩设计值

利用式(4-24)求出M_{du1}，即：$M_{du1}=\gamma_0M_d-M_{du2}$。

3）验算受压钢筋截面面积A'_s是否满足要求

如果$M_{du1}>M_{max}=f_{cd}bh_0^2\xi_b(1-0.5\xi_b)$，说明给定的$A'_s$不足，需按第一类问题计算$A_s$和$A'_s$。如果$M_{du1}\leqslant M_{max}$，则可按弯矩设计值为$M_{du1}$的单筋矩形截面计算$A_{s1}$。

4）计算全部受拉钢筋截面面积

$$A_s=A_{s1}+\frac{f_{sd}}{f_{cd}}A'_s$$

四、截面承载力复核

所谓承载力复核是指对已经设计好的截面进行承载力验算，判断其安全程度。已知截面尺寸b、h，纵向受力，钢筋截面面积A_s和A'_s，材料强度设计值f_{cd}、f_{sd}和f'_{sd}，求截面所能承受的极限弯矩设计值M_{du}。可先假定钢筋截面面积A_s和A'_s均达到其强度设计值，并将已知数据代入式(4-21)求得混凝土受压区的高度：

$$x=\frac{f_{sd}A_s-f'_{sd}A'_s}{f_{cd}b}$$

如果$x>\xi_bh_0$，则取$x=\xi_bh_0$，截面所能承受的极限弯矩设计值为：

$$M_{du}=f_{cd}bh_0^2\xi_b(1-0.5\xi_b)+f'_{sd}A'_s(h_0-a'_s)$$

如果 $x<2a'_s$，则取 $x=2a'_s$，并按下式计算截面所能承受的极限弯矩设计值：

$$M_{du}=f_{sd}A_s(h-a_s-a'_s)$$

如果 $2a'_s \leqslant x \leqslant \xi_b h_0$，则将 x 及其他数据代入下式计算截面的极限弯矩设计值：

$$M_{du}=f_{cd}bx(h_0-\frac{x}{2})+f'_{sd}A'_s(h_0-a'_s)$$

五、计算示例

【例4-4】 钢筋混凝土矩形截面尺寸 $b\times h=200\text{mm}\times 500\text{mm}$，承受弯矩组合设计值为 $M_d=210\text{kN}\cdot\text{m}$，选用HRB335级钢筋，混凝土强度等级为C25，结构重要系数 $\gamma_0=1.0$。试配置纵向钢筋。

解：钢筋采用Φ22，由于弯矩设计值较大，预计钢筋需布置成两层，故取 $a_s=70\text{mm}$。这样，$h_0=h-a_s=500-70=430(\text{mm})$。

1）验算是否需要双筋截面

根据式(4-14)，单筋矩形截面所能承受的最大弯矩设计值为：

$$\begin{aligned}M_{du1}&=f_{cd}bh_0^2\xi_b(1-0.5\xi_b)\\&=11.5\times200\times430^2\times0.56\times(1-0.5\times0.56)\\&=171.5\times10^6(\text{N}\cdot\text{mm})\\&=171.5(\text{kN}\cdot\text{m})<\gamma_0M_d=210(\text{kN}\cdot\text{m})\end{aligned}$$

说明需要采用双筋截面。

2）求受拉钢筋 A_{s1}

从充分利用混凝土强度出发，可令 $x=\xi_b h_0$，则

$$M_{du1}=f_{cd}bh_0^2\xi_b(1-0.5\xi_b)=171.5(\text{kN}\cdot\text{m})$$

$$\begin{aligned}A_{s1}&=\frac{f_{cd}}{f_{sd}}bh_0\xi_b\\&=\frac{11.5}{280}\times200\times430\times0.56\\&=1\,978(\text{mm}^2)\end{aligned}$$

3）求受压钢筋 A'_s 及相应的受拉钢筋 A_{s2}

由受压钢筋及相应的受拉钢筋承受的弯矩设计值为：

$$M_{du2}=\gamma_0M_d-M_{du1}=210-171.5=38.5(\text{kN}\cdot\text{m})$$

受压钢筋拟采用2Φ18，假定 $a'_s=30+\frac{d}{2}=30+\frac{20.5}{2}=40.3(\text{mm})$。所需的受压钢筋截面面积为：

$$A'_s=\frac{M_{du2}}{f'_{sd}(h_0-a'_s)}=\frac{38.5\times10^6}{280\times(430-40.3)}=352.8(\text{mm}^2)$$

与其对应的部分受拉钢筋截面面积为：

$$A_{s2}=A'_s=353\text{mm}^2$$

4）求受拉钢筋总面积 A_s

$$A_s=A_{s1}+A_{s2}=1\,978+353=2\,331(\text{mm}^2)$$

实际选用受压钢筋 2 ⌀ 18（$A'_s=509mm^2$）和受拉钢筋 5 ⌀ 25（$A_s=2\ 454mm^2$），相对误差 $\frac{2\ 454-2\ 331}{2\ 454}=5.0\%$。钢筋布置如图 4-18 所示。

$$a_s=\frac{3\times\left(30+\frac{28.4}{2}\right)+2\times\left(30+28.4+30+\frac{28.4}{2}\right)}{5}=\frac{132.6+205.2}{5}=67.6(\text{mm})$$

$$a'_s=30+\frac{20.5}{2}=40.3(\text{mm}),h_0=h-a_s=500-67.6=432.4(\text{mm})$$

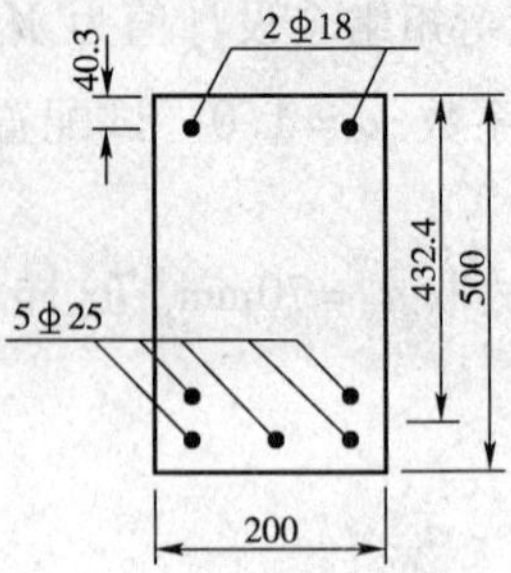

图 4-18 ［例 4-4 图］（尺寸单位:mm）

5）进行截面承载力复核

由 $A_s=2\ 454mm^2,A'_s=509mm^2,h_0=432.4mm,f_{cd}=11.5MPa,f_{sd}=f'_{sd}=280MPa$，代入式(4-21)求受压区高度 x：

$$x=\frac{f_{sd}A_s-f'_{sd}A'_s}{f_{cd}b}=\frac{280\times(2\ 454-509)}{11.5\times200}=236.8(\text{mm})$$

此时，$x>2a'_s=2\times40.3=80.6(\text{mm})$，且 $x<\xi_bh_0=0.56\times432.4=242.1(\text{mm})$，故可进行截面承载力验算。

$$M_{du}=f_{cd}bx(h_0-\frac{x}{2})+f'_{sd}A'_s(h_0-a'_s)$$
$$=11.5\times200\times236.8\times(432.4-\frac{236.8}{2})+280\times509\times(432.4-40.3)$$
$$=226.9\times10^6(\text{N}\cdot\text{mm})$$
$$=226.9(\text{kN}\cdot\text{m})>\gamma_0M_d=210(\text{kN}\cdot\text{m})$$

计算表明，该截面是安全的。

第五节 单筋 T 形截面正截面抗弯承载力计算

一、概 述

当矩形截面梁受拉区混凝土产生裂缝后，在抗弯承载力计算中不考虑受拉混凝土的作用，如果将受拉区混凝土减少一部分而形成 T 形截面，不仅节约混凝土又可减轻构件自重。因此，T 形截面是工程中用得最多的截面形式。在计算时，判断一个截面是否属于 T 形截面，不是根据截面本身的形状，而是根据混凝土受压区的形状而定。从这种意义上说，工字形、Γ 形、Π形、箱形和空心板梁，在承受正弯矩时，混凝土受压区的形状与 T 形截面相同，计算时都可按 T 形截面处理。

T 形截面的计算在于根据截面的含义去判断截面的类型，进而确定中性轴位置，解决设计和复核两类问题。

T 性截面梁由腹板和翼缘组成，主要依靠翼缘承担压力，钢筋承担拉力，通过腹板将受压区混凝土和受拉钢筋联系在一起，共同工作。

为了充分发挥 T 形截面的效能，一般应尽量将翼缘板加宽并减少翼缘板厚度，使混凝土受压区高度减少，内力偶臂增大，钢筋用量因而随之减少。

T 形截面梁在承受荷载而产生弯曲变形时，在翼缘宽度方向，纵向压应力的分布是不均匀的。离腹板愈远，压应力愈小，其分布规律主要取决于截面和跨径相对尺寸以及荷载形式。考虑到远离腹板处翼缘的压应力很小,故在设计中把翼缘的宽度限制在一定范围内,一般称为翼缘的计算宽度或有效翼缘宽度 b'_f(图 4-19),并假定在 b'_f 范围内应力分布是均匀的。

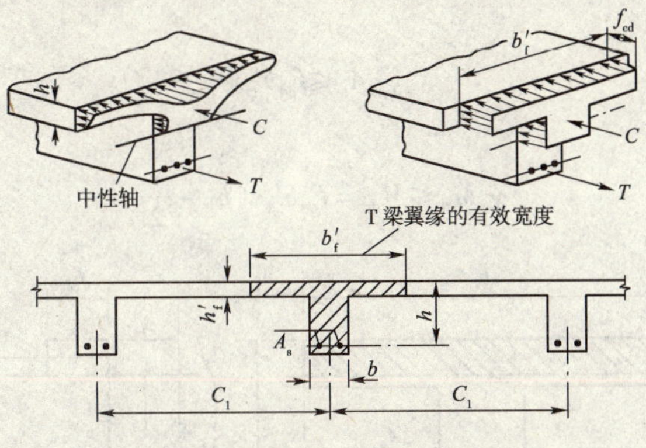

图 4-19 T 形梁实际应力分布和有效宽度

对于预制的 T 形梁,设计时应使其实际翼缘宽度不超过 b'_f 的限值。考虑翼缘厚度、梁的跨度、受力情况等主要影响因素,《桥规》(JTG D62)给出了有效翼缘宽度 b'_f 的取值方法。对于简支梁,内梁翼缘有效宽度应取下列三者中的最小值:

(1)计算跨径的 1/3;

(2)相邻两梁的平均间距 l_1;

(3)$b+2b_h+12h'_f$。

如图 4-20 所示,b 为梁腹板宽度,b_h 为承托长度,h'_f 为受压区翼缘悬出板的厚度。当 $h_h/b_h<1/3$ 时,取 $b_h=3h_h$(h_h 为承托根部厚度)。

外梁翼缘有效宽度取相邻内梁翼缘有效宽度的一半,加上腹板宽度的 1/2,再加上外侧悬臂板平均厚度的 6 倍或外侧悬臂板实际宽度两者中的较小者。

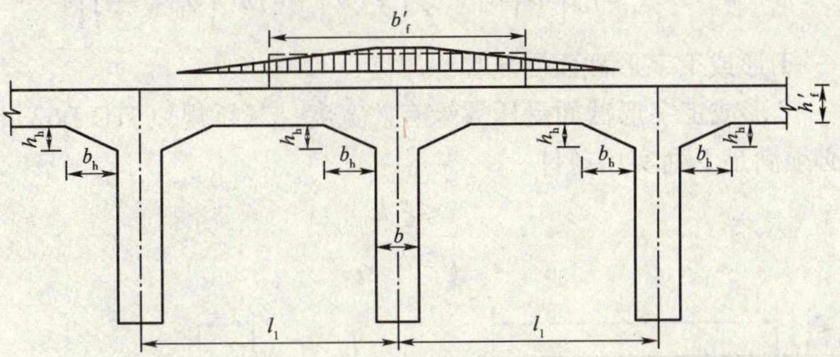

图 4-20 有承托的 T 梁翼缘有效宽度

二、基本计算公式

T 形截面受压区很大,混凝土足够承担压力,一般不需要设置受压钢筋,均做成单筋截面。

根据中性轴所在位置的不同,可将 T 形截面分为“第一类 T 形截面”(中性轴位于翼缘内,受压区高度 $x\leq h'_f$,受压区应力图形为矩形)和“第二类 T 形截面”(中性轴位于腹板内,受压区高度 $x>h'_f$,受压区应力图形为 T 形)两大类。

如图 4-21 所示,对于第一类 T 形截面的计算,因不考虑中性轴以下部分混凝土受拉,故这种类型的 T 形截面与宽度为 b'_f 的矩形截面的承载能力完全相同,可采用前面介绍的矩形截面的计算公式和表格，只要将单筋矩形截面的基本计算公式中的宽度 b 改为 b'_f 即可进行受弯承载力的计算。第一类 T 形截面的基本计算公式，可由平衡条件求得。

由 $\sum X=0$，有

$$f_{sd}A_s \leqslant f_{cd}b'_f x \tag{4-34}$$

由 $\sum M=0$，有

$$\gamma_0 M_d \leqslant M_{du}=f_{cd}b'_f x\left(h_0-\frac{x}{2}\right) \tag{4-35}$$

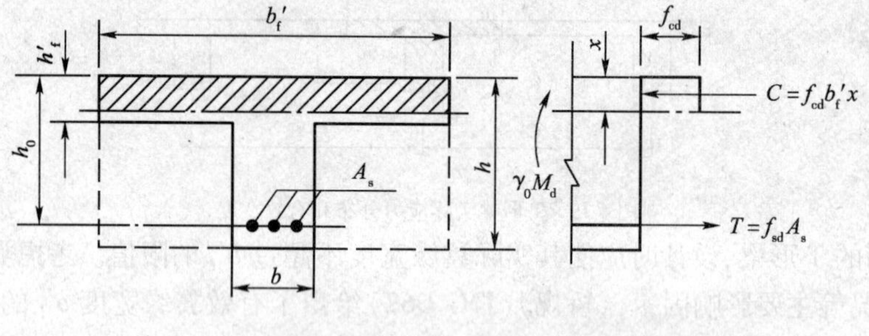

图 4-21　第一类 T 形截面计算图式

对于第一类 T 形截面计算公式的适用条件，原则上亦应满足 $x\leqslant\xi_b h_0$ 和 $\rho>\rho_{min}$ 的要求。因 $x\leqslant h'_f$，一般均能满足 $x\leqslant\xi_b h_0$ 的条件，故可不进行验算。在验算 $\rho>\rho_{min}$ 时，应注意此处的配筋百分率 ρ 是相对于腹板部分计算的，即 $\rho=\frac{A_s}{bh_0}$，而不是相应于 $b'_f h_0$ 的配筋百分率。

对于第二类 T 形截面或工字形截面受弯构件（图 4-22），其计算公式亦由平衡条件求得：

$$f_{sd}A_s=f_{cd}\left[bx+(b'_f-b)h'_f\right] \tag{4-36}$$

$$M_d \leqslant M_{du}=f_{cd}\left[bx\left(h_0-\frac{x}{2}\right)+(b'_f-b)h'_f\left(h_0-\frac{h'_f}{2}\right)\right] \tag{4-37}$$

以上式中：h'_f——T 形或工字形截面受压翼缘厚度；

b'_f——T 形或工字形截面受压翼缘有效宽度，按《桥规》(JTG D62) 相关规定采用。

上述两式必须满足下列实用条件：

$$x\leqslant\xi_b h_0$$

$$\rho\geqslant\rho_{min}$$

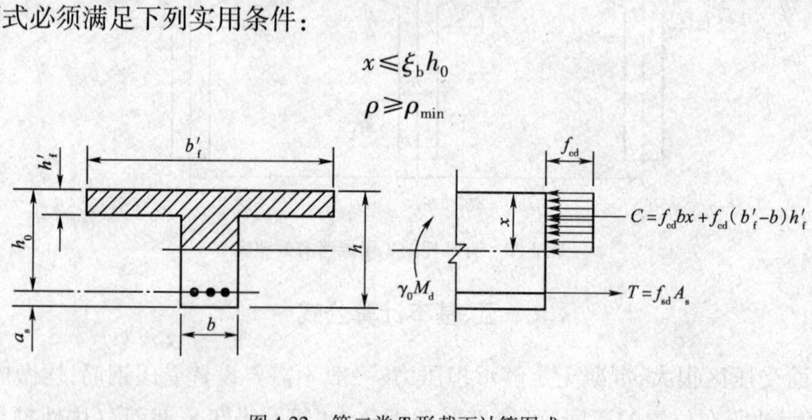

图 4-22　第二类 T 形截面计算图式

三、截面设计

已知弯矩组合设计值 M_d，截面尺寸 b、h、h'_f、b'_f，材料强度设计值 f_{cd}、f_{sd}，求受拉钢筋的截面面积 A_s。

1. 判断截面类型

在T形梁的计算中，首先应确定中性轴的位置，判断截面的类型。利用 $x=h'_f$ 的界限条件来判断截面类型。将 $x=h'_f$ 代入式(4-35)，得：

$$M_{du}=f_{cd}b'_fh'_f(h_0-\frac{h'_f}{2}) \tag{4-38}$$

若弯矩组合设计值 $M_d \leqslant M_{du}=f_{cd}b'_fh'_f(h_0-\frac{h'_f}{2})$，则 $x \leqslant h'_f$，中性轴位于翼缘内，属于第一类T形，应按单筋矩形截面设计步骤选择钢筋。反之，$M_d > M_{du}=f_{cd}b'_fh'_f(h_0-\frac{h'_f}{2})$，则 $x>h'_f$，中性轴位于腹板内，属于第二类T形截面。

2. 计算受拉钢筋的截面面积 A_s

对于已判定的第一类T形，应按单筋矩形截面设计步骤选择钢筋。

对于第二类T形，由式(4-37)求得受压区高度 x。若 $h'_f \leqslant x \leqslant \xi_b h_0$，将 x 代入式(4-36)，求得受拉钢筋面积：

$$A_s=\frac{f_{cd}}{f_{sd}}[bx+(b'_f-b)h'_f] \tag{4-39}$$

若 $x>\xi_b h_0$，则应修改截面，适当加大翼缘尺寸，或设计成双筋T形截面。

四、截面承载力复核

已知截面尺寸 b、h、h'_f、b'_f，材料强度设计值 f_{cd}、f_{sd}，纵向受拉钢筋的截面面积 A_s，求截面所能承受的极限弯矩设计值 M_{du}。

在进行截面受弯承载力复核时，一般先按第一类T形截面，即宽度为 b'_f 的矩形截面计算受压区高度 x。

若 $x=\frac{f_{sd}A_s}{f_{cd}b'_f} \leqslant h'_f$，则按矩形截面的计算方法进行受弯承载力复核。

若 $x>h'_f$，中性轴位于腹板内，则应改为第二类T形截面计算。这时应重新确定受压区高度：

$$x=\frac{f_{sd}A_s-f_{cd}(b'_f-b)h'_f}{f_{cd}b}$$

若 $x \leqslant \xi_b h_0$，则可按式(4-37)求得截面所能承受的弯矩设计值：

$$M_{du}=f_{cd}\left[bx\left(h_0-\frac{x}{2}\right)+(b'_f-b)h'_f\left(h_0-\frac{h'_f}{2}\right)\right]$$

若 $M_{du} \geqslant M_d$，则认为结构是安全的。

五、计 算 示 例

【例4-5】 某一计算跨径 $l_0=12.60\text{m}$ 的钢筋混凝土空心板，其预制构件截面形式如图4-23所示。跨中截面承受弯矩组合设计值 $M_d=1\,000\text{kN}\cdot\text{m}$，选用HRB335级钢筋，混凝土强度等级为C35，结构重要性系数 $\gamma_0=1.0$。试计算所需纵向受拉主钢筋截面面积并进行钢筋布置。

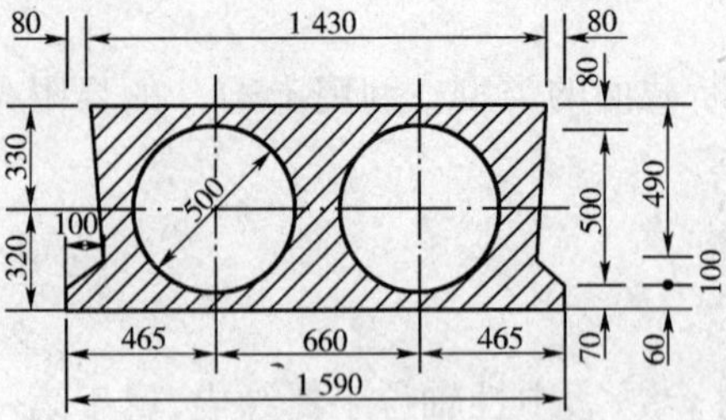

图 4-23　钢筋混凝土空心板(尺寸单位:mm)

解:1)求等效工字形截面尺寸

对于空心板截面,在承载力计算中可按 T 形截面来处理。方法是:根据面积、惯性矩和截面形心位置不变的原则,先将空心板的圆孔(直径为 D)换算成 $b_v \times h_v$ 的矩形孔,再将其换算成等效的工字形截面(图 4-24)。当空心板截面孔洞为其他形状时,均可按上述原则换算成相应的等效工字形截面。工字形截面上翼缘位于受压区,根据 T 形截面的定义,其正截面承载力可按 T 形截面计算。

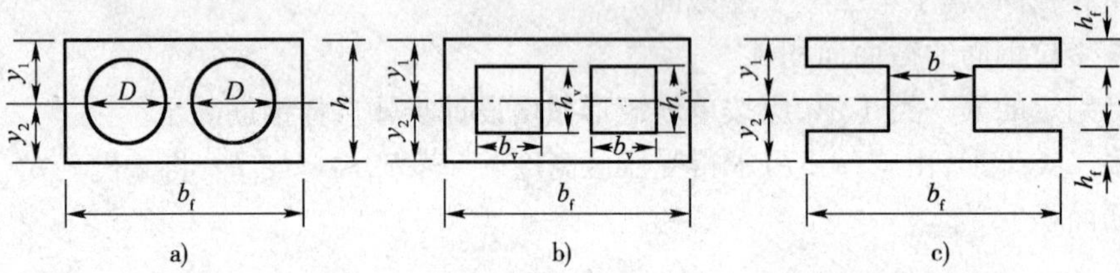

图 4-24　等效工字形截面

按照换算原则,将空心板的圆孔(直径为 D)换算成 $b_v h_v$ 的矩形孔,有:

$$b_v h_v = \frac{\pi}{4} D^2$$

$$\frac{1}{12} b_v h_v^3 = \frac{\pi}{64} D^4$$

联立求解上述两式,可得:

$$h_v = \frac{\sqrt{3}}{2} D = \frac{\sqrt{3}}{2} \times 500 = 433.0(\text{mm})$$

$$b_v = \frac{\sqrt{3}}{6} \pi D = \frac{\sqrt{3}}{6} \pi \times 500 = 144.3(\text{mm})$$

这样,等效工字形截面尺寸为:

上翼缘板厚度　$h'_f = y_1 - \frac{1}{2} h_v = y_1 - \frac{\sqrt{3}}{4} D = 330 - \frac{\sqrt{3}}{4} \times 500 = 113.5(\text{mm})$

下翼缘板厚度　$h_f = y_2 - \frac{1}{2} h_v = y_2 - \frac{\sqrt{3}}{4} D = 320 - \frac{\sqrt{3}}{4} \times 500 = 103.5(\text{mm})$

腹板厚度　$b = b_f - 2b_v = b_f - \frac{\sqrt{3}}{3} \pi D = 1\,590 - 2 \times 144.3 = 1\,301.4(\text{mm})$

2)判断截面类型

考虑到企口缝中现浇混凝土可能与预制构件结合不好,不能完全参与受力,故板顶(上翼缘板)的有效宽度应按板宽减去企口缝的平均宽度之半计算,即:

$$b'_f = 1\,590 - 2 \times \frac{80 + 100}{2} = 1\,410(\text{mm})$$

受拉纵向主钢筋拟采用 ϕ 20,其净保护层厚度为 30mm,则 $a_s = 30 + \frac{22.7}{2} = 41.4(\text{mm})$,$h_0 = h - a_s = 650 - 41.4 = 609(\text{mm})$。

$$f'_{cd}b'_fh'_f\left(h_0-\frac{h'_f}{2}\right)=16.1\times1\ 410\times113.5\times\left(609-\frac{113.5}{2}\right)$$

$$=1\ 422.9\times10^6(\mathrm{N\cdot mm})$$

$$=1\ 422.9(\mathrm{kN\cdot m})>\gamma_0M_d=1\ 000(\mathrm{kN\cdot m})$$

故可按第一类T形截面设计。

3)求受拉钢筋截面面积A_s

先按式(4-35)计算受压区高度x:

$$\gamma_0M_d=f_{cd}b'_fx(h_0-\frac{x}{2})$$

将有关数据代入,得:

$$1.0\times1\ 000\times10^6=16.1\times1\ 410\times x\left(609-\frac{x}{2}\right)$$

化简后,得:

$$x^2-1\ 218x+88\ 102=0$$

解之得,$x=77.2(\mathrm{mm})<\xi_bh_0=0.56\times609=341(\mathrm{mm})$。

利用式(4-34)求A_s,即:

$$A_s=\frac{f_{cd}}{f_{sd}}b'_fx=\frac{16.1}{280}\times1\ 410\times77.2=6\ 259(\mathrm{mm^2})$$

选用20ϕ20($A_s=6\ 280\mathrm{mm^2}$),钢筋布置如图4-25所示。

4)进行截面承载力复核

$$x=\frac{f_{sd}A_s}{f_{cd}b'_f}=\frac{280\times6\ 280}{16.1\times1\ 410}=77.5(\mathrm{mm})<h'_f=113.5(\mathrm{mm})$$

故按矩形截面的计算方法进行受弯承载力验算。

$$M_{du}=f_{cd}b'_fx\left(h_0-\frac{x}{2}\right)$$

$$=16.1\times1\ 410\times77.5\times(609-\frac{77.5}{2})$$

$$=1\ 003.26\times10^6(\mathrm{N\cdot mm})$$

$$\approx1\ 003.2(\mathrm{kN\cdot m})>\gamma_0M_d=1\ 000(\mathrm{kN\cdot m})$$

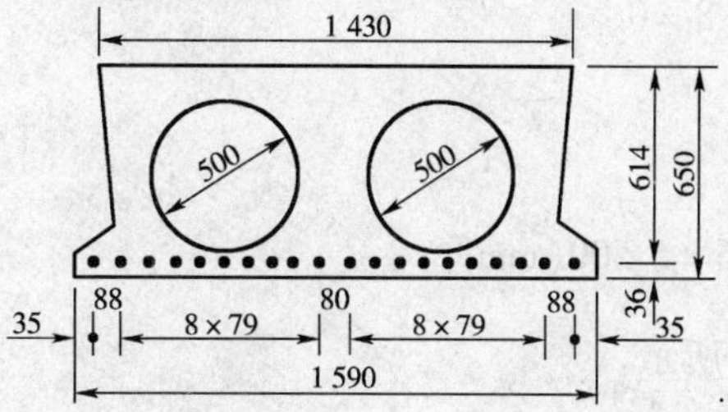

图4-25　空心板主钢筋布置图

计算结果表明,空心板梁是安全的。

【例4-6】　某预制钢筋混凝土梁截面如图4-26a)所示,梁高$h=1\ 300$mm,翼缘板计算宽度$b'_f=1\ 520$mm(预制宽度1 580mm),选用HRB400级钢筋,混凝土强度等级为C30,结构重要性系数$\gamma_0=1.0$。跨中截面承受弯矩组合设计值$M_d=2\ 100\mathrm{kN\cdot m}$。试进行配筋(焊接钢筋骨架)计算及截面承载力复核。

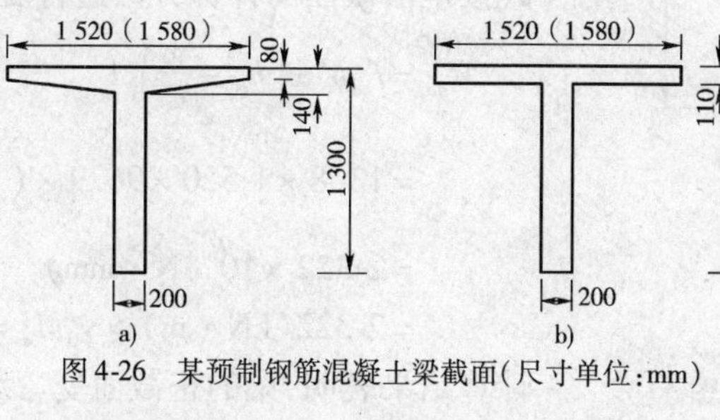

图4-26　某预制钢筋混凝土梁截面(尺寸单位:mm)

解:由表 2-3、表 2-9 和表 4-2 查得 $f_{cd}=13.8\text{MPa}$,$f_{td}=1.39\text{MPa}$,$f_{sd}=330\text{MPa}$,$\xi_b=0.53$。

为便于计算,将图 4-26a)所示的实际 T 形截面换算成图 4-26b)所示的计算截面,翼缘板的平均厚度 $h'_f=\dfrac{80+140}{2}=110(\text{mm})$,其余尺寸不变。

1)判定 T 形截面类型

拟采用两片焊接钢筋骨架,初估 $a_s=100\text{mm}$,则 $h_0=h-a_s=1\,300-100=1\,200(\text{mm})$。这样,

$$f'_{cd}b'_fh'_f\left(h_0-\frac{h'_f}{2}\right)=13.8\times1\,520\times110\times\left(1\,200-\frac{110}{2}\right)$$

$$=2\,641\,927\,200(\text{N}\cdot\text{mm})$$

$$\approx2\,641.9(\text{kN}\cdot\text{m})>\gamma_0M_d=1.0\times2\,100=2\,100(\text{kN}\cdot\text{m})$$

故应按第一类 T 形计算。

2)计算主钢筋数量

由式(4-35)计算受压区高度 x:

$$\gamma_0M_d=f_{cd}b'_fx(h_0-\frac{x}{2})$$

将有关数据代入,得:

$$1.0\times2\,100\times10^6=13.8\times1\,520\times x\left(1\,200-\frac{x}{2}\right)$$

化简后,得:

$$x^2-2\,400x+200\,228.8=0$$

解之,得 $x=86.6\text{mm}<h'_f=110\text{mm}$。

利用式(4-34)求 A_s,即:

$$A_s=\frac{f_{cd}}{f_{sd}}b'_fx=\frac{13.8}{330}\times1\,520\times86.6=5\,500(\text{mm}^2)$$

选用 10 ⌀28($A_s=6\,158\text{mm}^2$),钢筋布置如图 4-27 所示。

$$a_s=30+2.5\times31.6=109(\text{mm})$$

$$h_0=h-a_s=1\,300-109=1\,191(\text{mm})$$

$$\rho=\frac{A_s}{bh_0}=\frac{6\,158}{200\times1\,119}=2.59\%>\rho_{min}=0.2\%$$

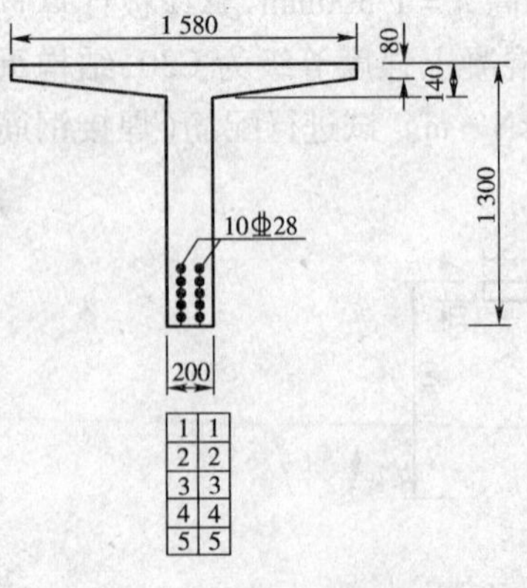

图 4-27 T 形梁主钢筋布置图

3)进行截面承载力复核

$$x=\frac{f_{sd}A_s}{f_{cd}b'_f}=\frac{330\times6\,158}{13.8\times1\,520}=96.9(\text{mm})<h'_f=110(\text{mm})$$

故按矩形截面的计算方法进行受弯承载力验算。

$$M_{du}=f_{cd}b'_fx\left(h_0-\frac{x}{2}\right)$$

$$=13.8\times1\,520\times96.9\times(1\,191-\frac{96.9}{2})$$

$$=2\,322\times10^6(\text{N}\cdot\text{mm})$$

$$=2\,322(\text{kN}\cdot\text{m})>\gamma_0M_d=2\,100(\text{kN}\cdot\text{m})$$

计算结果表明,梁的正截面受弯承载力满足要求。

思 考 题

1. 什么是单向板？什么是双向板？二者在受力和配筋上有什么区别？

2. 受弯构件中适筋梁从加载到破坏经历哪几个阶段？各阶段正截面上应力—应变分布、中性轴位置、梁的跨中最大挠度的变化规律是怎样的？各阶段的主要特征是什么？每个阶段是哪种极限状态的计算依据？

3. 什么叫配筋率？配筋率对梁的正截面承载力有何影响？

4. 钢筋混凝土梁正截面应力—应变状态与匀质弹性材料梁(如钢梁)有什么主要区别？

5. 少筋梁、适筋梁与超筋梁的破坏特征有何区别？

6. 梁、板中混凝土保护层的作用是什么？其最小值是什么？对梁内受力主筋的直径、净距有何要求？

7. 按承载能力极限状态计算受弯构件时有哪些假定？

8. 什么叫截面相对界限受压区高度 ξ_b？它在承载力计算中的作用是什么？

9. 单筋矩形截面梁正截面承载力的计算应力图形如何确定？

10. 图 4-28 所示的 4 种受弯截面中，其破坏的原因和破坏的性质有何不同？破坏时的钢筋应力情况如何？哪种截面破坏时钢筋和混凝土的强度能被充分利用？

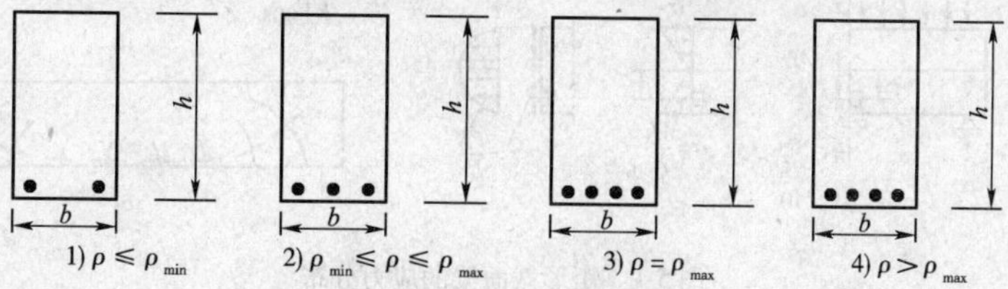

图 4-28　思考题 10 附图

11. 钢筋混凝土梁正截面应力、应变发展至第 III_a 阶段时，受压区的最大压应力在何处？最大压应变在何处？

12. 在什么情况下可采用双筋梁？其计算应力图形如何确定？在双筋截面中受压钢筋起什么作用？

13. 为什么在双筋矩形截面承载力计算中必须满足 $\xi \leqslant \xi_b$ 与 $x \geqslant 2a'_s$ 的条件？

14. 当构件所采用的混凝土、钢筋及设计弯矩值都相同时，图 4-29 所示的 3 种截面形式中哪一种截面钢筋用量最少？为什么？

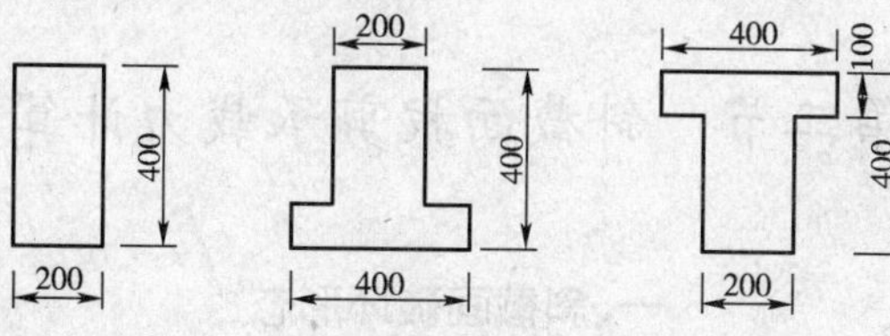

图 4-29　思考题 14 附图

15. T 形截面的含义是什么？如何鉴别两类 T 形截面梁？在第二类 T 形截面梁的计算中混凝土压力应如何取值？

16. 当验算 T 形截面梁的最小配筋率 ρ_{min} 时，计算配筋率 ρ 为什么要用腹板宽 b 而不用翼缘宽度 b'_f？

17. 为什么说工字形及箱形截面形式都可按 T 形截面计算？

18. 什么是 T 梁翼缘板的有效宽度？《桥规》(JTG D62) 中对此是如何规定的？

19. 施工中若遇钢筋品种或规格与设计要求不符而需要进行钢筋代换时，应如何进行代换？

第五章　钢筋混凝土受弯构件斜截面抗剪承载力计算

第一节　概　述

受弯构件在荷载作用下，除由弯矩产生法向应力外，同时还伴随着由剪力产生剪应力。由于法向应力和剪应力的结合，又产生斜向的主应力，即主拉应力和主压应力，如图 5-1 所示。

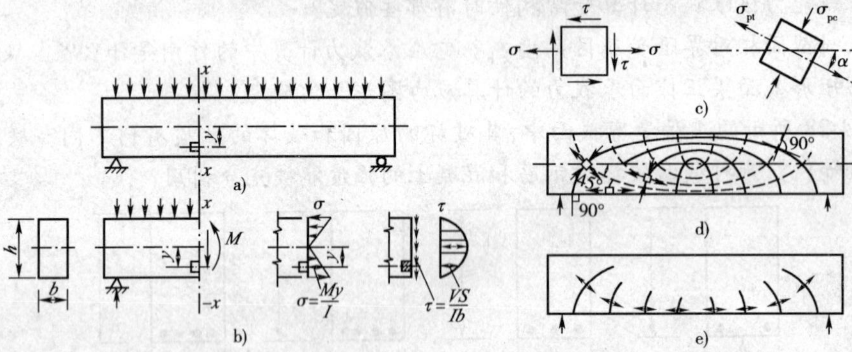

图 5-1　矩形截面梁的应力分布

a)加荷；b)弯曲应力与剪应力；c)主应力；d)主应力迹线；e)裂缝图式

对于混凝土材料，其抗拉能力很低，当主拉应力达到其抗拉极限强度时，就会在垂直于主拉应力方向出现斜向裂缝，由此导致受弯构件的破坏情况称为斜截面破坏。试验表明，只配主筋不配腹筋（箍筋和弯起钢筋）的钢筋混凝土梁在荷载作用下可能发生下述情况，即在最大弯矩处尚未破坏，却在剪力较大的截面附近因斜裂缝的产生与发展而破坏。这种破坏多半是突然发生的，比较危险，称之为剪坏。

设有箍筋、弯起钢筋、纵向主筋的梁称为有腹筋梁，而无箍筋及弯起钢筋的梁称为无腹筋梁。实际工程中，除了跨度很小的梁以外，一般钢筋混凝土都设计成有腹筋梁。

第二节　斜截面抗剪承载力计算

一、斜截面破坏形态

在集中荷载作用下有腹筋梁的抗剪承载力及破坏形态，与弯矩 M 和剪力 V 的组合情况有关。这种关系可用一个无量纲参数剪跨比 λ 来表示。$\lambda = M/(Vh_0)$，此处 M 和 V 分别为剪弯区段中某个竖直截面的弯矩和剪力。剪跨比对斜裂缝的发展和传递以及抗剪能力影响很大。图 5-2 表示典型的钢筋混凝土斜截面受剪破坏形态及剪跨比的影响情况。对于集中荷载作用[图 5-2a)]，M/V 的比值可以表示为“剪跨”a，即集中力作用点到支点的距离的比值：

$$\lambda = M/(Vh_0) = a/h_0 \tag{5-1}$$

根据试验观测,钢筋混凝土梁的斜截面破坏大致可以分为三种主要破坏形态。

1. 斜压破坏

对于无腹筋的深梁($\lambda = a/h_0 < 1$),或配置腹筋过多及腹板很薄的T形梁,一般发生短柱破坏或称斜压破坏。其破坏特征是:在加载点与支座之间区段内,随着荷载的逐渐加大不断出现大致平行于主压应力方向的斜裂缝。先出现在梁的中部,向上下伸展,形成传递压力的斜柱。破损时,常出现混凝土剥落现象。短柱的方向大致取荷载作用点的连线,其宽度则取决于荷载的分布宽度。通常设计若能满足梁截面最小尺寸要求,即可避免这种斜压破坏[图5-2b)]。斜压破坏时,受剪承载力取决于混凝土的抗压强度,而箍筋的应力达不到屈服强度。

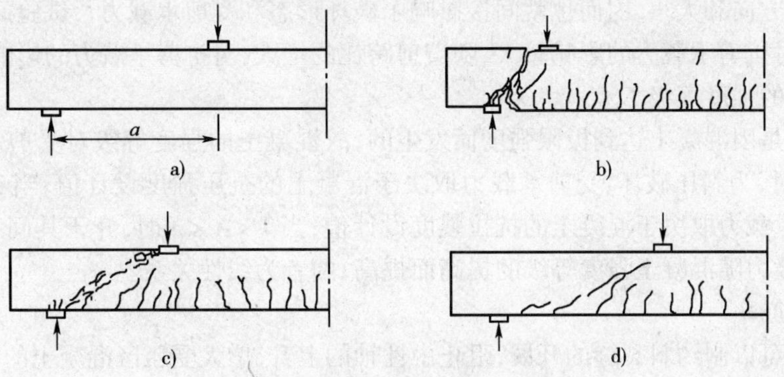

图5-2　梁斜截面破坏的主要形态

a)剪跨;b)斜压破坏;c)剪压破坏;d)斜拉破坏

2. 剪压破坏

当剪跨比 $\lambda = a/h_0 = 1 \sim 3$ 时,一般出现剪压破坏。这是最重要的破坏形态。其特征是:首先在中性轴与纵筋之间出现一些垂直裂缝和细微的倾斜裂缝,随着荷载的增加,裂缝不断向上下发展,逐渐形成一根主要的斜裂缝(称之为主斜裂缝),指向加载点。随着荷载的增大,主斜裂缝的上端转向水平,最后在弯矩和剪力的共同作用下,梁常因主压应力而破坏[图5-2c)]。剪压破坏荷载常大于裂缝荷载的两倍,剪压破坏不会突然发生,危险性较小,故一般都按这种破坏形态进行受剪承载力的计算。

3. 斜拉破坏

当剪跨比 $\lambda = a/h_0 > 3$ 时,一般发生斜拉破坏。其特征是:首先出现挠曲裂缝,随后支座附近的挠曲裂缝由竖向转为斜向并指向加载点。当剪跨比值较大时,则主斜裂缝明显可见,并迅即上伸至受压区,使构件劈裂而破坏[图5-2d)]。此时,梁的开裂荷载颇接近于破坏荷载,几乎在没有预兆的情况下,梁即丧失了承载能力。因此,一般所说突然性的斜拉破坏即指这种形态。斜拉破坏时梁的抗剪强度取决于混凝土的抗拉强度,故其承载能力较低。设计时,应尽力防止这种破坏形态发生。若设计能满足箍筋最大间距等构造要求,一般不会发生斜拉破坏。

除上述三种破坏形态外,还可能出现其他的破坏形态,例如局部挤压破坏或纵向钢筋锚固破坏等。

对于上述几种斜截面破坏的不同破坏形态,设计时可以采取不同的方法加以防止。为防止梁发生斜压破坏,一般采用限制截面最小尺寸的办法;为防止梁发生斜拉破坏,可满足箍筋最大间距等构造要求和限制箍筋最小配筋率的办法。剪压破坏是设计中最常遇到的破坏形态,因此,斜截面受剪承载力计算就是以这种破坏形态的受力特征为依据的。

二、有腹筋梁受剪承载力的影响因素

试验表明,影响有腹筋梁受剪承载力的主要因素为剪跨比、混凝土强度等级、纵筋配筋率、截面尺寸和形状,以及腹筋数量。

1. 剪跨比

剪跨比是影响梁的斜截面承载力的主要因素之一。如前所述,剪跨比可以决定斜截面的破坏形态。剪跨比由小到大变化时,破坏形态从斜压破坏向剪压破坏和斜拉破坏过渡。剪跨比的数值实质上反映了集中荷载作用截面上正应力和剪应力的数值比例关系。由于正应力决定了主应力的方向和大小,因而也就间接影响了破坏形态和受剪承载力。试验研究表明,当剪跨比较小时,对抗剪承载力的影响较大,随着剪跨比的增大,对抗剪承载力的影响减弱。

2. 混凝土的强度等级

剪切破坏是因混凝土达到极限强度而发生的,故混凝土的强度等级对受剪承载力影响很大。当 $\lambda=1$ 时,为斜压破坏,受剪承载力取决于混凝土的抗压强度设计值;当 $\lambda=3$ 时,为斜拉破坏,受剪承载力取决于混凝土的抗拉强度设计值;当 $1<\lambda<3$ 时,介于其间。当剪跨比一定时,受剪承载力随混凝土强度等级的提高而提高,两者为线性关系。

3. 纵筋配筋率

纵向钢筋可以制约斜裂缝的开展,阻止中性轴的上升,增大受压区混凝土的抗剪能力。虽然纵筋的销栓作用对斜截面受剪承载力也有一定的影响,但其在抵抗受剪破坏中所起的作用较小,所以斜截面受剪承载力计算中不予考虑。此外,与斜裂缝相交的受拉钢筋可以直接承受一部分剪力。

4. 截面尺寸和形状

试验表明,对于无腹筋混凝土受弯构件,随着构件高度增加,斜截面上出现的裂缝宽度加大,裂缝内表面骨料之间的机械咬合作用被削弱,使得接近开裂端部的开裂区拉应力弱化,传递剪应力的能力降低。构件破坏时,斜截面受剪承载力随着构件高度的增加而降低。所以,截面尺寸是影响受剪承载力的主要因素之一。

截面形状对受剪承载力也有一定影响,对于T形、工字形截面的梁,翼缘有利于提高受剪承载力。所以,它们的抗剪能力略高于矩形截面梁。

5. 腹筋

箍筋和弯起钢筋是腹筋的主要形式。腹筋可以增强和改善梁的抗剪能力。在实际设计中,首先考虑选用箍筋,当需要的箍筋较多时,再考虑使用弯起钢筋。箍筋的抗剪作用比弯起钢筋要好,其理由是:①弯起钢筋的承载范围较大,对约束斜裂缝的作用较差;②弯起钢筋会使起弯点处的混凝土压碎或产生水平撕裂裂缝,而箍筋却能箍紧纵向钢筋防止撕裂;③箍筋对受压区混凝土能起套箍作用,可以提高其抗剪能力;④箍筋连接受压区与腹筋共同作用效果比弯起钢筋要好。

梁内斜向主拉应力是混凝土产生斜裂缝的主要原因。为有效地限制斜裂缝的扩展,箍筋应与斜裂缝正交布置,其方向与主拉应力的方向相同。但是,在工程实践中,在剪弯区内箍筋一般垂直均匀布置。

弯起钢筋通常是利用主筋弯起,用以限制斜裂缝的扩展。

除上述五种主要因素外,加载方式(梁顶加载或梁侧加载)、构件类型(连续梁、简支梁)等都会影响梁的受剪承载力。

三、斜截面抗剪承载力计算公式

1. 基本计算公式

《桥规》(JTG D62)给出的斜截面受剪承载力计算公式,是以剪压破坏形态的受力特征为基础建立的。图5-3所示为斜截面发生剪压破坏时的受力情况。

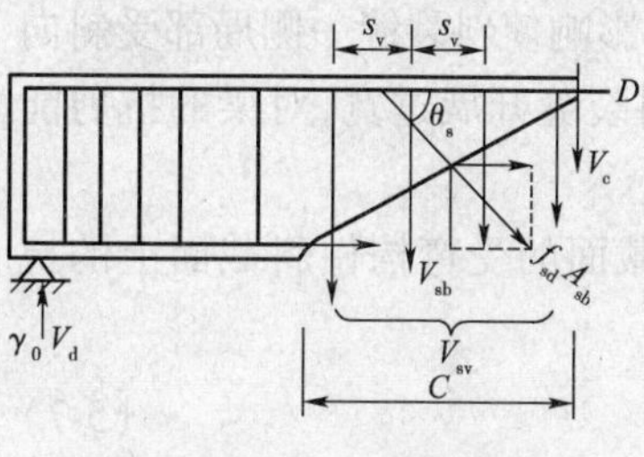

图5-3 斜截面抗剪承载力验算图式

对于矩形、T形和工字形截面的受弯构件,当配置箍筋和弯起钢筋时,其斜截面上的剪力,由裂缝顶端未开裂的混凝土与斜截面相交的箍筋和弯起钢筋三者共同承担。因此,梁的斜截面受剪承载力计算的基本公式可表达为:

$$\gamma_0 V_d \leqslant V_{cs} + V_{sb} \tag{5-2}$$

$$V_{cs} = \alpha_1 \alpha_3 0.45 \times 10^{-3} b h_0 \sqrt{(2+0.6P)\sqrt{f_{cu,k}}\rho_{sv} f_{sd,v}} \tag{5-3}$$

$$V_{sb} = 0.75 \times 10^{-3} f_{sd} \sum A_{sb} \sin\theta_s \tag{5-4}$$

这样

$$\gamma_0 V_d \leqslant \alpha_1 \alpha_3 0.45 \times 10^{-3} b h_0 \sqrt{(2+0.6P)\sqrt{f_{cu,k}}\rho_{sv} f_{sd,v}} + 0.75 \times 10^{-3} f_{sd} \sum A_{sb} \sin\theta_s \tag{5-5}$$

以上式中:V_d——斜截面受压端上由作用(或荷载)效应所产生的最大剪力组合设计值(kN);

V_{cs}——斜截面内混凝土和箍筋共同的抗剪承载力设计值(kN);

V_{sb}——与斜截面相交的普通弯起钢筋抗剪承载力设计值(kN);

α_1——异号弯矩影响系数,计算简支梁和连续梁近边支点梁段的抗剪承载力时,$\alpha_1 = 1.0$;计算连续梁和悬臂梁近中间支点梁段的抗剪承载力时,$\alpha_1 = 0.9$;

α_3——受压翼缘的影响系数,$\alpha_3 = 1.1$;

b——斜截面受压端正截面处的截面宽度,T形和工字形截面取腹板宽度(mm);

h_0——斜截面受压端正截面的有效高度,自纵向受拉钢筋合力点至受压边缘的距离(mm);

P——斜截面内纵向受拉钢筋的配筋百分率,$P = 100\rho$,$\rho = A_s/(bh_0)$,当$P > 2.5$时,取$P = 2.5$;

$f_{cu,k}$——混凝土立方体抗压强度标准值(MPa),即为混凝土的强度等级;

ρ_{sv}——斜截面内箍筋的配筋率,$\rho_{sv} = A_{sv}/(s_v b)$;

$f_{sd,v}$——箍筋抗拉强度设计值,按表2-9采用;

A_{sv}——斜截面内配置在同一截面的箍筋各肢总截面面积(mm^2);

s_v——斜截面内箍筋的间距(mm);

A_{sb}——斜截面内在同一弯起平面的普通弯起钢筋的截面面积(mm^2);

θ_s——普通弯起钢筋(在斜截面受压端正截面处)的切线与水平线的夹角;

其余符号意义同前。

应该指出,《桥规》(JTG D62)给出的混凝土和箍筋共同的抗剪承载力V_{cs}计算表达式(5-3)是针对矩形截面等高度简支梁建立的半经验半理论公式。

进行斜截面承载力验算时,斜截面水平投影长度C(图5-3)应按下式计算:

$$C = 0.6 m h_0 \tag{5-6}$$

式中:m——斜截面受压端正截面处的广义剪跨比,$m = M_d/(N_d h_0)$,当$m > 3.0$时,取$m = 3.0$;

M_d——相应于最大剪力组合设计值的弯矩组合设计值。

2.适用限制条件

1)截面限制条件

试验结果表明,当抗剪钢筋的配筋率达到一定程度后,再增加钢筋时梁的抗剪能力不再继续增加,破坏时箍筋的应力也达不到屈服强度。梁破坏一般是因截面尺寸较小或混凝土强度较低,在外力作用下斜裂缝开展很宽,或是由于支座处压应力的影响使斜裂缝一侧局部受斜向压力,产生类似短柱的破坏,即斜压破坏。为防止这种破坏或斜裂缝开展过宽,对梁的抗剪能力要有一个"抗剪上限值"的规定,以限制外剪力。

因此,《桥规》(JTG D62)规定,在计算矩形、T形和工字形截面的受弯构件斜截面上的抗剪承载力时,其抗剪截面应符合下列要求:

$$\gamma_0 V_d \leqslant 0.51 \times 10^{-3} \sqrt{f_{cu,k}}\, b h_0 \tag{5-7}$$

式中:V_d——验算截面处由作用(或荷载)产生的剪力组合设计值(kN);

b——相应于剪力组合设计值处的矩形截面宽度(mm)或T形截面和工字形截面的腹板宽度(mm);

h_0——相应于剪力组合设计值处的截面有效高度,即自纵向受拉钢筋合力点至受压边缘的距离(mm)。

上述条件即是《桥规》(JTG D62)规定的斜截面抗剪承载力计算公式的上限值(发生剪压破坏的极限值)。为防止斜压破坏和限制使用阶段构件的斜裂缝宽度,截面尺寸不应过小,配置的腹筋也不应过多。如不满足上述要求时,应加大构件截面尺寸或提高混凝土的强度等级。

2)构造要求

《桥规》(JTG D62)还规定,对于矩形、T形和工字形截面的受弯构件,当满足式(5-8)的要求时,可按构造要求设置箍筋,不需要进行斜截面抗剪承载力的计算。否则,应按计算配置箍筋。

$$\gamma_0 V_d \leqslant 0.50 \times 10^{-3} \alpha_2 f_{td} b h_0 \text{ (kN)} \tag{5-8}$$

实际上,式(5-8)要求的是钢筋混凝土梁的抗剪下限值。

梁的剪力组合设计值应控制在抗剪承载力的上、下限值之间,即:

$$0.50 \times 10^{-3} \alpha_2 f_{td} b h_0 < \gamma_0 V_d \leqslant 0.51 \times 10^{-3} \sqrt{f_{cu,k}}\, b h_0$$

四、斜截面抗剪承载力计算

斜截面抗剪承载力计算可分为斜截面抗剪承载力的复核和抗剪配筋设计两种情况。

1.斜截面抗剪承载力的复核

在计算斜截面的抗剪承载力时,为安全起见,应取作用在该斜截面范围内的最大剪力作为剪力设计值,即取斜截面受拉区起始端的剪力作为剪力设计值,因而计算受弯构件斜截面抗剪承载力时其验算位置(图5-4)应按下列规定采用。

1)简支梁和连续梁近边支点梁段

(1)距支座中心 $h/2$ 处截面[图5-4a)中截面1-1];

(2)受拉区弯起钢筋弯起点处截面[图5-4a)中截面2-2、截面3-3];

(3)箍筋数量或间距有改变处的截面[图5-4a)中截面4-4、截面5-5];

(4)构件腹板宽度变化处截面。

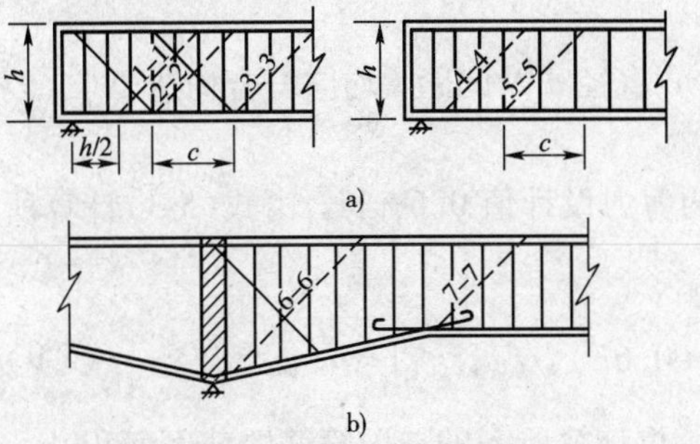

图 5-4　斜截面受剪承载力的计算位置

a)简支梁和连续梁近边支点梁段；b)连续梁和悬臂梁近中间支点梁段

2)连续梁和悬臂梁近中间支点梁段

(1)支点横隔梁边缘处截面[图 5-4b)中截面 6-6]；

(2)参照简支梁要求，需要进行验算的截面。

需要指出，按照式(5-2)验算斜截面抗剪承载力时，式中的剪力组合设计值 V_d 应取验算斜截面顶端的数值，即从图 5-4 所示的斜截面验算位置量取斜截面水平投影长度 $C \approx 0.6mh_0$，近似求得斜截面顶端的水平位置，并以这一点的计算剪力作为该斜截面的计算剪力值。

对设计好的梁进行斜截面受剪承载力的验算，可按式(5-5)求得验算斜截面所能承受的剪力设计值。

$$V_{du} = \alpha_1 \alpha_3 0.45 \times 10^{-3} bh_0 \sqrt{(2+0.6P)\sqrt{f_{cu,k}}\rho_{sv} f_{sd,v}} + 0.75 \times 10^{-3} f_{sd} \Sigma A_{sb} \sin\theta_s \text{(kN)}$$

若 $V_{du} > \gamma_0 V_d$，说明该斜截面的抗剪承载力是足够的。

2. 抗剪配筋设计

利用式(5-5)进行抗剪配筋设计时，应先确定荷载产生的并由混凝土、箍筋和弯起钢筋共同承担的剪力组合设计值。按照《桥规》(JTG D62)规定，用作抗剪配筋设计的最大剪力组合设计值应按下列规定取值：

对于简支梁和连续梁近边支点梁段，取支点 $h/2$ 处的剪力设计值 V'_d，如图 5-5a)所示；对于等高度连续梁和悬臂梁近中间支点梁段，取支点上横梁边缘处的剪力设计值 V'_d，如图5-5b)所示。将 V'_d 分为两部分，应按不少于 60% 由混凝土和箍筋共同承担，不超过 40% 由弯起钢筋承担。

抗剪配筋设计的计算步骤是：

(1)首先应复核是否满足截面和配筋的限制条件：

$$0.50 \times 10^{-3} \alpha_2 f_{td} bh_0 < \gamma V_d \leqslant 0.51 \times 10^{-3} \sqrt{f_{cu,k}} bh_0$$

构件的截面尺寸通常由正截面承载力、构件刚度等要求已经确定。在进行斜截面受剪承载力计算时，如果 $\gamma_0 V_d > 0.51 \times 10^{-3} \sqrt{f_{cu,k}} bh_0$ 时，应加大构件截面尺寸或提高混凝土的强度等级。

(2)计算是否需要按照计算配置箍筋，当不需要按计算配置箍筋[$\gamma_0 V_d \leqslant 0.50 \times 10^{-3} \alpha_2 f_{td} bh_0$(kN)]时，应按照构造要求配置箍筋。

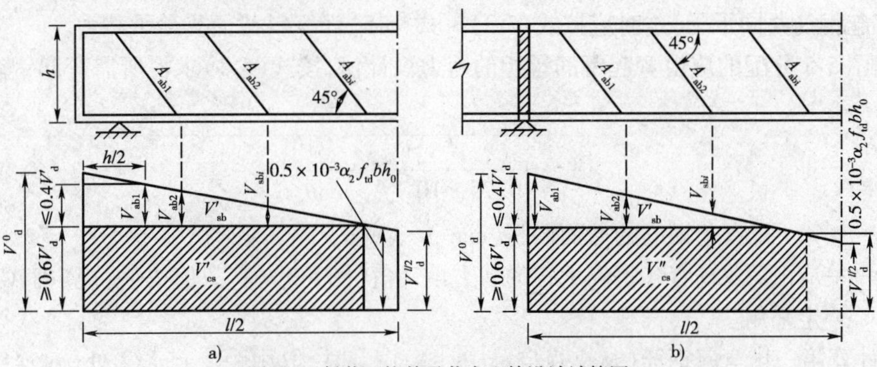

图 5-5　斜截面抗剪承载力配筋设计计算图

a)简支梁和连续梁近边支点梁段；b)等高度连续梁和悬臂梁近中间支点梁段

(3)按规定采用斜截面受剪承载力的计算位置。

(4)计算所需要的箍筋,且使所选用的箍筋肢数 n、直径 d 及间距 s 均应符合构造要求。

1)箍筋设计

根据图 5-5 分配的应由混凝土和箍筋共同承担的剪力设计值 $0.6\gamma_0 V'_d$,由式(5-3)计算所需的箍筋配筋率,即:

$$\rho_{sv}=\left(\frac{0.6\gamma_0 V'_d}{\alpha_1\alpha_2\times0.45\times10^{-3}bh_0}\right)^2 \Big/ \left[(2+0.6P)\sqrt{f_{cu,k}}f_{sd,v}\right]\geqslant\rho_{sv,min} \tag{5-9}$$

计算时,可先选定箍筋的间距 s_v 及箍筋的肢数 n,再计算所需的单肢箍筋的截面面积 A_{sn},即:

$$A_{sv}=nA_{sn}\geqslant\rho_{sv}bs_v \tag{5-10}$$

计算时,也可预先选定箍筋的种类和直径,再由式(5-11)计算所需的箍筋间距 s_v。

$$s_v=\frac{\alpha_1^2\alpha_3^2 0.2\times10^{-6}(2+0.6P)\sqrt{f_{cu,k}}A_{sv}bh_0^2}{(\xi\gamma_0V_d)^2}\ (\mathrm{mm}) \tag{5-11}$$

根据计算结果,在选用箍筋直径和布置箍筋时,应注意《桥规》(JTG D62)规定的有关构造要求。按照规定,钢筋混凝土梁中应设置直径不小于 8mm 且不小于 1/4 主钢筋直径的箍筋,其配筋率 ρ_{sv},R235 级钢筋不应小于 0.18%,HRB335 级钢筋不应小于 0.12%。当梁中配有按受力计算需要的纵向受压钢筋或在连续梁、悬臂梁近中间支点位于负弯矩区的梁段,应采用闭合箍筋,同时,同排内任一纵向受压钢筋,离箍筋折角处的纵向钢筋的间距不应大于 150mm 和 15 倍箍筋直径两者中较大者,否则应设置复合箍筋。相邻箍筋的弯钩接头沿纵向其位置应交替布置。

箍筋间距不应大于梁高的 1/2 且不大于 400mm;当所箍钢筋为受力需要的纵向受压钢筋时,不应大于所箍钢筋直径的 15 倍,且不应大于 400mm。在钢筋绑扎搭接接头范围内的箍筋间距,当绑扎搭接钢筋受拉时不应大于主钢筋直径的 5 倍,且不应大于 100mm;当绑扎搭接钢筋受压时不应大于主钢筋直径的 10 倍,且不应大于 200mm。在支座中心向跨径方向长度相当于不小于一倍梁高范围内,箍筋间距不宜大于 100mm。

近梁端第一根箍筋应设置在距端面一个混凝土保护层距离处。梁与梁或梁与柱的交接范围内可不设箍筋;靠近交接面的一根箍筋,其与交接面的距离不宜大于 50mm。

2)弯起钢筋设计

当剪力设计值大于斜截面上混凝土和箍筋的受剪承载力时,即 $V_{du}>V_{cs}$时,说明混凝土和箍筋已不足以承受全部剪力设计值,需要设置一定数量的弯起钢筋,即剪力设计值由混凝土、箍筋和弯起钢筋共同承受,这时应按式(5-3)~式(5-5)计算斜截面受剪承载力。

根据图 5-5 分配的应由弯起钢筋承担的剪力设计值,按式(5-4)求得所需弯起钢筋的截面面积,即:

$$A_{sbi}=\frac{\gamma_0V_{sbi}}{0.75\times10^{-3}f_{sd,b}\sin\theta_s} \tag{5-12}$$

式中:A_{sbi}——第 i 排弯起钢筋的截面面积(mm^2)

V_{sbi}——应由第 i 排弯起钢筋承担的剪力设计值(图 5-5),其数值按《桥规》(JTG D62)规定采用。

(1)计算第一排弯起钢筋(从支点向跨中计算)A_{sb1}时,取用距支点 $h/2$ 处(对连续梁为支点上横梁边缘处)应由弯起钢筋承担的那部分剪力设计值 V_{sb1}。

(2)计算以后各排弯起钢筋 A_{sb2},…,A_{sbi}时,取用计算前一排弯起点处由弯起钢筋承担的那部分剪力设计值 V_{sb2},…,V_{sbi}。

根据计算结果,在布置弯起钢筋时,应注意《桥规》(JTG D62)规定的有关构造要求。

弯起钢筋大多由纵向受力钢筋弯起而成,当将多余的纵向钢筋全部弯起后仍不能满足受力和构造要求时,可以采用专设的斜短钢筋焊接,但不得使用不与主钢筋焊接的浮筋。弯起钢筋的弯起角宜取45°。受拉区弯起钢筋的弯起点应设在按正截面抗弯承载力计算充分利用该钢筋强度的截面以外不小于 $h_0/2$ 处,此处 h_0 为梁的有效高度;弯起钢筋可在按正截面受弯承载力计算不需要该钢筋截面面积之前弯起,但弯起钢筋与梁中心线的交点应位于按计算不需要该钢筋的截面(图5-6)之外。弯起钢筋的末端应留有锚固长度:受拉区不应小于20倍钢筋直径,受压区不应小于10倍钢筋直径,环氧树脂涂层钢筋增加25%;R235级钢筋尚应设置半圆弯钩。

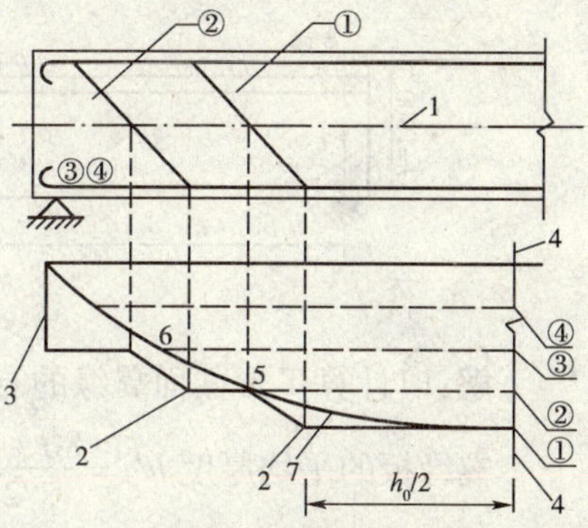

图5-6 弯起钢筋弯起点位置

1-梁中心线;2-受拉区钢筋弯起点;3-正截面抗弯承载力图形;4-钢筋①~④强度充分利用的截面;5-按计算不需要钢筋①的截面(钢筋②~④强度充分利用截面);6-按计算不需要钢筋②的截面(钢筋③~④强度充分利用截面);7-弯矩图;①、②、③、④-钢筋批号

靠近支点的第一排弯起钢筋顶部的弯折点,简支梁或连续梁边支点应位于支座中心截面处,悬臂梁或连续梁中间支点应位于横隔梁(板)靠跨径一侧的边缘处,以后各排(跨中方向)弯起钢筋的梁顶部弯折点,应落在前一排(支点方向)弯起钢筋的梁底部弯折点处或弯折点以内。

五、斜截面受弯构造要求

试验研究表明,斜裂缝的发生与发展,除了可能引起斜截面受剪破坏外,还可能引起斜截面受弯破坏,特别是当梁内纵向钢筋配置数量不足时,由于斜裂缝的开展,使与斜截面相交的箍筋、纵向钢筋和弯起钢筋的应力均达到抗拉强度设计值,受压区混凝土的应力达到抗压强度设计值并产生很大的变形,直至受压区混凝土被压碎而破坏。斜截面抗弯承载力计算就是为保证构件对此类破坏情况具有足够的安全储备。

在实际设计中,钢筋混凝土受弯构件大多不进行斜截面抗弯承载力计算。设计和配置纵向钢筋时,正截面的承载力已得到保证,在斜截面范围内如无纵向钢筋弯起,与斜截面相交的钢筋所能承受的弯矩与正截面相同,因而无需进行斜截面抗弯承载力计算。

在斜截面范围内如有部分纵向钢筋弯起,与斜截面相交的钢筋少于受压区所在截面的纵向钢筋,若采取一定的构造措施,也可不必进行斜截面抗弯承载力计算。例如,为保证斜截面抗弯承载力不小于正截面的抗弯承载力,《桥规》(JTG D62)规定:在梁的受拉区中,弯起钢筋的弯起点(图5-5)应设在按正截面抗弯承载力计算充分利用该钢筋强度的截面(称为充分利用点)以外不小于 $h_0/2$ 处(图5-6)。

六、计算示例

【例5-1】 某预制钢筋混凝土梁,标准跨径为20m,计算跨径为19.5mm,截面如图5-7所示。采用C30混凝土,HRB400级钢筋焊接骨架,$f_{cd}=13.8\text{MPa}$,$f_{td}=1.39\text{MPa}$,$f_{sd}=330\text{MPa}$,$\xi_b=0.53$。跨中截面承受弯矩组合设计值为 $M_d^{l/2}=2\ 100\text{kN}\cdot\text{m}$,承受的剪力组合设计值为

$V_d^{l/2}=84\text{kN}$；四分之一跨截面承受弯矩组合设计值为 $M_d^{l/4}=1\ 500\text{kN}\cdot\text{m}$，支点截面承受剪力组合设计值为 $V_d^0=440\text{kN}$。求所需的箍筋和弯起钢筋。

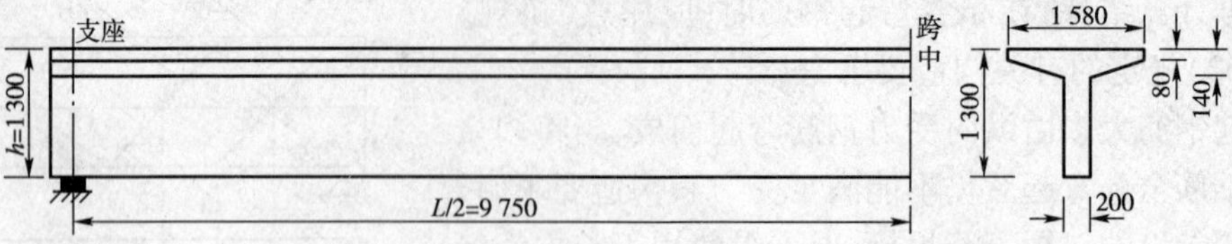

图 5-7　截面图（尺寸单位：mm）

解：1）计算 T 形截面翼缘的有效宽度 b'_f

翼缘板的平均厚度 $h'_f=\dfrac{80+140}{2}=110(\text{mm})$。

在翼缘有效宽度计算中，应考虑下列三种情况并取其中最小值：

（1）$b'_f=l_0/3=19\ 500/3=6\ 500(\text{mm})$

（2）$b'_f=1\ 580(\text{mm})$

（3）$b'_f=b+12h'_f=200+12\times110=1\ 520(\text{mm})$

故取 $b'_f=1520\text{mm}$。

2）计算主钢筋数量

跨中截面钢筋数量计算及截面承载力复核参见[例 4-6]。

跨中截面配置主筋为 10 ⌀ 28，HRB400 级钢筋，$A_s=6\ 158\text{mm}^2$。正截面有效高度 $h_0=1\ 191\text{mm}$，抗弯承载力 $M_{du}=2\ 322\text{kN}\cdot\text{m}$。

3）进行截面尺寸复核

根据构造要求，支点截面仅保留下面两根纵向钢筋（2 ⌀ 28，$A_s=1\ 232\text{mm}^2$）通过，其余在跨间不同位置均可弯起。支点截面的有效高度：

$$h_0=h-a_s=1\ 300-\left(30+\frac{31.6}{2}\right)=1\ 254.2(\text{mm})$$

受剪面应满足下列限制条件：

$$0.50\times10^{-3}f_{td}bh_0<\gamma V_d\leqslant0.51\times10^{-3}\sqrt{f_{cu,k}}\,bh_0$$

其中：

$$0.51\times10^{-3}\sqrt{f_{cu,k}}\,bh_0=0.51\times10^{-3}\times\sqrt{30}\times200\times1\ 254.2=701.0(\text{kN})>\gamma_0V_d=440(\text{kN})$$

计算结果表明，截面尺寸可用。

按构造配置箍筋的剪力设计值的限制值为：

$$0.50\times10^{-3}f_{td}bh_0=0.50\times10^{-3}\times1.39\times200\times1\ 254.2=174.3(\text{kN})<\gamma_0V_d=440(\text{kN})$$

计算结果表明，需要按计算配置腹筋。

4）设计剪力分配图

支点剪力组合设计值为 $\gamma_0V_d=1.0\times440=440(\text{kN})$。

距支点 $h/2=1\ 300/2=650(\text{mm})$ 处的设计剪力值：

$$V'_d=V_d^0-\frac{V_d^0-V_d^{l/2}}{L/2}\cdot\frac{h}{2}=V_d^0-(V_d^0-V_d^{l/2})\cdot\frac{h}{L}=440-(440-84)\times\frac{1\ 300}{19\ 500}=416.3(\text{kN}),$$

其中不少于 60% 由混凝土和箍筋共同承担的剪力设计值 $V'_{cs}=0.6\gamma_0V'_d=0.6\times416.3=249.8(\text{kN})$，不多于 40% 由弯起钢筋承担，$V'_{sb}=0.4\gamma_0V'_d=0.4\times416.3=166.5(\text{kN})$。

距跨中 x 处截面钢筋重心高度：$a_s = 30 + 2.5 \times 31.6 = 109(\text{mm})$。

梁的实际有效高度 $h_0 = 1\ 300 - 109 = 1\ 191(\text{mm})$。

距跨中 x' 处截面的设计剪力值：

$$V_d^x = V_d^0 - \frac{V_d^0 - V_d^{L/2}}{L/2} \cdot (\frac{L}{2} - x) = V_d^0 - (V_d^0 - V_d^{L/2}) \cdot (1 - \frac{2x}{L}) = 0.5 \times 10^{-3} f_{td} b h_0$$

$$= 0.5 \times 10^{-3} \times 1.39 \times 200 \times 1\ 191 = 165.6(\text{kN})$$

经整理并代入相关数据，得构造配筋长度 x 值为：

$$x = \frac{L}{2} \cdot \frac{V_d^x - V_d^{L/2}}{V_d^0 - V_d^{L/2}} = \frac{19\ 500}{2} \times \frac{165.6 - 84}{440 - 84} = 2\ 235(\text{mm})$$

5）箍筋设计

计算所需的箍筋配筋率，即：

$$\rho_{sv} = \left(\frac{\xi \gamma_0 V'_d}{\alpha_3 \times 0.45 \times 10^{-3} b h_0} \right) \Big/ \left[(2 + 0.6P) \sqrt{f_{cu,k}} f_{sd,v} \right] \geqslant \rho_{sv,\min}$$

式中：α_3——受压翼缘影响值，取 $\alpha_3 = 1.1$；

$f_{sd,v}$——箍筋抗拉强度设计值，$f_{sd,v} = 195\text{MPa}$。

$$P = 100\rho = 100 \times \frac{A_s}{b h_0} = 100 \times \frac{1\ 232}{200 \times 1\ 254.2} = 0.491$$

$$\rho_{sv,\min} = 0.18\%$$

$$\rho_{sv} = \left(\frac{0.6 \times 1.0 \times 416.3}{1.1 \times 0.45 \times 10^{-3} \times 200 \times 1\ 254.2} \right) \Big/ \left[(2 + 0.6 \times 0.491) \times \sqrt{30} \times 195 \right]$$

$$= 0.001\ 65 < \rho_{sv,\min} = 0.001\ 8$$

计算结果表明，按此箍筋配置不能满足《桥规》(JTG D62)中有关构造要求。为此，可考虑提高箍筋的配筋率或缩小箍筋的间距。

采用直径为 $\phi 8$ 的双肢箍筋，$A_{sv} = nA_{sv1} = 2 \times 50.3 = 100.6(\text{mm}^2)$。桥梁规范对箍筋的间距要求 $s \leqslant \frac{h}{2} = \frac{1\ 300}{2} = 650(\text{mm})$ 及 $400(\text{mm})$。因此，从支座中线到跨中截面箍筋间距采用 $s = 250\text{mm}$。当 $s_v = 250\text{mm}$ 时，截面的配箍率为：

$$\rho_{sv} = \frac{A_{sv}}{b s_v} = \frac{100.6}{200 \times 250} = 0.20\% > \rho_{\min} = 0.18\%$$

此时，斜截面上的混凝土和箍筋的受剪承载力为：

$$V_{du} = \alpha_1 \alpha_3 0.45 \times 10^{-3} b h_0 \sqrt{(2 + 0.6P) \sqrt{f_{cu,k}} \rho_{sv} f_{sd,v}}$$

$$= 1.0 \times 1.1 \times 0.45 \times 10^{-3} \times 200 \times 1\ 254.2 \sqrt{(2 + 0.6 \times 0.491) \times \sqrt{30} \times 0.002 \times 195}$$

$$= 250(\text{kN}) < \gamma_0 V_d^0 = 440(\text{kN})$$

计算表明，混凝土和箍筋已不足以承受全部剪力组合设计值，需要设置一定数量的弯起钢筋。

另外，按照规范要求，支座中心向跨径方向长度在一倍梁高范围内箍筋间距不大于 100mm，故取 $s_v = 100\text{mm}$。

6）弯起钢筋设计

利用主筋对称弯起作斜筋，弯起角度为 45°。从支点到跨中主筋可弯起四次（图 5-8），弯起钢筋上方末端与架立钢筋焊接。为了得到每对弯起钢筋的受剪力，要由各排弯起钢筋的末端点应落在前一排弯起钢筋的弯起点的构造规定来计算各排弯起钢筋起弯点的位置。

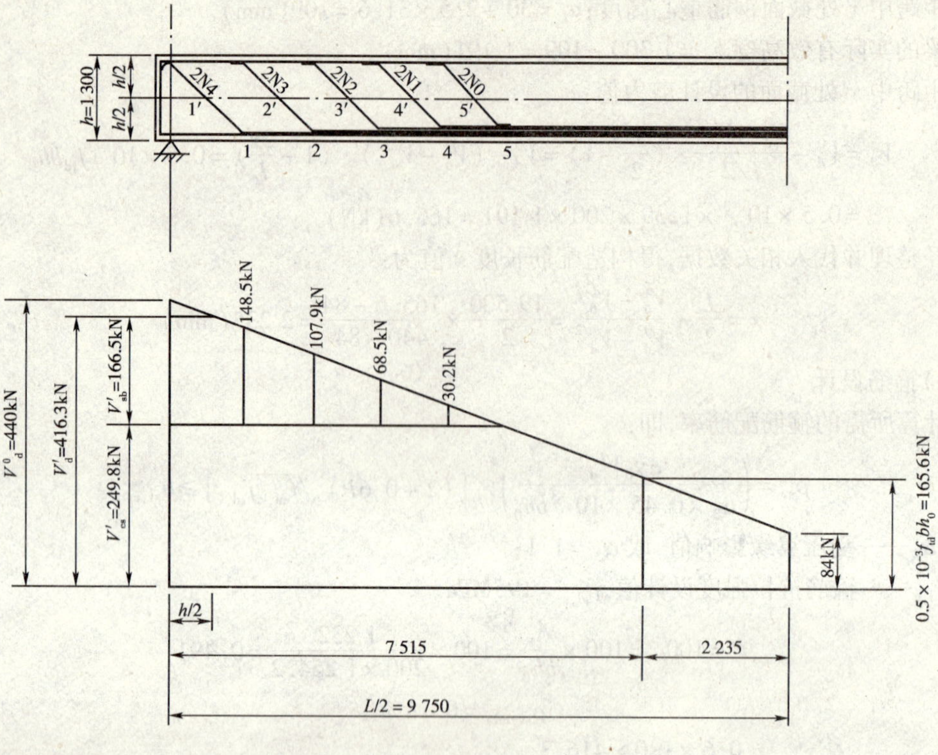

图 5-8　设计剪力值(尺寸单位:mm)

根据《桥规》(JTG D62)规定,计算第一排弯起钢筋时,取用距支座中心 $h/2$ 处,应由弯起钢筋承担的那部分剪力组合设计值,即 $V_{sb1}=V'_{sb}=0.4V'_d=166.5\text{kN}$。

由式(5-11)计算所需的第一排弯起钢筋的截面面积,即:

$$A_{sb1}=\frac{V_{sb1}}{0.75\times10^{-3}f_{sd,b}\sin\theta_s}=\frac{166.5}{0.75\times10^{-3}\times330\times0.707}=951.5(\text{mm}^2)$$

弯起 2 ⌀28 主筋(即 2N4),所提供的斜筋面积为 $A_{sb1}=1\ 232\text{mm}^2$。

第一排弯起钢筋起弯点处距支座中线距离(图 5-9)为:

$$l_1=1\ 300-(41+22.7+30+2\times31.6)=1\ 143(\text{mm})$$

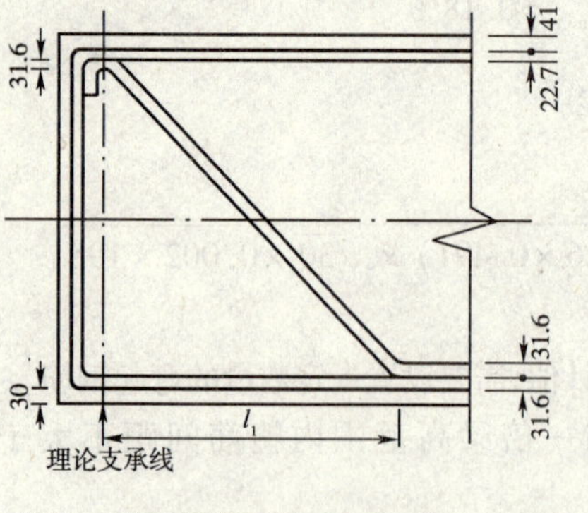

图 5-9　第一排弯起钢筋起弯点处距支座中线距离计算(尺寸单位:mm)

其中 41mm 为架立钢筋的净保护层厚度,22.7mm 为架立钢筋的外径(2 ⌀20)。

计算第二排弯起钢筋时,取第一排弯起钢筋起弯点的那部分剪力组合设计值:

$$V_{sb2}=V^0_d-V'_{cs}-(V^0_d-V^{L/2}_d)\frac{2l_1}{L}$$

$$=440-249.8-(440-84)\times\frac{2\times1\ 143}{19\ 500}=148.5(\text{kN})$$

第二排弯起钢筋的截面面积,即:

$$A_{sb2}=\frac{V_{sb2}}{0.75\times10^{-3}f_{sd,b}\sin\theta_s}=\frac{148.5}{0.75\times10^{-3}\times330\times0.707}$$

$$=848.5(\text{mm}^2)$$

弯起 2 ⌀28 主筋(即 2N3),所提供的斜筋面积为 $A_{sb2}=1\ 232\text{mm}^2$。

第二排弯起钢筋起弯点处距支座中线距离为：

$$l_2 = l_1 + 1\ 300 - (41 + 22.7 + 30 + 3 \times 31.6) = 1\ 143 + 1\ 111.5 = 2\ 254.5(\mathrm{mm})$$

计算第三排弯起钢筋时，取第二排弯起钢筋起弯点的那部分剪力组合设计值：

$$V_{sb3} = V_d^0 - V'_{cs} - (V_d^0 - V_d^{L/2})\frac{2l_2}{L} = 440 - 249.8 - (440 - 84) \times \frac{2 \times 2\ 254.5}{19\ 500} = 107.9(\mathrm{kN})$$

第三排弯起钢筋的截面面积为：

$$A_{sb3} = \frac{V_{sb3}}{0.75 \times 10^{-3} f_{sd,b} \sin\theta_s} = \frac{107.9}{0.75 \times 10^{-3} \times 330 \times 0.707} = 616.9(\mathrm{mm}^2)$$

弯起 2 ⌀28 主筋(2N2)，所提供的斜筋面积为 $A_{sb3} = 1\ 232\mathrm{mm}^2$。

第三排弯起钢筋起弯点处距支座中线距离为：

$$l_3 = l_2 + 1\ 300 - (41 + 22.7 + 30 + 4 \times 31.6) = 3\ 334.4(\mathrm{mm})$$

计算第四排弯起钢筋时，取第三排弯起钢筋起弯点的那部分剪力组合设计值。

$$V_{sb4} = V_d^0 - V'_{cs} - (V_d^0 - V_d^{L/2})\frac{2l_3}{L} = 440 - 249.8 - (440 - 84) \times \frac{2 \times 3\ 334.4}{19\ 500} = 68.5(\mathrm{kN})$$

第四排弯起钢筋的截面面积为：

$$A_{sb4} = \frac{V_{sb4}}{0.75 \times 10^{-3} f_{sd,b} \sin\theta_s} = \frac{68.5}{0.75 \times 10^{-3} \times 330 \times 0.707} = 391.5(\mathrm{mm}^2)$$

弯起 2 ⌀28 主筋(即 2N1)，所提供的斜筋面积为 $A_{sb4} = 1\ 232\mathrm{mm}^2$。

第四排弯起钢筋起弯点处距支座中线距离为：

$$l_4 = l_3 + 1\ 300 - (41 + 22.7 + 30 + 5 \times 31.6) = 4\ 382.7(\mathrm{mm})$$

第四排弯起钢筋起弯点处的那部分剪力组合设计值为：

$$V_{sb5} = V_d^0 - V'_{cs} - (V_d^0 - V_d^{L/2})\frac{2l_4}{L} = 440 - 249.8 - (440 - 84) \times \frac{2 \times 4\ 382.7}{19\ 500} = 30.2(\mathrm{kN})$$

鉴于第四排弯起钢筋起弯点处应由弯起钢筋承担的那部分剪力组合设计值很小，故不再按计算设置弯起钢筋，而加焊 2 ⌀14 钢筋(即 2N0)，提供弯起钢筋面积 $A_{sb5} = 308\mathrm{mm}^2$。

$$l_5 = l_4 + 1\ 300 - (41 + 22.7 + 16.2/2 + 30 + 5 \times 31.6 + 16.2/2) = 5\ 414.8(\mathrm{mm})$$

$$A_{sb5} = \frac{30.2}{0.75 \times 10^{-3} \times 330 \times 0.707} = 172.6(\mathrm{mm}^2)$$

按照剪力设计值初步布置的弯起钢筋如图 5-8 所示。

第一排弯筋与梁轴线交点到支座中心距离为：

$$l'_1 = l_1 - \left[\frac{h}{2} - (30 + 1.5 \times 31.6)\right] = 1\ 143 - (650 - 77.4) = 570.4(\mathrm{mm})$$

第二排弯筋与梁轴线交点到支座中心距离为：

$$l'_2 = l_2 - \left[\frac{h}{2} - (30 - 2.5 \times 31.6)\right] = 2\ 254.5 - (650 - 109) = 1\ 713.5(\mathrm{mm})$$

第三排弯筋与梁轴线交点到支座中心距离为：

$$l'_3 = l_3 - \left[\frac{h}{2} - (30 - 3.5 \times 31.6)\right] = 3\ 334.4 - (650 - 140.6) = 2\ 825(\mathrm{mm})$$

第四排弯筋与梁轴线交点到支座中心距离为：

$$l'_4 = l_4 - \left[\frac{h}{2} - (30 - 4.5 \times 31.6)\right] = 4\ 382.7 - (650 - 172.2) = 3\ 904.9(\mathrm{mm})$$

第五排弯筋与梁轴线交点到支座中心距离为：

$$l'_5 = l_5 - \left[\frac{h}{2} - (30 - 5 \times 31.6 - 16.2/2)\right] = 5\ 414.8 - (650 - 196.1) = 4\ 960.9(\mathrm{mm})$$

弯起钢筋 N1～N4 钢筋，计算的各排弯起钢筋弯起点至支座中线的距离 l_i，承受的计算剪力值所需的弯起钢筋面积 A_{si} 等如表 5-1 所列。

弯起钢筋的计算数据表　　表 5-1

弯 起 点	1	2	3	4	5
弯起点距支座中线距离(mm)	1 143	2 255	3 334	4 383	5 415
Δh_i(mm)	1 143	1 112	1 079	1 049	1 032
所需的弯筋面积(mm^2)	951.5	848.5	616.9	391.5	172.6
可提供的弯筋面积(mm^2)	1 232	1 232	1 232	1 232	308
弯筋与梁轴线交点到支座中线距离(mm)	570	1 714	2 825	3 905	4 961
弯起点距跨中截面的距离(mm)	8 607	7 495	6 416	5 367	4 335

第三节　全梁承载力的校核

一、弯矩设计包络图与结构抗力图

在进行梁的正截面抗弯承载力计算时，纵筋是根据跨中弯矩组合设计值 $M_d^{L/2}$ 配置的，纵筋采用截面面积为 A_s。因此，跨中正截面具有的抗弯承载力满足：

$$\gamma_0 M_d^{L/2} \leqslant M_{du}^{L/2} \tag{5-13}$$

或

$$\gamma_0 V_d \leqslant V_{du} \tag{5-14}$$

当纵筋沿梁长度方向直通且在支座处有足够的锚固长度，则不仅梁中任一正截面的抗弯承载力得到保证，任一斜截面的抗弯承载力也必然得到了保证，因为斜截面弯矩小于跨中截面的抗弯承载力。

纵筋沿梁长直通布置，构造简单，但是钢筋没有得到充分利用。除跨中截面外，其余截面纵筋并没有达到其抗拉强度设计值。显然，这种布置是不合理的。为节约钢材，在保证正截面和斜截面受弯承载力的前提下，应将部分纵筋在截面抗弯不需要的地方截断或弯起（用作弯起钢筋）。但是，如何保证正截面的抗弯承载力（弯起或截断纵筋的数量和位置）？又如何保证斜截面的抗弯承载力？解决这些问题一般采用图解法。

如图 5-10 所示，结构抗力图是用来核实所配置的纵筋而绘制的梁正截面抗弯承载力图形。任意截面的抗弯承载力可按下式计算：

$$M_{du} = f_{sd} A_s z \tag{5-15}$$

式中：f_{sd}——钢筋的抗拉强度设计值；

A_s——纵向受拉钢筋的截面面积；

z——内力臂。

在计算正截面抵抗弯矩时，z 值可根据每次弯起后剩余的主筋面积得出。

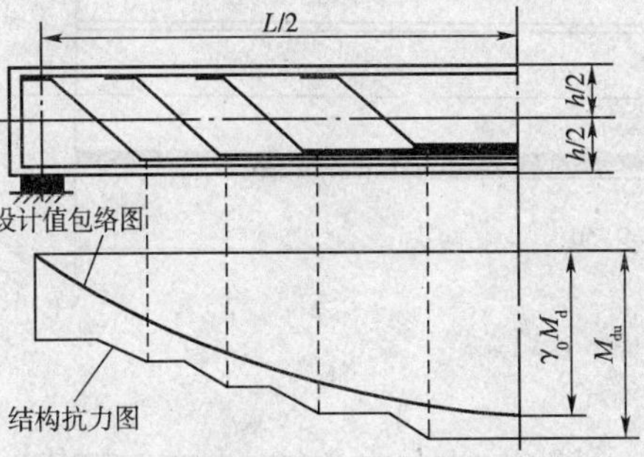

图 5-10　结构抗力图和弯矩设计值包络图

在绘制结构抗力图时，要与弯矩设计值包络图采用同样的比例尺，并绘于同一条水平基线上。因为纵向受拉主筋每弯起一次，这些地方的抗剪能力也就相应地减少一部分，所以结构抗力呈台阶形。

弯矩设计值包络图是全梁每一个截面弯矩最大值的连接曲线。简支梁的弯矩设计值包络图可以近似地按抛物线绘制，它的最大弯矩 $M_{max} = \gamma_0 M_d^{L/2}$ 在跨中。距跨中 x 处正截面上的弯矩最大值 M_d^x 可按下式计算：

$$M_d^x = M_{max}\left(1 - \frac{4x^2}{L^2}\right) \tag{5-16}$$

将 M_{du} 值按比例绘于跨中位置上，然后按弯起钢筋的面积与主筋总面积的比例以及弯起的次序（由跨中向支点），将 M_{du} 划分。如果主筋相同，则可把 M_{du} 按主筋的根数分成 n 等分，得出每根钢筋的抵抗弯矩。

就结构抗力图与弯矩设计值包络图的关系而言，构件的每个截面都要求 $M_{du} > M_d^x$。所以，结构抗力图必须将弯矩设计值包络图包络在内。结构抗力图与弯矩设计值包络图愈贴近，说明钢筋利用的愈充分，设计愈经济。

钢筋截断时，应考虑截断的锚固要求，留有一定的延伸长度；钢筋弯起时，还应考虑斜截面抗弯承载力的需要，将实际弯起点向支座方向延伸 $h_0/2$ 的距离。

二、计算示例

【例 5-2】　计算资料同［例 5-1］。试按照同时满足梁跨间正截面和斜截面抗弯要求，确定弯起钢筋的弯起点位置。

解：据已知跨中截面承受的弯矩组合设计值 $M_d = 2\ 100\text{kN}\cdot\text{m}$，按式（5-16）作出梁的弯矩设计值包络图（图 5-11）在 $L/4$ 截面处计算弯矩为：

$$M_{\frac{L}{4}} = 2\ 100 \times 10^6 \times \left(1 - \frac{4 \times 4\ 875^2}{19\ 500^2}\right) = 1\ 575 \times 10^6(\text{N}\cdot\text{mm}) = 1\ 575(\text{kN}\cdot\text{m})$$

与已知 $M_{\frac{L}{4}} = 1\ 500\text{kN}\cdot\text{m}$ 相比，两者相对误差为 5%，故用式（5-16）来表示简支梁的弯矩图是可行的。各排弯起钢筋弯起后，相应正截面抗弯承载力 M_u 计算值如表 5-2 所列。

钢筋弯起后相应正截面抗弯承载力 M_u 计算值　　表 5-2

梁区段	截面纵筋	有效高度 h_0 (mm)	T 形截面类型	受压区高度 x (mm)	抗弯承载力 M_{ui} (kN·m)
支座中线～1′点	2 Φ28	1 254.2	第一类	19.4	506.4
1 点～2′点	4 Φ28	1 238.4	第一类	38.8	992.1
2 点～3′点	6 Φ28	1 222.6	第一类	58.2	1 457.0
3 点～4′点	8 Φ28	1 206.8	第一类	77.6	1 901.2
4 点～跨中	10 Φ28	1 191.0	第一类	96.9	2 322.3

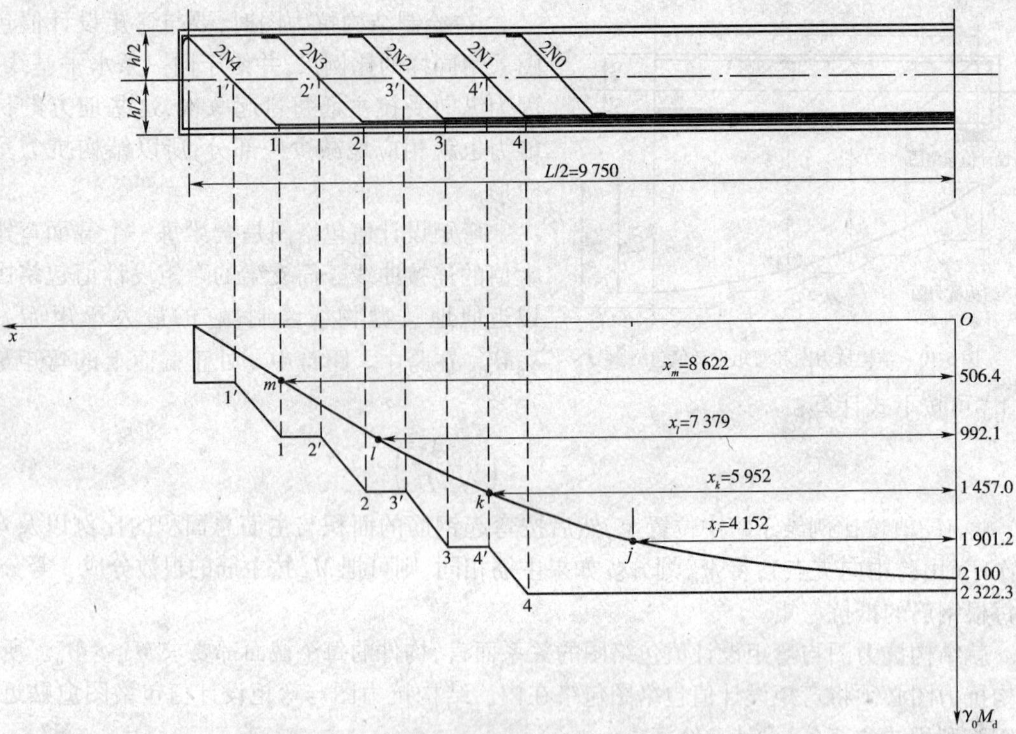

图 5-11　弯矩图与材料图

利用式(5-16)可计算正截面承载力要求的弯起钢筋弯起点的位置(充分利用点),即:令 $M_d^x = M_{dui}, M_{max} = M_{du}$,则

$$M_{dui} = M_{du}\left(1 - \frac{4x^2}{L^2}\right)$$

此时

$$x = \frac{L}{2}\sqrt{1 - \frac{M_{dui}}{M_{du}}}$$

将表 5-2 中的有关数据代入上式,即可求得各排弯起钢筋的充分利用点的位置,计算结果如下:

$$x_m = \frac{19\ 500}{2}\sqrt{1 - \frac{506.4 \times 10^6}{2\ 322.3 \times 10^6}} = 8\ 622(\text{mm})$$

$$x_l = \frac{19\ 500}{2}\sqrt{1 - \frac{992.1 \times 10^6}{2\ 322.3 \times 10^6}} = 7\ 379(\text{mm})$$

$$x_k = \frac{19\ 500}{2}\sqrt{1 - \frac{1\ 457.0 \times 10^6}{2\ 322.3 \times 10^6}} = 5\ 952(\text{mm})$$

$$x_j = \frac{19\ 500}{2}\sqrt{1 - \frac{1\ 901.2 \times 10^6}{2\ 322.3 \times 10^6}} = 4\ 152(\text{mm})$$

现分析图 5-11 所示的弯起钢筋弯起点的初步位置是否满足规范的要求。

对于第一排弯起钢筋(2N4),其充分利用点 l 的坐标为 $x_1 = 7\ 379\text{mm}$,而 2N4 钢筋的弯起点 1 的坐标为 $x_1 = 8\ 607\text{mm}$(见表 5-1)。这表明 1 点位于充分利用点左边,且 $x_m - x_1 = 8\ 607 - 7\ 379 = 1\ 228(\text{mm}) > h_0/2 = 1\ 238.4/2 = 619.2(\text{mm})$,故满足要求。其不需要点 m 的坐标

为 $x_m=8\ 622\text{mm}$，而 2N4 钢筋与梁中轴线的交点 1′点的坐标为 $x'_m=9\ 750-570=9\ 180(\text{mm})>x_m=8\ 622(\text{mm})$，亦满足要求。

对于第二排弯起钢筋(2N3)，其充分利用点 k 的坐标为 $x_k=5\ 952\text{mm}$，而 2N3 钢筋的弯起点 2 的坐标为 $x_2=7\ 495\text{mm}>x_k=5\ 952\text{mm}$，且 $x_2-x_k=7\ 495-5\ 952=1\ 543(\text{mm})>h_0/2=1\ 222.6/2=611.3(\text{mm})$，故满足要求。其不需要点 l 的坐标为 $x_l=7\ 379\text{mm}$，而 2N3 钢筋与梁中轴线的交点 2′点的坐标为 $x'_2=9\ 750-1\ 714=8\ 036(\text{mm})>x_l=7\ 379(\text{mm})$，满足要求。

对于第三排弯起钢筋(2N2)，其充分利用点 j 的坐标为 $x_j=4\ 152\text{mm}$，而 2N2 钢筋的弯起点 3 的坐标为 $x_3=6\ 416\text{mm}>x_j=4\ 152\text{mm}$，且 $x_3-x_j=6\ 416-4\ 152=2\ 264(\text{mm})>h_0/2=1\ 206.8/2=603.4(\text{mm})$，故满足要求。其不需要点 k 的坐标为 $x_k=5\ 952\text{mm}$，而 2N2 钢筋与梁中轴线的交点 3′点的坐标为 $x'_3=9\ 750-2\ 825=6\ 925(\text{mm})>x_k=5\ 952(\text{mm})$，满足要求。

对于第四排弯起钢筋(2N1)，其弯起点的坐标 $x_4=5\ 367\text{mm}>x_0=0$(充分利用点)，而 2N1 钢筋与梁中轴线的交点 4′点的坐标为 $x'_4=9\ 750-3\ 905=5\ 845(\text{mm})>x_j=4\ 152(\text{mm})$(不需要点)，满足要求。

在满足规范对弯起钢筋弯起点要求的前提下，使结构抗力图接近弯矩设计值包络图。从图 5-11 可知，四排弯起钢筋弯起点形成的结构抗力图大于弯矩设计值包络图，故弯起钢筋位置不需要调整。根据全梁承载力校核结果，并考虑构造要求，绘出标准跨径 20m 的装配式钢筋混凝土 T 梁配筋图(图 5-12)。

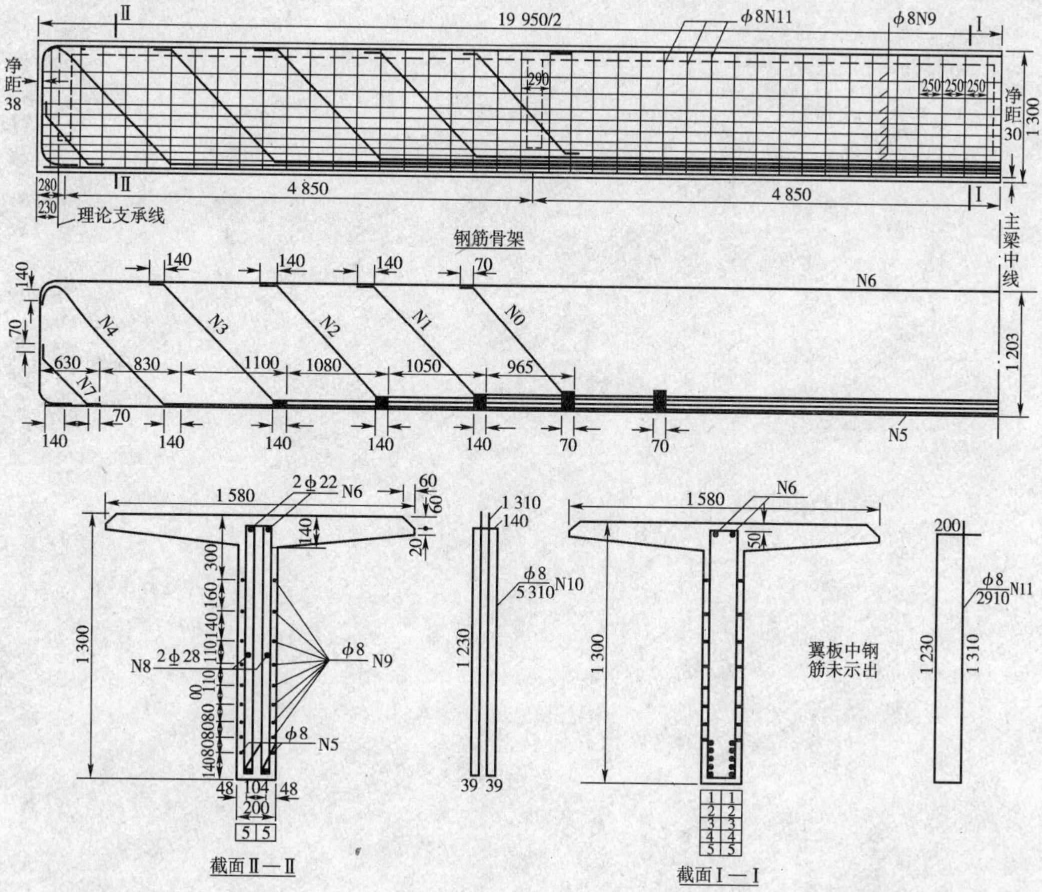

图 5-12 20m 的装配式 T 梁配筋图(尺寸单位：mm)

思 考 题

1. 为什么梁一般在跨中产生垂直裂缝而在支座附近产生斜裂缝？

2. 什么是剪跨比？它对梁的斜截面抗剪有什么影响？

3. 影响梁斜截面抗剪承载力的主要因素有哪些？

4. 梁斜截面破坏的主要形态有哪几种？它们分别在什么情况下发生？破坏性质如何？

5. 有腹筋梁斜截面受剪承载力计算公式有什么适用限制条件？其意义如何？

6. 梁内箍筋有哪些作用？其主要构造要求有哪些？

7. 什么叫结构抗力图（或材料图）？如何绘制？它与弯矩设计值包络图有什么关系？

8. 斜截面抗剪承载力计算的内容及方法步骤如何？从受力角度说明箍筋、斜筋的作用。

9. 影响斜截面水平投影长度 C 的因素有哪些？斜截面水平投影长度在斜截面抗剪承载力计算中的作用是什么？

10. 什么是钢筋的“充分利用点”？在利用纵向受拉钢筋作为斜筋时，为何必须将该钢筋伸过充分利用点至少 $h_0/2$ 才能弯起？

第六章　钢筋混凝土受弯构件短暂状况应力计算

第一节　正截面应力验算

一、概　　述

《可靠度统一标准》(GB/T 50283)规定,公路桥梁结构必须符合的功能要求之一是在正常施工和正常使用时,能够承受可能出现的各种作用。短暂状况所对应的是结构构件的制作、运输和安装等施工阶段,这个阶段的持续时间相对于使用阶段是短暂的,结构体系、结构所受作用等与使用阶段也不同,结构设计时要根据具体情况而定。钢筋混凝土受弯构件在施工阶段,尤其是其运输与安装过程中,其受力条件会发生变化(如吊点截面会出现负弯矩)。因此,需要根据构件在施工中的实际受力体系进行验算,以保证构件的安全。

当进行构件运输和安装计算时,构件的自重应乘以动力系数。动力系数应按《通用规范》(JTG D60)的规定采用。

在施工阶段,钢筋混凝土结构材料处于弹性工作阶段。因此,按短暂状况设计时施工阶段的应力计算以“第Ⅱ阶段”进行,并可做如下假定,即:

(1)截面变形符合平截面假定;

(2)受压区混凝土的法向应力图形为三角形,即认为受压区混凝土处于弹性工作状态,其应力与应变成正比;

(3)受拉区混凝土不参加工作,拉应力全部由钢筋承受。

据上述三项基本假定,即可作出钢筋混凝土构件在施工阶段的应力图式(图 6-1)。但是,钢筋混凝土梁并非匀质材料所组成,不能直接应用匀质梁的公式来计算,需要引入换算截面的概念。所谓换算截面,就是将钢筋和混凝土两种不同的材料所组成的实际截面换算成一种功能相同(变形条件不变而受力效能相等)的单一材料所组成的截面。

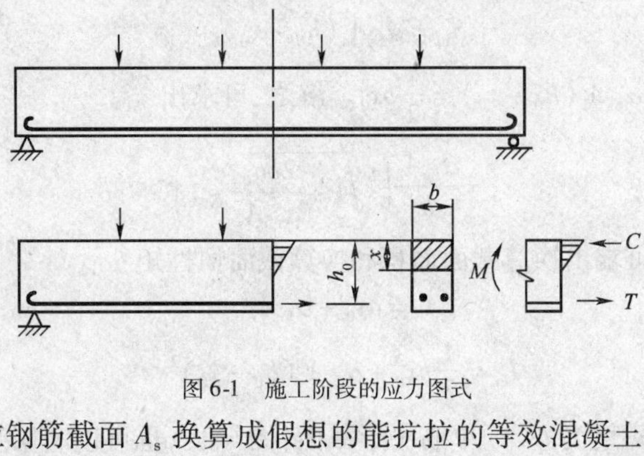

图 6-1　施工阶段的应力图式

通常,将纵向受拉钢筋截面 A_s 换算成假想的能抗拉的等效混凝土截面 A_{co}。这种假想的能抗拉的混凝土位于抗拉钢筋的重心处,其应变 ε_t 等于主筋重心处的实际应变 ε_s。其抗拉及抗压弹性模量值均等于实际受压时的弹性模量 E_s。因为 $\varepsilon_t=\varepsilon_s$，而 $\varepsilon_t=\dfrac{\sigma_t}{E_c}$，$\varepsilon_s=\dfrac{\sigma_s}{E_s}$，所以 $\sigma_s=E_s\varepsilon_t=\dfrac{E_s}{E_c}\sigma_t=\alpha_{Es}\sigma_t$ 或 $\sigma_t=\dfrac{1}{\alpha_{Es}}\sigma_s$。

换算截面与实际截面应具有相同的承载力，故假想的抗拉钢筋混凝土的总拉力应该与主梁所承受的总拉力相等，即：$A_{co}\sigma_t=A_s\sigma_s$。又由于 $\sigma_s=\alpha_{Es}\sigma_t$，故

$$A_{co}=\alpha_{Es}A_s \tag{6-1}$$

式中：$\alpha_{Es}=E_s/E_c$。

式(6-1)的物理意义在于抗拉钢筋截面面积 A_s 可以用位于钢筋重心处截面面积为 $\alpha_{Es}A_s$ 的假想的能抗拉的混凝土截面来代替。按照上述的换算规则，位于受压区的受压钢筋截面面积 A'_s 也可以用位于受压钢筋截面重心处截面面积为 $\alpha_{Es}A'_s$ 的混凝土来代替。

在换算截面中，假想的混凝土应力为主筋应力 σ_s 的 $1/\alpha_{Es}$ 倍，而假想混凝土面积 A_{co} 则为主筋面积 A_s 的 α_{Es} 倍。

在匀质梁中，中性轴通过截面形心。引入换算截面的概念后，则可以认为钢筋混凝土梁截面的中性轴通过其换算截面的形心。因此，换算截面受拉区对中性轴的面积矩 S_{to} 必等于其受压区对中性轴的面积矩 S_{co}，即：$S_{to}=S_{co}$。

对于单筋矩形截面而言，受压区也是矩形，其高度为 x_0，宽度为 b。换算截面受压区高度 x_0 可以由换算截面各分块面积对截面中性轴的面积矩之和为零的条件求得。如图 6-2 所示。

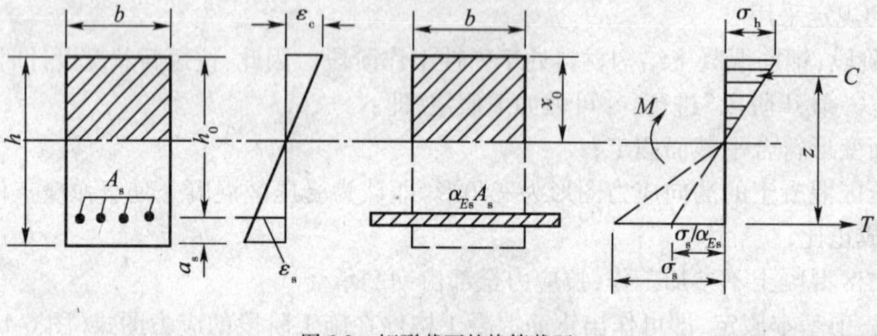

图 6-2　矩形截面的换算截面

$$S_{co}=bx_0\cdot\frac{x_0}{2}=\frac{1}{2}bx_0^2 \tag{6-2}$$

换算截面受拉区面积为 $A_t=\alpha_{Es}A_s$，面积矩为：

$$S_{to}=\alpha_{Es}A_s(h_0-x_0) \tag{6-3}$$

因为 $S_{to}=S_{co}$，所以 $\alpha_{Es}A_s(h_0-x_0)=\dfrac{1}{2}bx_0^2$。解之，可求出 x_0。

$$x_0=\frac{\alpha_{Es}A_s}{b}\left(\sqrt{1+\frac{2bh_0}{\alpha_{Es}A_s}}-1\right) \tag{6-4}$$

在求出 x_0 之后，即可求出换算截面面积和换算截面惯性矩：

$$A_0=bx_0+\alpha_{Es}A_s \tag{6-5}$$

$$I_{cr}=\frac{1}{3}bx_0^3+\alpha_{Es}A_s(h_0-x_0)^2$$

对于受压翼缘有效宽度为 b'_f 的单筋 T 形截面(图 6-3)，也可以利用受拉区面积矩和受压区面积矩相等的条件求得受压区高度 x_0，即：

$$\alpha_{Es}A_s(h_0 - x_0) = \frac{1}{2}bx_0^2 + (b'_f - b)h'_f\left(x_0 - \frac{h'_f}{2}\right) \tag{6-6}$$

在求出 x_0 之后，当 $x_0 \leqslant h'_f$ 时，可按有效宽度为 b'_f 的矩形截面来计算开裂截面的换算截面几何特性，即：

$$A_0 = b'_f x_0 + \alpha_{Es}A_s \tag{6-7}$$

$$I_{cr} = \frac{1}{3}b'_f x_0^3 + \alpha_{Es}A_s(h_0 - x_0)^2 \tag{6-8}$$

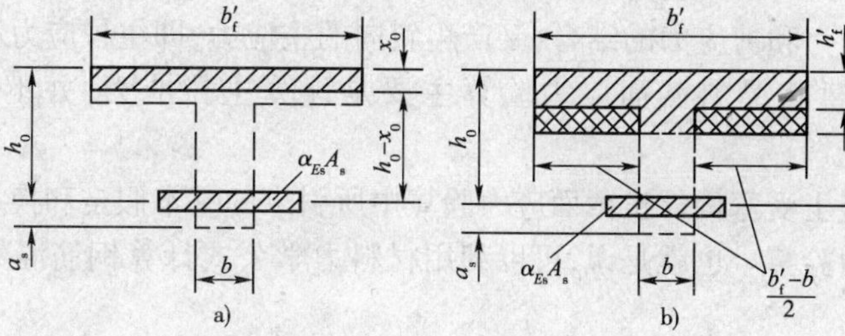

图6-3　T形截面的换算截面

当 $x_0 > h'_f$ 时，中性轴位于梁肋内，这时开裂截面的换算截面几何特性按下式计算：

$$A_0 = bx_0 + (b'_f - b)h'_f + \alpha_{Es}A_s \tag{6-9}$$

$$I_{cr} = \frac{1}{3}b'_f x_0^3 - \frac{1}{3}(b'_f - b)(x_0 - h'_f)^3 + \alpha_{Es}A_s(h_0 - x_0)^2 \tag{6-10}$$

二、正截面应力验算

在验算钢筋混凝土受弯构件截面应力时，梁的截面尺寸、材料强度设计值、钢筋数量及其布置以及在施工过程中由构件自重及临时施工荷载标准值产生在控制截面上的弯矩 M_k^t 均为已知条件。在引入换算截面的概念并求得相应的换算截面几何特性之后，就可以将实际截面看作是由匀质弹性材料组成的截面，进而利用材料力学公式进行应力验算。受弯构件正截面应力验算的表达式及《桥规》(JTG D62)的要求如下：

(1)受压区混凝土边缘的压应力

$$\sigma_{cc}^t = \frac{M_k^t}{I_{cr}}x_0 \leqslant 0.8f'_{ck} \tag{6-11}$$

(2)受拉钢筋的应力

$$\sigma_{si}^t = \alpha_{Es}\frac{M_k^t}{I_{cr}}(h_{0i} - x_0) \leqslant 0.75f_{sk} \tag{6-12}$$

式中：M_k^t——由临时施工荷载标准值产生的弯矩值；

x_0——换算截面的受压区高度，按换算截面受压区和受拉区对中性轴面积矩相等的原则求得；

I_{cr}——开裂截面的换算截面惯性矩，根据已求得的受压区高度 x_0，按开裂换算截面对中性轴惯性矩之和求得；

σ_{si}^t——按短暂状况计算时受拉区第 i 层钢筋的应力；

h_{0i}——受压区边缘至受拉区第 i 层钢筋截面重心的距离；

f'_{ck}——施工阶段相应于混凝土立方体抗压强度 f'_{cu} 的混凝土轴心抗压强度标准值，按表2-2以直线内插取用；

f_{sk}——普通钢筋抗拉强度标准值，按表 2-7 采用。

经验算，截面应力不满足桥梁规范要求时，应调整施工方法或在构造上采取措施，如增设钢筋等。

第二节　斜截面应力验算

如第五章所述，受弯构件在荷载作用下，除由弯矩产生法向应力外，同时还伴随着剪力产生剪应力。由于法向应力和剪应力的结合，又产生斜向的主应力，即主拉应力和主压应力。钢筋混凝土受弯构件短暂状况斜截面应力验算主要是计算主拉应力，并不得超过《桥规》(JTG D62)规定的限值。

短暂状况钢筋混凝土受弯构件正截面应力验算中所引入的基本假定和换算截面的概念同样也适用于斜截面应力验算。也就是说，可以利用材料力学公式计算钢筋混凝土受弯构件斜截面应力。

一、钢筋混凝土梁的剪应力

从材料力学得知，匀质弹性体的剪应力可按下式计算：

$$\tau = \frac{VS}{bI} \tag{6-13}$$

式(6-13)表明，在梁宽 b 值不变的情况下，剪应力 τ 是随面积矩 S 而变化的。在梁的上、下边缘处 $S=0$，剪应力 $\tau=0$；在中性轴处面积矩最大($S=S_{max}$)，故剪应力最大($\tau=\tau_{max}$)；中间值按二次抛物线规律变化(图 5-1)。

对于钢筋混凝土梁，其剪应力计算是以第Ⅱ阶段应力图形作为计算基础的。将换算截面的几何特征值(惯性矩 I_{cr} 和截面面积矩 S_0)直接代入材料力学公式，即可计算钢筋混凝土构件的剪应力值。

$$\tau = \frac{V_k^t S_0}{bI_{cr}} \tag{6-14}$$

式中：V_k^t——由施工荷载标准值产生的剪力值；

I_{cr}——换算截面惯性矩；

b——矩形截面宽度、T 形或工字形截面的腹板宽度；

S_0——所求应力处水平纤维以上(或以下)部分换算面积对换算截面重心轴的面积矩。

按式(6-14)计算出的钢筋混凝土矩形截面梁和 T 形截面梁剪应力沿截面高度方向的分布情况如图 6-4 所示。

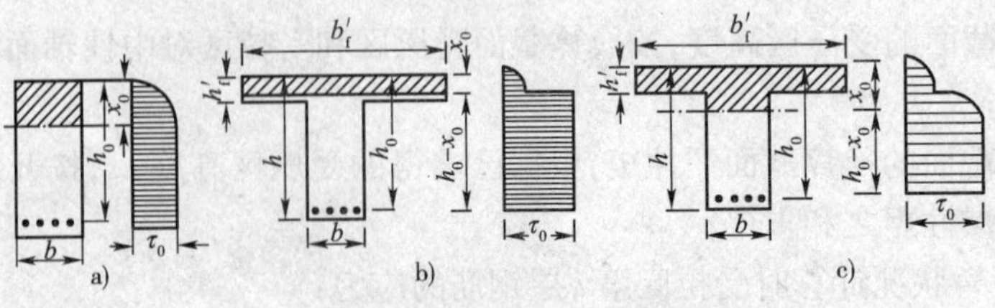

图 6-4　钢筋混凝土梁的剪应力分布图

从图 6-4 可以看出，对钢筋混凝土矩形截面梁，剪应力沿截面高度方向的分布规律是：受压区与匀质梁相同，而在受拉区(h_0-x_0)高度范围内 τ 值不变。这是因为受拉区不考虑混凝土的抗拉作用，任一层纤维处的面积矩 S_0 为一常数，其值为 $\alpha_{Es}A_s(h_0-x_0)$，即 $S_0=\alpha_{Es}A_s(h_0-x_0)$。

对钢筋混凝土T形截面梁，当 $x_0<h'_f$ 时，中性轴以上受压区剪应力沿截面高度方向的分布与矩形截面梁相同，即在梁的上边缘处剪应力 $\tau=0$，在 (h'_f-x_0) 的高度范围内剪应力按二次抛物线规律变化，$\tau=\frac{V_k^t S_0}{b'_f I_{cr}}$；在中性轴处，由于宽度发生变化（$b'_f$ 改变为 b），剪应力形成突变；中性轴以下 $(h_0-h'_f)$ 高度范围内 τ 值保持不变且达到最大值 τ_0，$\tau_0=\frac{V_k^t S_0}{bI_{cr}}$。当 $x_0=h'_f$ 时，在梁的上边缘处剪应力 $\tau=0$，在 x_0 接近 h'_f 处剪应力 $\tau=\frac{V_k^t S_0}{b'_f I_{cr}}$，中间剪应力按二次抛物线规律变化；在中性轴处，由于宽度发生变化（b'_f 改变为 b），剪应力形成突变，中性轴以下 $(h_0-h'_f)$ 或 (h_0-x_0) 高度范围内 τ 值保持不变且达到最大值 τ_0，$\tau_0=\frac{V_k^t S_0}{bI_{cr}}$。当 $x_0>h'_f$ 时，在梁的上边缘处剪应力 $\tau=0$，在 $x_0=h'_f$ 处剪应力 $\tau=\frac{V_k^t S_0}{b'_f I_{cr}}$，中间值按二次抛物线规律变化；在 $x_0=h'_f$ 处因宽度发生变化（b'_f 改变为 b），剪应力形成转折点；在 $(x_0-h'_f)$ 高度范围内，τ 值仍按二次抛物线规律变化；在中性轴处，τ 值达到最大值 τ_0，即 $\tau_0=\frac{V_k^t S_0}{bI_{cr}}$；中性轴以下 (h_0-x_0) 高度范围内 τ 值保持不变，即 $\tau=\tau_0$。

图6-4表明，钢筋混凝土梁中性轴处剪应力达到最大值 τ_0，并在整个受拉区保持不变。

为简化计算，等高度钢筋混凝土梁的最大剪应力 τ_0 通常采用一个等价公式来计算。

$$\tau_0=\frac{V}{bz} \tag{6-15}$$

式中：z——受压区混凝土合力至受拉钢筋合力点的距离（内力偶臂），在初步计算时亦可近似地取用下列数值：单筋矩形梁，$z\approx 7/8h_0$，双筋矩形梁，$z\approx 0.9h_0$，T形梁，$z\approx 0.92h_0$ 或 $z\approx h_0-h'_f/2$。

二、钢筋混凝土梁的主应力

从材料力学得知，匀质梁主应力的大小和方向可按下列公式计算。

主拉应力

$$\sigma_{tp}=\frac{\sigma}{2}-\sqrt{\frac{\sigma^2}{4}+\tau^2} \tag{6-16}$$

主压应力

$$\sigma_{cp}=\frac{\sigma}{2}+\sqrt{\frac{\sigma^2}{4}+\tau^2} \tag{6-17}$$

主拉应力方向

$$\tan 2\alpha=-\frac{2\tau}{\sigma} \tag{6-18}$$

式中，σ 以压应力为正，以拉应力为负。

按式(6-16)～式(6-18)分析钢筋混凝土梁的主应力及其迹线（图6-5），可注意到如下特点：

(1)受压区法向应力 σ 和剪应力 τ 的分布与匀质梁相同，其主应力迹线的变化规律也与匀质梁相同。

(2)在中性轴处，由于 $\sigma=0$，$\tau=\tau_0$，故 $\sigma_{tp}=\sigma_{cp}=\tau_0$，主平面方向为 $\tan2\alpha=\infty$，$\alpha=45°$。主拉应力与梁轴线成45°的交角。

(3)受拉区不考虑混凝土的抗拉作用，$\sigma=0$，$\tau=\tau_0$，且数值保持不变，故 $\sigma_{tp}=\sigma_{cp}=\tau_0$，主应力迹线呈直线，主拉应力与梁轴线成45°的交角。

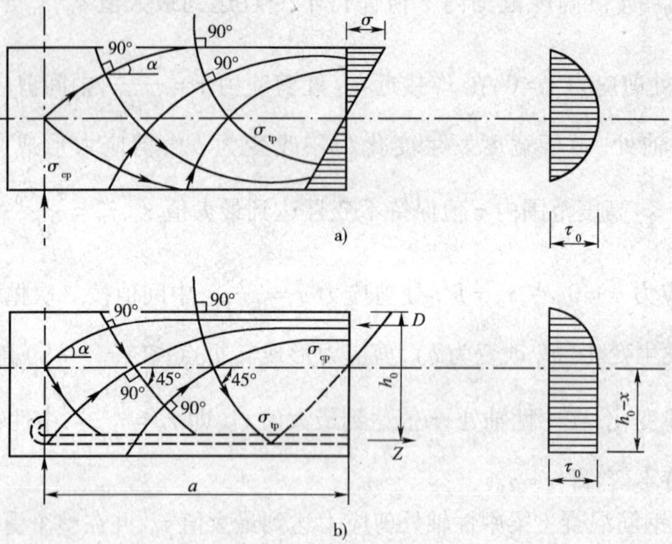

图6-5　主应力轨迹图

a)匀质梁；b)钢筋混凝土梁

在钢筋混凝土梁中性轴处及整个受拉区中主拉应力达到最大值，且在数值上等于主压应力，也等于最大剪应力，即：

$$\sigma_{tp}=\sigma_{cp}=\tau_0=\frac{V}{bz} \tag{6-19}$$

主拉应力的方向与梁轴线成45°的交角。

由于主拉应力与主压应力以及最大剪应力在数值上相等，考虑到混凝土的抗拉强度最低，故只验算主拉应力，而不必验算主压应力和剪应力。因此，钢筋混凝土受弯构件短暂状况斜截面应力验算就是计算中性轴处的主拉应力 σ_{tp}。《桥规》(JTG D62)规定，钢筋混凝土受弯构件中性轴处的主拉应力(剪应力)σ_{tp}应符合下列规定：

$$\sigma_{tp}=\frac{V_k^t}{bz}\leqslant f'_{tk} \tag{6-20}$$

式中：V_k^t——由施工荷载标准值产生的剪力值；

b——矩形截面宽度、T形或工字形截面的腹板宽度；

z——受压区混凝土合力至受拉钢筋合力点的距离(内力偶臂)，按受压区应力图形为三角形计算确定；

f'_{tk}——施工阶段相应于混凝土立方体抗压强度 $f'_{cu,k}$ 的混凝土轴心抗拉强度标准值。

钢筋混凝土受弯构件中性轴处主拉应力符合下列条件时，主拉应力全部由混凝土承受，此时抗剪钢筋按构造要求配置：

$$\sigma_{tp} \leqslant 0.25 f'_{tk} \tag{6-21}$$

对于中性轴处主拉应力不符合式(6-21)的区段,则主拉应力(剪应力)全部由箍筋和弯起钢筋承受。箍筋和弯起钢筋可按剪应力图配置(图6-6),并根据下列公式计算。

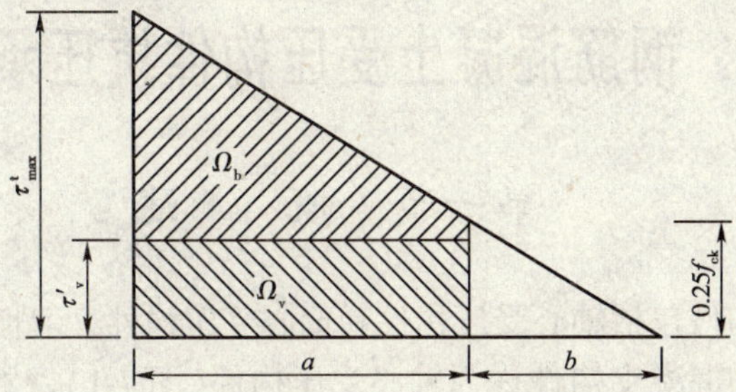

图6-6　钢筋混凝土受弯构件的剪应力图分配

(1)箍筋

$$\tau^t_v = \frac{nA_{sv1}[\sigma^t_s]}{bs_v} \tag{6-22}$$

(2)弯起钢筋

$$A_{sb} \geqslant \frac{b\Omega_b}{[\sigma^t_s]\sqrt{2}} \tag{6-23}$$

式中:τ^t_v——由箍筋承受的主拉应力(剪应力)值;

n——同一截面内箍筋的肢数;

$[\sigma^t_s]$——按短暂状况设计时钢筋应力限值,取$[\sigma^t_s]=0.75f_{sk}$;

A_{sv1}——肢箍筋的截面面积;

s_v——箍筋的间距;

b——矩形截面宽度、T形或工字形截面的腹板宽度;

A_{sb}——弯起钢筋的总截面面积;

Ω_b——相应于由弯起钢筋承受的剪应力图的面积。

思 考 题

1. 钢筋混凝土受弯构件按短暂状况设计施工阶段应力计算假定的具体内容是什么?
2. 什么是换算截面?为什么要引入换算截面的概念?
3. 如何计算钢筋混凝土矩形截面、T形截面的换算截面的几何特征值?
4. 钢筋混凝土梁截面的剪应力大小及分布规律与匀质梁有何异同?为什么?
5. 钢筋混凝土梁内主应力迹线与匀质梁有什么不同?

第七章　钢筋混凝土受压构件抗压承载力计算

第一节　概　　述

钢筋混凝土受压构件包括轴心受压构件和偏心受压构件。习惯上把纵向外压力作用与受压构件轴线重合的钢筋混凝土构件称为轴心受压构件（图7-1）。在实际工程结构中，由于构件制作安装的误差以及混凝土本身的非均匀性质等原因，几乎没有真正的轴心受压构件。但是，在设计以永久作用为主的受压柱及受压腹杆时，往往因纵向外压力的偏心距很小而忽略其偏心影响，简化为轴心受压构件。

若纵向外压力作用线偏离构件轴线或同时作用有轴向压力及弯矩的钢筋混凝土构件称之为偏心受压构件（图7-2）。纵向外压力 N_d 的作用点与构件截面形心的距离称之为偏心距，并用 e_0 表示。当受压构件截面承受着偏离构件轴线距离为 e_0 的纵向压力 N_d 时，与同时承受轴向压力 N 和弯矩 $M_d = N_d e_0$ 等效。反之，同时承受轴向压力 N_d 和弯矩 M_d 的受压构件与只承受偏心矩 $e_0 = M_d/N_d$ 的纵向偏心压力 N 等效。仅承受偏心纵向压力的构件或同时承受轴向压力及弯矩的构件统称为偏心受压构件。

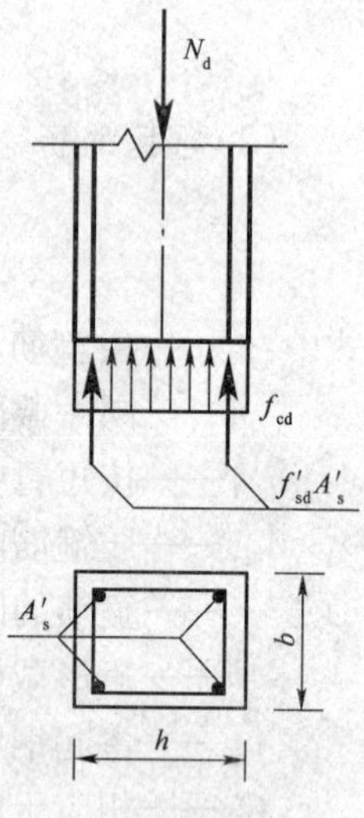

图7-1　轴心受压构件

1. 轴心受压构件

根据所配置的钢筋不同，钢筋混凝土轴心受压构件划分为两种形式，即普通箍筋柱（配置有纵向受力钢筋和普通箍筋的轴心受压构件，见图7-3）和螺旋箍筋柱（配置有纵向受力钢筋、密集的螺旋箍筋或焊接环形箍筋且能满足构造要求的轴心受压构件，见图7-4）。

1）普通箍筋柱

轴心受压构件截面一般采用正方形或矩形，也可采用圆形截面。为简化模板和方便施工，柱的截面尺寸宜使用整数，在800mm以下时宜取50mm的倍数，如300mm、350mm、400mm。若截面尺寸在800mm以上时，则可取100mm的倍数，如800mm、900mm、1000mm等。

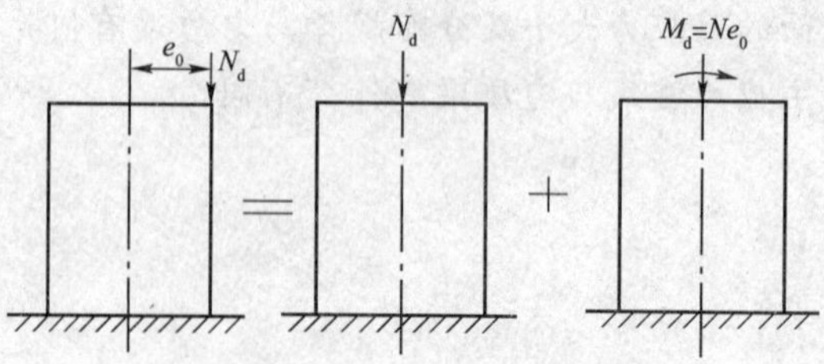

图7-2　偏心受压构件

受压构件用混凝土一般采用C25、C30、C35、C40，必要时也可采用强度等级更高的混凝土。混凝土的强度等级对受压构件承载力影响较大，采用强度等级较高的混凝土，可以减小截面尺寸，节省钢材。

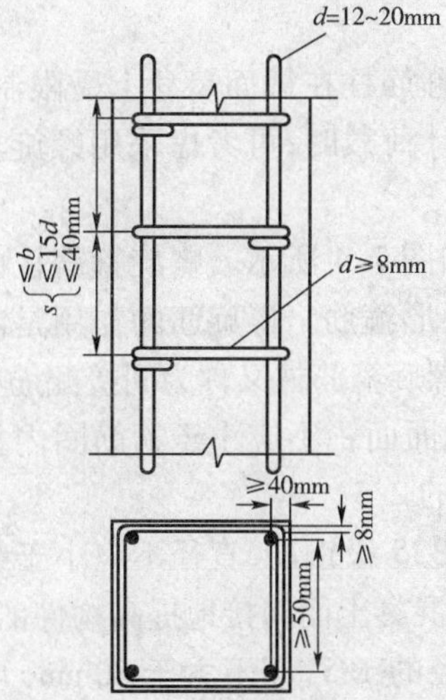

图 7-3　普通箍筋柱

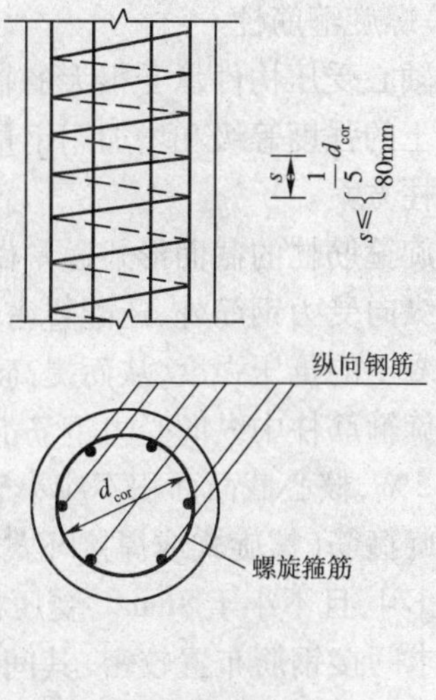

图 7-4　螺旋箍筋柱

受压构件中纵向钢筋是受压构件的主筋，一般采用热轧钢筋，如 HRB335 级、HRB400 级，不宜采用高强度钢筋。若采用高强度钢筋，在其与混凝土共同受压时不能充分发挥高强度的作用。纵向受力钢筋的直径不应小于 12mm，其净距不应小于 50mm 且不应大于 350mm。对于水平浇筑的预制件的纵向钢筋最小净距按受弯构件的有关规定处理。

通常纵向钢筋的配筋率[按全截面面积计算，即：$\rho' = A'_s/(bh)$]不应小于 0.5%；当混凝土强度等级高于 C50（包括 C50）时配筋率不应小于 0.6%；同时，一侧钢筋的配筋率不应小于 0.2%。构件的全部纵向配筋率不宜超过 5%。

一般情况下，适宜的配筋率在 0.5% ~1.5%之间。纵筋的保护层厚度可按梁的有关规定取用。

柱内除了配置纵向钢筋外，横向围绕纵向钢筋还配置有箍筋，箍筋与纵向钢筋形成钢筋骨架。箍筋的形式如图 7-5 所示，其作用是固定纵筋，缩短纵向钢筋的自由变形长度，防止纵向钢筋压曲。因此，箍筋应做成封闭式。箍筋一般采用 R235 级、HRB335 级钢筋，其直径不应小于纵向钢筋直径的 1/4，且不小于 8mm。箍筋间距不应大于纵向钢筋直径的 15 倍（圆形截面采用 0.8 倍直径）并不大于 40mm。在纵向钢筋的搭接范围内箍筋间距不应大于搭接受压钢筋直径的 10 倍，且不大于 200mm。纵向钢筋截面面积大于 3% 时，箍筋间距不应大于纵向钢筋直径的 10 倍，且不大于 200mm。

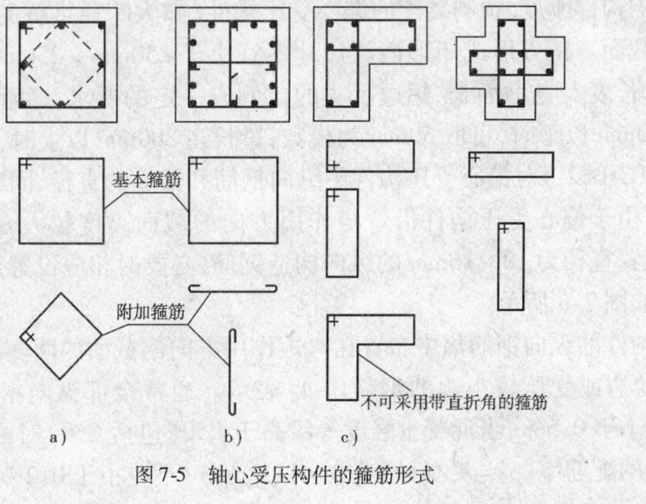

图 7-5　轴心受压构件的箍筋形式

2)螺旋箍筋柱

当轴心受压构件承受很大的轴心压力且使用普通箍筋柱在截面尺寸上受限制时,即使提高混凝土的强度等级和增加用钢量后仍不足以承受设计荷载时,可考虑采用螺旋箍筋柱或焊接环筋柱方案。

螺旋箍筋柱的截面形式通常做成圆形或八角形,如图 7-4 所示。螺旋箍筋柱的配筋特点是除了纵向受力钢筋外,还配置密集的螺旋形或焊接环形箍筋。螺旋筋的作用是间接地提高核心混凝土的抗压强度,从而提高柱的承载力。因此,螺旋箍筋柱又称为间接配筋柱。

螺旋箍筋柱中纵向受力钢筋沿圆周均匀布置,其截面面积不应小于箍筋圈内核心截面面积的 0.5%,核心截面面积不应小于构件整个截面面积的 2/3。

螺旋箍筋(螺旋式或焊接环式间接钢筋)常用 HRB335 级钢筋,直径不应小于纵向钢筋的直径的 1/4,且不小于 8mm。受压构件靠间接钢筋围箍混凝土而间接地提高构件的承压能力,所以要求间接钢筋布置较密,其间距不应大于核心直径的 1/5,亦不大于 80mm,且不应小于 40mm,以便浇筑混凝土时粗集料可以顺利通过。

螺旋箍筋的数量一般以换算截面面积(将螺旋箍筋的截面面积折算成相当的纵向钢筋截面面积)A_{so}来表示,即以一圈螺旋箍筋的体积除以螺旋箍筋的间距而得:

$$A_{so}=\frac{\pi d_{cor}A_{so1}}{s} \tag{7-1}$$

式中:A_{so}——螺旋箍筋的换算截面面积;

d_{cor}——构件截面的核心直径;

A_{so1}——单根螺旋箍筋的截面面积;

s——沿构件轴线方向螺旋箍筋的螺距或间距。

为确保发挥螺旋箍筋的作用,《桥规》(JTG D62)规定,螺旋箍筋的换算截面面积 A_{so}不小于全部纵向钢筋截面面积的 25%。螺旋箍筋的配筋率($\rho_{so}=A_{so}/A_{cor}$,其中 A_{cor}为构件核心混凝土截面面积)一般不小于 0.8% ~1.0%,但也不宜大于 2.5% ~3.0%。

2. 偏心受压构件

偏心受压构件广泛应用于公路桥涵工程中,如钢筋混凝土拱桥的主拱圈、刚架桥的支柱、桥墩柱等。

偏心受压构件常用的截面形式有矩形、圆形和环形截面。为节省混凝土用量,减轻构件的起吊重量和增加构件刚度,预制装配的偏心受压构件(如大跨径拱桥的主拱圈)亦多采用工字形截面或箱形截面。正方形或矩形截面尺寸不宜小于 250mm × 250mm。为避免构件过于细长,构件的计算长度 l_0 与截面长、短边尺寸的比例有一定的要求,通常取 $l_0/b\leqslant 30$,$l_0/h\leqslant 25$。截面边长在 800mm 以下时,可取 50mm 为模数;边长在 800mm 以上时,可取 100mm 为模数。

《桥规》(JTG D62)对偏心受压构件中纵向钢筋和箍筋的直径、间距等要求与轴心受压构件相同。但是,由于偏心受压构件沿弯矩作用方向的截面高度较大,当截面高度 $h\geqslant 600$mm 时,在侧面应设置直径为 10 ~16mm 的纵向构造钢筋,必要时相应设置复合箍筋。偏心受压构件的箍筋形式如图 7-6 所示。

偏心受压构件的纵向钢筋集中布置在弯矩作用方向的截面的两侧。受压较大边的钢筋用 A'_s 表示,而受拉边或受压较小边的钢筋用 A_s 表示。通常全部纵向钢筋的配筋率 $\rho=(A_s+A'_s)/(bh)$不应小于 0.5%,当混凝土强度等级高于 C50(包括 C50)时配筋率不应小于 0.6%;同时,一侧钢筋的配筋率[$\rho'=A_s/(bh)$或 $\rho=A'_s/(bh)$]不应小于 0.2%。

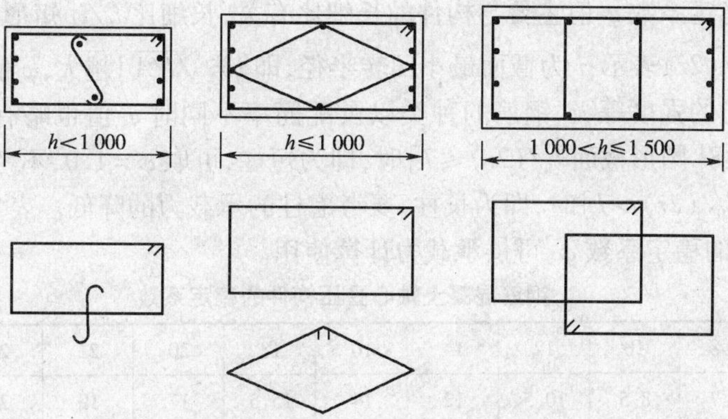

图 7-6　偏心受压构件的箍筋形式

第二节　轴心受压构件正截面抗压承载力计算

一、普通箍筋柱

1. 破坏形态

配置有纵向受力钢筋和普通箍筋的短柱(长细比较小的构件)在轴心荷载 N_d 作用下,整个截面上的应力分布大体上是均匀的。钢筋和混凝土将产生共同的压缩变形。当荷载不大时,混凝土处于弹性工作阶段,压缩变形的增加与外力成正比。随着荷载增加,混凝土的塑性变形有所发展。在弹塑性阶段,钢筋的应力比混凝土的应力增加要快。随着荷载的持续增加,混凝土的应力逐渐减小,柱中出现细微裂缝,钢筋的压应力逐渐增大。当柱破坏时,由于混凝土的横向变形,箍筋间的纵筋发生压曲现象(图 7-7)。

钢筋混凝土短柱的抗压极限应变一般在 0.002 5 ~ 0.003 5 之间,设计时可偏安全地取 $\varepsilon_0 = 0.002$,相应的纵向钢筋的应变为 0.002,混凝土达到轴心抗压强度,钢筋的最大应力值为 $\sigma'_s = \varepsilon'_s E_s = \varepsilon_0 E_s = 0.002 \times 2.0 \times 10^5 = 400(\text{MPa})$,即纵向钢筋的最大抗压强度仅能发挥到 400MPa。

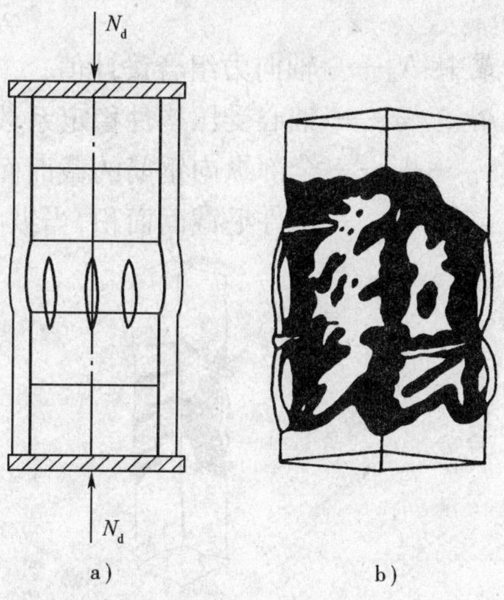

图 7-7　短柱的破坏情况

柱的截面尺寸对于柱的破坏特征影响很大。试验表明,对于长细比[对于矩形截面柱,指柱的计算长度 l_0 和截面的短边长度 b 的比值,即l_0/b;对圆形截面柱,指柱的计算长度 l_0 和圆形截面直径 $2r$ 的比值,即 $l_0/(2r)$,其中 r 为半径]较大的柱,即所谓长柱(图 7-8)。由于各种偶然因素造成初始偏心距,在荷载作用下,柱将产生附加弯矩和相应的挠度,侧向挠度又会加大初始偏心距。长柱是在弯矩和轴力共同作用下破坏的。长柱的破坏过程是:首先在凹边产生纵向裂缝,然后混凝土被压碎,纵向钢筋被压弯向外突出,凸边混凝土开裂,柱被压坏。长柱破坏时承载的荷载低于短柱破坏时承受的荷载。

为反映长细比较大时对柱的不利影响,通常引入稳定系数 φ 来表示柱的承载力的降低程度。试验表明，稳定系数 φ 值主要与构件的长细比有关，长细比 l_0/i[矩形截面可用 l_0/b 表示，圆形截面可用 $l_0/(2r)$ 表示；i 为截面最小回转半径，即 $i=\sqrt{I/A}$]越大，φ 值越小。对于长细比相同的柱，混凝土的强度等级、钢筋的种类以及配筋率不同时 φ 值也略有不同。对于矩形截面的柱，当 $l_0/b \leqslant 8$[圆形截面 $l_0/(2r) \leqslant 7$]时，即为短柱，可取 $\varphi = 1.0$，不考虑柱的承载力的降低。当 $l_0/b > 8$[$l_0/(2r) > 7$]时，即为长柱，要考虑柱的承载力的降低。表 7-1 给出了钢筋混凝土轴心受压构件的稳定系数 φ，可供承载力计算使用。

钢筋混凝土轴心受压构件的稳定系数 表 7-1

l_0/b	≤8	10	12	14	16	18	20	22	24	26	28
$l_0/(2r)$	≤7	8.5	10.5	12	14	15.5	17	19	21	22.5	24
l_0/i	≤28	35	42	48	55	62	69	76	83	90	97
φ	1.0	0.98	0.95	0.92	0.87	0.81	0.75	0.70	0.65	0.60	0.56
l_0/b	30	32	34	36	38	40	42	44	46	48	50
$l_0/(2r)$	26	28	29.5	31	33	34.5	36.5	38	40	41.5	43
l_0/i	104	111	118	125	132	139	146	153	160	167	174
φ	0.52	0.48	0.44	0.40	0.36	0.32	0.29	0.26	0.23	0.21	0.19

注：①表中 l_0 为构件计算长度；b 为矩形截面短边尺寸，r 为圆形截面半径，i 为截面最小回转半径；

②构件计算长度 l_0 与构件两端支承情况有关：当两端为固定，取 $l_0=0.5l$；当一端固定，一端为不移动的铰时，取 $l_0=0.7l$；当两端为不移动的铰时，取 $l_0=l$；当一端固定一端自由时，取 $l_0=2l$；l 为构件支点间长度。

2. 承载力计算公式

如图 7-9 所示，当钢筋混凝土轴心受压构件配有纵向钢筋和普通箍筋时，其正截面抗压承载力计算公式如下：

$$\gamma_0 N_d \leqslant 0.9\varphi(f_{cd}A + f'_{sd}A'_s) \tag{7-2}$$

式中：N_d——轴向力组合设计值；

φ——轴心受压构件稳定系数，按表 7-1 采用；

A'_s——全部纵向钢筋的截面面积；

A——构件毛截面面积，当纵向钢筋配筋率大于 3% 时，A 应改用 $A_n = A - A'_s$。

图 7-8 长柱的破坏情况

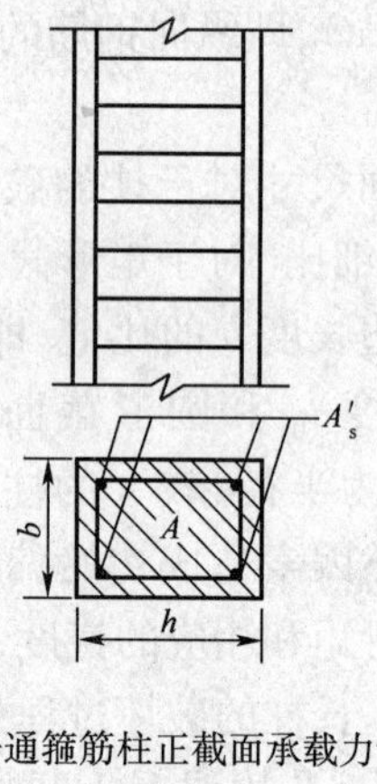

图 7-9 普通箍筋柱正截面承载力计算图式

3. 公式应用及计算示例

普通箍筋柱的正截面承载力计算，分为截面设计与截面承载力复核。

1）截面设计

已知：截面尺寸、构件计算长度 l_0、混凝土抗压强度等级，轴向力组合设计值。

求：纵向钢筋 A'_s。

首先，计算长细比（l_0/b），由表7-1查得相应的稳定系数 φ 值，再利用公式（7-2）计算所需纵向钢筋截面面积 A'_s。

$$A'_s=\frac{\gamma_0 N_d-0.9\varphi f_{cd}A}{0.9\varphi f'_{sd}} \tag{7-3}$$

按 A'_s 计算值及构造要求选择并布置钢筋。

若构件截面面积 A 未知，可在适宜的配筋率范围（$\rho'=0.5\%\sim1.5\%$）内，选取 ρ' 值并暂设 $\varphi=1.0$。这时，可将 $A'_s=\rho' A$ 代入式（7-2），即：

$$\gamma_0 N_d\leqslant 0.9\varphi(f_{cd}A+f'_{sd}\rho' A)$$

故有：

$$A\geqslant\frac{\gamma_0 N_d}{0.9\varphi(f_{cd}+f'_{sd}\rho')} \tag{7-4}$$

在计算出所需构件截面面积 A 之后，结合构造要求选取截面尺寸。然后，再按构件的长细比（l_0/b）查表7-1得相应的稳定系数 φ 值，再由式（7-3）计算所需纵向钢筋截面面积 A'_s。

2）截面承载力复核

已知：截面尺寸、纵向钢筋 A'_s、构件计算长度 l_0，混凝土和钢筋的抗压强度设计值，轴向力组合设计值。

求：截面承载力 N_{du}。

首先，应检查纵向钢筋及箍筋的布置构造是否符合要求。由已知截面尺寸和构件计算长度 l_0 计算长细比（l_0/b），从表7-1查得 φ 值，再利用式（7-2）计算构件正截面承载力 N_{du}，且应满足 $N_{du}>\gamma_0 N_d$。

【例7-1】 某一现浇普通箍筋柱，其截面尺寸为250mm×250mm，柱高6.5m，底端固结，顶端铰接，纵向力组合设计值 $N_d=671.8\text{kN}$，结构重要性系数 $\gamma_0=1.0$。采用C25混凝土（$f_{cd}=11.5\text{MPa}$）和HRB335级钢筋（$f'_s=280\text{MPa}$）。

求：构件正截面纵筋用量，并进行钢筋布置。

解：因柱一端固定，一端为不移动的铰，其计算长度为：

$$l_0=0.7l=0.7\times6\,500=4\,550(\text{mm})$$

则 $\dfrac{l_0}{b}=\dfrac{4\,550}{250}=18.2$。据此，查表7-1，得 $\varphi=0.804$。

由式（7-3）计算所需纵向钢筋截面面积 A'_s：

$$A'_s=\frac{\gamma_0 N_d-0.9\varphi f_{cd}A}{0.9\varphi f'_{sd}}=\frac{1.0\times671.8\times10^3-0.9\times0.804\times11.5\times250^2}{0.9\times0.804\times280}=748.8(\text{mm}^2)$$

实际选用4Φ16，$A'_s=804\text{mm}^2$，钢筋布置见图7-10。柱的实际钢筋截面面积较需要值大10.7%，实际承载力为：

$$\begin{aligned}N_{du}&=0.9\varphi(f_{cd}A+f'_{sd}A'_s)\\&=0.9\times0.804\times(11.5\times250^2+280\times804)\\&=683.0\times10^3(\text{N})\\&=683.0(\text{kN})>\gamma_0 N_d=671.8(\text{kN})\end{aligned}$$

【**例 7-2**】 某一现浇普通箍筋柱，其截面尺寸为250mm×250mm，构件计算长度 $l_0=5$m，结构重要性系数 $\gamma_0=1.0$。采用 C25 混凝土（$f_{cd}=11.5$MPa），纵向钢筋采用 4 Φ 25 HRB335 级钢筋（$f'_s=280$MPa，$A'_s=1\,964$mm^2）。纵向力组合设计值 $N_d=800$kN。试复核此柱的承载力。

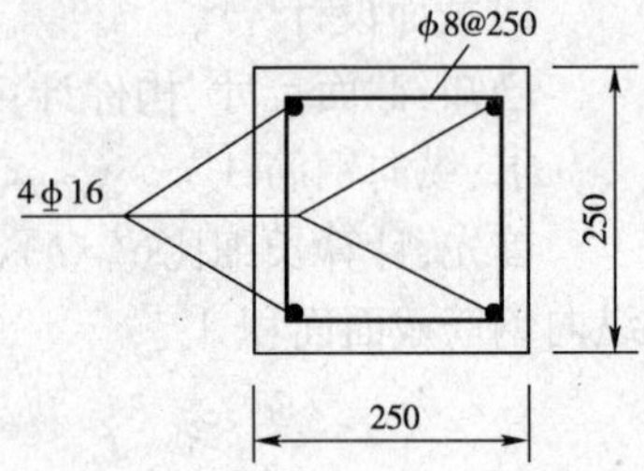

图 7-10 钢筋布置图（尺寸单位：mm）

解：柱内的纵向钢筋配筋率为：

$$\rho'=\frac{A'_s}{A}=\frac{1\,964}{250\times250}=3.14\%>3\%$$

故构件正截面面积改用：

$$A_n=A-A'_s=250\times250-1\,964=60\,536(\text{mm}^2)$$

以 $\frac{l_0}{b}=\frac{50\,000}{250}=20$，查表 7-1，得 $\varphi=0.75$。

由式(7-2)求柱的承载力 N_{du}，并以此判断其安全程度：

$$\begin{aligned}N_{du}&=0.9\varphi(f_{cd}A_n+f'_{sd}A'_s)\\&=0.9\times0.75\times(11.5\times60\,536+280\times1\,964)\\&=841.11\times10^3(\text{N})\\&=841.1(\text{kN})>\gamma_0N_d=800(\text{kN})\end{aligned}$$

故满足要求，该柱是安全的。

二、螺旋箍筋柱

1. 螺旋箍筋柱的破坏特征

长细比较小（$l_0/i\leqslant48$）的螺旋箍筋柱承受轴向压力时，包围着混凝土核心的密集的螺旋筋（或焊接环筋）如同套筒一样，阻止核心内混凝土的横向变形（横向膨胀），使混凝土处于三向受压状态，从而大大提高了核心部分混凝土的轴心抗压强度。试验表明，当轴向压力增加到一定数值时，混凝土保护层开始剥落。随着轴向压力的进一步增加，螺旋箍筋的应力也逐渐增大。最终，螺旋箍筋的应力达到屈服强度而失去对核心混凝土的约束作用，使混凝土压碎而破坏。由螺旋状或焊接环式箍筋提高的承载力约为同体积纵向钢筋的 2～2.5 倍。

需要指出，螺旋箍筋可以提高混凝土的抗压强度，而不能增加柱的稳定性。长细比较大（$l_0/i>48$）的螺旋箍筋柱承受轴向压力时有可能发生失稳破坏。构件破坏时，核心混凝土的横向变形不大，箍筋有可能发挥不出有效的约束作用或不起作用。为此，《桥规》（JTG D62）规定，对于长细比 $l_0/i>48$［相当于 $l_0/(2r)>12$］的螺旋箍筋柱，不考虑螺旋箍筋对核心混凝土的约束作用，应按普通箍筋柱计算其承载力。

2. 承载力计算公式

螺旋箍筋柱的承载力是由核心混凝土、纵向钢筋、螺旋筋或焊接环式箍筋三部分的承载力构成。根据图 7-11 所示的计算图形，其正截面承载力的计算公式为：

$$\gamma_0N_d\leqslant0.9(f_{cd}A_{cor}+f'_{sd}A'_s+kf_{sd}A_{so}) \tag{7-5}$$

式中：A_{cor}——构件的核心截面面积；

A_{so}——螺旋筋的换算截面面积；

f_{sd}——螺旋箍筋的抗拉强度设计值；

k——间接钢筋影响系数，混凝土强度等级在 C50 及以下时，取 $k=2.0$；混凝土强度等级

为 C50 ~ C80 时,取 $k=2.0\sim1.70$,中间值直线插入取用;

其他符号的意义同式(7-1)。

式(7-5)等号右边的第三项表示间接钢筋的作用。

利用式(7-5)进行螺旋箍筋柱正截面承载力计算时,还应注意以下几点:

(1)为防止混凝土保护层过早剥落,按式(7-5)计算出的构件抗压承载力不应超过同样材料和截面的普通箍筋柱的 1.5 倍,即应满足下式要求:

$$N_{du}=0.9(f_{cd}A_{cor}+f'_{sd}A'_s+kf_{sd}A_{so})\leqslant1.5\times0.9\varphi(f_{cd}A+f'_{sd}A'_s)$$
$$=1.35\varphi(f_{cd}A+f'_{sd}A'_s) \tag{7-6}$$

(2)当螺旋箍筋的换算截面面积、间距及构件的长细比不符合有关要求[$A_{so}<0.25A'_s$, $s>80\text{mm}$, $l_0/i>48$ 或 $l_0/(2r)>12$],或按式(7-5)计算出的抗压承载力小于按式(7-2)算得的抗压承载力时,就不应考虑间接钢筋的套箍作用,正截面抗压承载力按式(7-2)进行计算。

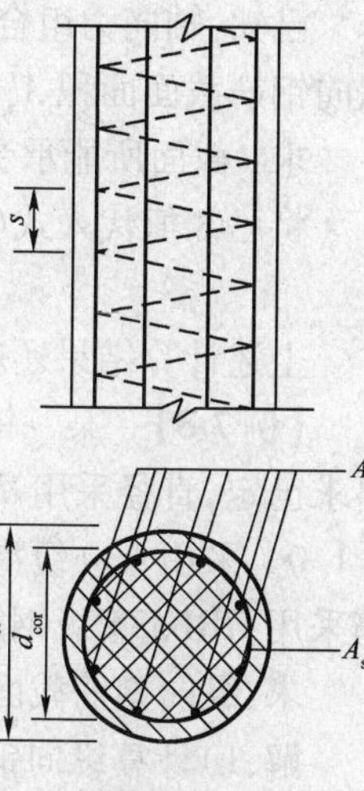

图 7-11 螺旋箍筋柱正截面承载力计算图

注:A_{so1} 为单杆间接钢筋的截面面积

3. 公式应用及计算示例

1)截面设计

已知:轴向力组合设计值 N_d,混凝土强度等级、钢号及构件计算长度 l_0。

求:构件截面面积 A、纵向钢筋截面面积 A'_s,螺旋筋的换算面积 A_{so}(求螺旋箍筋间距 s)。

当截面尺寸未知时,可将纵向钢筋 A'_s 和螺旋箍筋换算截面面积 A'_{so} 分别用配筋率表示($\rho'=A'_s/A_{cor}$, $\rho_{so}=A_{so}/A_{cor}$),再按式(7-5)求得构件核心截面面积 A_{cor}:

$$\gamma_0N_d\leqslant0.9(f_{cd}A_{cor}+f'_{sd}A'_s+kf_{sd}A_{so})=0.9(f_{cd}+f'_{sd}\rho'+kf_{sd}\rho_{so})A_{cor}$$

$$A_{cor}\geqslant\frac{\gamma_0N_d}{0.9(f_{cd}+\rho'f'_{sd}+k\rho_{so}f_{sd})} \tag{7-7}$$

设计时,可在经济配筋范围内选取 ρ' 和 ρ_{so},代入公式(7-7)求得构件核心截面面积 A_{cor}。一般可取 $\rho'=1\%\sim3\%$, $\rho_{so}=1\%\sim2.5\%$。

构件核心截面的直径 d_{cor} 按下式计算:

$$d_{cor}=\sqrt{\frac{4A_{cor}}{\pi}}=1.128\sqrt{A_{cor}} \tag{7-8}$$

构件直径 $d=d_{cor}+2(d_s+c)$(其中 d_s 为螺旋箍筋直径,c 为纵向受力钢筋的混凝土净保护层厚度),并取整数。

在确定构件尺寸后,则可按照实际的构件核心面积 A_{cor} 计算纵向钢筋截面积 $A'_s=\rho'A_{cor}$。再按式(7-5)求得螺旋箍筋的换算截面积:

$$A_{so}=\frac{\gamma_0N_d-0.9(f_{cd}A_{cor}+f'_{sd}A'_s)}{0.9kf_{sd}} \tag{7-9}$$

若已知螺旋箍筋的直径,则由式(7-1)求得螺旋箍筋的间距,即:

$$s\leqslant\frac{\pi d_{cor}A_{so1}}{A_{so}} \tag{7-10}$$

2)承载力复核

已知:轴向力组合设计值 N_d,混凝土强度等级、钢号及构件计算长度 l_0,构件截面面积 A、纵向钢筋截面面积 A'_s,螺旋筋的换算面积 A_{so}。

求:截面所能承受的纵向力 N_{du},并判断其安全程度。

将已知值代入式(7-5)计算截面所能承受的纵向力,即:

$$N_{du}=0.9(f_{cd}A_{cor}+f'_{sd}A'_s+kf_{sd}A_{so})>\gamma_0 N_d \tag{7-11}$$

上述计算结果还应符合公式(7-6)的要求。

【例 7-3】 某一钢筋混凝土圆形截面轴心受压柱,其计算长度 $l_0=3\text{m}$,截面尺寸根据构造要求已定,直径采用 $d=450\text{mm}$。承受的轴向力组合设计值 $N_d=2\ 875\text{kN}$,结构重要性系数 $\gamma_0=1.0$。采用 C30 级混凝土($f_{cd}=13.8\text{MPa}$),纵向钢筋采用 HRB400 级钢筋($f'_{sd}=330\text{MPa}$),箍筋采用 HRB335 级钢筋($f_{sd}=280\text{MPa}$)。

求:纵向钢筋截面面积 A'_s,螺旋筋的换算面积 A_{so}。

解:1)计算纵向钢筋的截面面积

因柱的长细比 $\dfrac{l_0}{d}=\dfrac{3\ 000}{450}=6.67<7$,故该柱属于短柱,可考虑螺旋箍筋的影响。

假设纵向钢筋的配筋率 $\rho'=0.01$,则此柱的核心直径为:

$$d_{cor}=450-2\times30=390(\text{mm})$$

$$A_{cor}=\frac{\pi}{4}d_{cor}^2=\frac{\pi}{4}\times390^2=119\ 400(\text{mm}^2)$$

纵向钢筋的截面面积:

$$A'_s=\rho' A_{cor}=0.01\times119\ 400\approx1\ 194(\text{mm}^2)$$

据此,选用 8 ⌀ 16,实际纵向钢筋截面面积 $A'_s=1\ 608\text{mm}^2$,钢筋布置如图 7-12 所示。

2)求螺旋箍筋的换算截面面积

利用式(7-9)求解,即:

$$A_{so}=\frac{\gamma_0 N_d-0.9(f_{cd}A_{cor}+f'_{sd}A'_s)}{0.9kf_{sd}}$$

$$=\frac{1.0\times2\ 875\times10^3-0.9\times(13.8\times119\ 400+330\times1\ 608)}{0.9\times2\times280}$$

$$=1\ 814.4(\text{mm}^2)$$

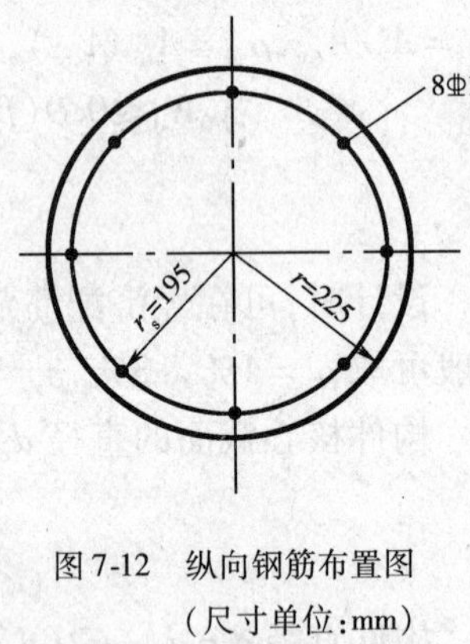

图 7-12 纵向钢筋布置图(尺寸单位:mm)

螺旋箍筋采用⌀ 10 的 HRB335 级钢筋,其截面面积 $A_{so1}=78.5\text{mm}^2$,螺旋箍筋间距按式(7-10)计算:

$$s\leqslant\frac{\pi d_{cor}A_{so1}}{A_{so}}=\frac{3.14\times390\times78.5}{1\ 814.4}=53.0(\text{mm})$$

取 $s=50\text{mm}$,满足不小于 40mm 并不大于 80mm 的构造要求。实际螺旋箍筋换算截面面积为:

$$A_{so}=\frac{\pi d_{cor}A_{so1}}{s}=\frac{3.14\times390\times78.5}{50}=1\ 922(\text{mm}^2)>0.25A'_s=0.25\times1\ 608=402(\text{mm}^2)$$

这说明应考虑螺旋箍筋的作用。

3)求截面的承载力

$$N_{du}=0.9(f_{cd}A_{cor}+f'_{sd}A'_{s}+kf_{sd}A_{so})$$
$$=0.9\times(13.8\times119\ 400+330\times1\ 608+2.0\times280\times1\ 922)$$
$$=2\ 929\ 212(\text{N})$$
$$\approx2\ 929.2(\text{kN})>\gamma_0N_d=1.0\times2\ 875=2\ 875(\text{kN})$$

$$N_{du}=2\ 929.2(\text{kN})\leqslant1.5\times0.9\varphi(f_{cd}A+f'_{sd}A'_{s})=1.35\times1.0\times(13.8\times\frac{\pi\times450^2}{4}+330\times1\ 608)=3\ 677.8(\text{kN})$$

故截面抗压承载力满足要求，构件是安全的。

第三节　矩形截面偏心受压构件正截面抗压承载力计算

一、概　述

同受弯构件一样，钢筋混凝土偏心受压构件也需要进行正截面承载力的计算。偏心受压构件正截面的受力特征与轴向压力的相对偏心距（偏心距与截面高度之比）、纵向钢筋的数量、钢筋强度和混凝土强度等级等因素有关。

1. 破坏形态

一般钢筋混凝土偏心受压构件的破坏大致上可分为两种情况，即大偏心受压破坏（亦称受拉破坏）和小偏心受压破坏（亦称受压破坏）。

当作用（或荷载）的相对偏心距较大且受拉钢筋配置不多时，钢筋混凝土构件正截面处于部分受压、部分受拉状态。随着作用的增加，首先在混凝土受拉区产生横向裂缝。作用加大，横向裂缝迅速开展，并向受压区延伸，截面逐渐出现一条明显的主裂缝，受拉钢筋应力先达到屈服，使受拉钢筋的变形发展大于受压变形，从而使受压区高度减少并出现纵向裂缝，导致混凝土被压碎，构件破坏。因此，大偏心受压构件的破坏特征与双筋截面受弯构件（适筋梁）相似。破坏时，总是受拉钢筋先达到抗拉屈服强度，受压区混凝土后达到抗压极限强度，同时受压钢筋亦达到抗压强度。大偏心受压构件破坏时的截面应力情况如图 7-13a）所示。

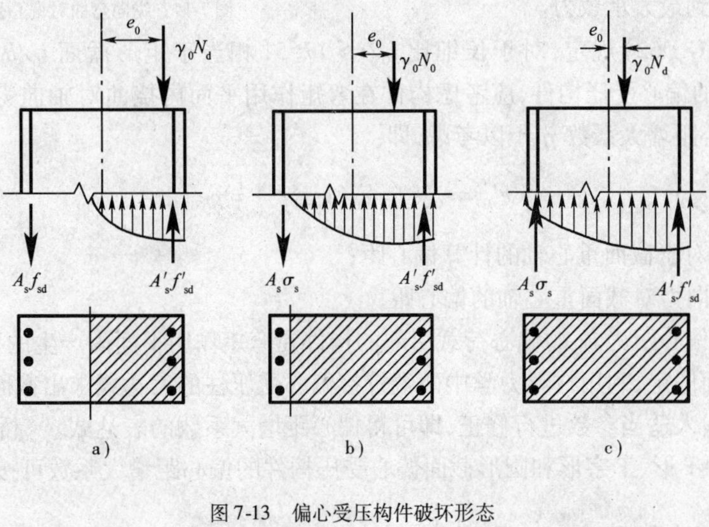

图 7-13　偏心受压构件破坏形态

当作用的相对偏心距较小，或虽然相对偏心距较大，但受拉钢筋配置较多时，钢筋混凝土构件正截面处于全截面受压状态，或处于部分受压、部分受拉状态。随着作用的不断增大，压应力较大的一侧出现裂缝，而无明显的主裂缝。当构件破坏时，靠近偏心纵向力一侧(压应力较大的一侧)的混凝土和受压钢筋的应力达到其抗压屈服强度，而远离偏心纵向力一侧的钢筋和混凝土可能受压，也可能受拉，钢筋应力一般未达到其抗压或抗拉强度。受压破坏是由于混凝土被压碎而引起的，无明显的预兆，属于脆性破坏。正是由于受压破坏是在轴向力的相对偏心距较小的情况下发生的，习惯上称之为小偏心受压破坏[图 7-13b)、图 7-13c)]。

大偏心受压构件与小偏心受压构件的破坏形态是有根本区别的。构件破坏时，受拉钢筋先达到屈服，则称为大偏心受压；而受压区混凝土先达到极限强度，则称为小偏心受压。在大、小偏心受压之间存在一个"界限"，其所对应的破坏称为"界限破坏"。界限破坏的特征是：受拉一侧有较明显的主裂缝，而受压一侧也有纵向裂缝，混凝土压碎区的长度介于受拉和受压破坏情况之间。

偏心受压构件正截面破坏与受弯构件正截面界限破坏相似，同样也是在受拉钢筋达到屈服强度同时受压混凝土达到极限压应变。因此，与受弯构件一样，也可用界限受压区高度 $x_b=\xi_b h_0$(或称界限相对受压区高度)来判别两种不同的偏心受压构件。若 $x\leqslant\xi_b h_0$，为大偏心受压构件；否则，$x>\xi_b h_0$，为小偏心受压构件。

2. 纵向弯曲影响

偏心受压构件在纵向弯曲影响下的破坏类型与构件的长细比有密切关系(图 7-14)。在截面尺寸、配筋、材料强度、支承情况和轴向力偏心距等完全相同的情况下，柱的破坏随长细比的增大而构成两种类型，即短柱(纵向弯曲可不计的构件)和长柱(长细比较大的构件)。短柱受弯曲影响很小，附加弯矩可以忽略不计，构件各截面的弯矩均相同，弯矩与轴向压力成正比。长柱受纵向弯曲影响较大，随着轴向压力的增大，弯矩的增长速度越来越快。长细比 $l_0/i>17.5$ 的受力情况与长柱相似，当荷载达到某个临界值时，柱达到最大承载力。

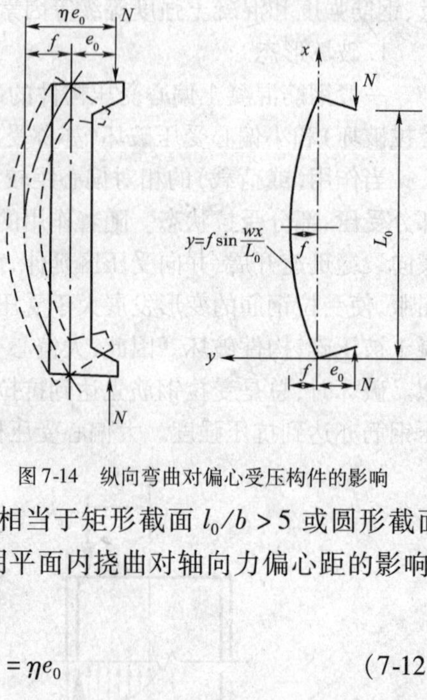

图 7-14　纵向弯曲对偏心受压构件的影响

《桥规》(JTG D62)规定，对于长细比 $l_0/i>17.5$[相当于矩形截面 $l_0/b>5$ 或圆形截面 $l_0/(2r)>4.4$]的偏心受压构件，应考虑构件在弯矩作用平面内挠曲对轴向力偏心距的影响，可通过引入偏心距增大系数 η 予以考虑，即：

$$e'_0=e_0+f=e_0\left(1+\frac{f}{e_0}\right)=\eta e_0 \tag{7-12}$$

式中：e'_0——相对于截面重心轴的计算偏心距；

e_0——轴向力对截面重心轴的偏心距；

f——由偏心距为 e_0 的偏心荷载引起的构件在弯矩作用平面内产生的挠度。

根据平截面假定，利用材料力学中两端铰接偏心受压柱的表达式求出截面的曲率后，再考虑相关因素而引入适当参数进行修正，即可得偏心距增大系数的表达式。《桥规》(JTG D62)规定，对于矩形、T 形、工字形和圆形截面偏心受压构件的偏心距增大系数可按下式计算：

$$\eta=1+\frac{1}{1\,400e_0/h_0}\left(\frac{l_0}{h}\right)^2\zeta_1\zeta_2 \tag{7-13}$$

$$\zeta_1 = 0.2 + 2.7\frac{e_0}{h_0} \leqslant 1.0 \tag{7-14}$$

$$\zeta_2 = 1.15 - 0.01\frac{l_0}{h} \leqslant 1.0 \tag{7-15}$$

以上式中：l_0——构件的计算长度；

e_0——轴向力对截面重心轴的偏心距；

h_0——截面有效高度，对圆形截面取 $h_0 = r + r_s$；

h——截面高度，对圆形截面取 $h = 2r$，r 为圆形截面半径；

ζ_1——荷载偏心率对截面曲率的影响系数；

ζ_2——构件长细比对截面曲率的影响系数。

需要指出，矩形、T 形、工字形截面偏心受压构件除应计算弯矩作用平面内抗压承载力外，还应按轴心受压构件验算垂直于弯矩作用平面的抗压承载力。此时，不考虑弯矩的作用，而应考虑稳定系数 φ 的影响。

二、正截面抗压承载力计算

1. 基本假定

由于偏心受压构件正截面破坏特征与受弯构件正截面破坏特征相似，故可采用与受弯构件正截面承载力计算相同的假定来计算偏心受压构件正截面的承载力，即：

(1)构件弯曲后，其截面仍保持为平面。

(2)在极限状态下，截面受压区混凝土应力图形简化为矩形，其压力强度取混凝土的轴心抗压强度设计值 f_{cd}，不考虑截面受拉混凝土的抗拉强度。

矩形应力图高度(受压区高度)x 可取曲线应力图混凝土受压区高度(实际受压区)x_0 乘以 β 系数(截面受压区矩形应力图高度系数)，即 $x = \beta x_0$。当混凝土强度等级不超过 C50 时，$\beta = 0.8$，当混凝土强度等级为 C80 时，$\beta = 0.74$，其间按线性内插法确定。

(3)极限状态计算时，受拉区钢筋应力取其抗拉强度设计值 f_{sd}，受压较大边钢筋应力取其抗压强度设计值 f'_{sd}。

(4)钢筋应力等于钢筋应变与其弹性模量的乘积，但不大于其强度设计值。受拉边(或受压较小边)钢筋的应力原则上根据其应变确定：

当 $x \leqslant \xi_b h_0$ 时，构件属于大偏心受压，取 $\sigma_s = f_{sd}$；

当 $x > \xi_b h_0$ 时，构件属于小偏心受压，钢筋应力按下式计算：

$$\sigma_{si} = \varepsilon_{cu} E_s \left(\frac{\beta}{x/h_{0i}} - 1\right) \tag{7-16}$$

式中：σ_{si}——第 i 层纵向钢筋的应力，按公式计算结果为正值表示拉应力，负值表示压应力；

ε_{cu}——混凝土的极限压应变，对于 C50 及以下强度等级混凝土取 $\varepsilon_{cu} = 0.0033$，强度等级 C50 ~ C80 混凝土按直线内插法取 $\varepsilon_{cu} = 0.0033 \sim 0.003$ 中间值；

E_s——钢筋的弹性模量；

h_{0i}——第 i 层纵向钢筋截面面积重心至受压较大边边缘的距离。

2. 计算公式

图 7-15 是根据上述基本假定绘制的矩形截面偏心受压构件正截面承载力计算图式。

根据平衡条件 $\sum N = 0$ 可得：

$$\gamma_0 N_d \leqslant f_{cd} bx + f'_{sd} A'_s - \sigma_s A_s \tag{7-17}$$

由所有的力对受拉边（或受压较小边）钢筋合力作用点取矩的平衡条件 $\sum M_{A_s}=0$ 可得：

$$\gamma_0 N_d e_s \leqslant f_{cd} bx\left(h_0 - \frac{x}{2}\right) + f'_{sd} A'_s (h_0 - a'_s) \tag{7-18}$$

由所有的力对受压较大边钢筋合力作用点取矩的平衡条件 $\sum M_{A'_s}=0$ 可得：

$$\gamma_0 N_d e'_s \leqslant -f_{cd} bx\left(\frac{x}{2} - a'_s\right) + \sigma_s A_s (h_0 - a'_s) \tag{7-19}$$

由所有的力对轴向力作用点取矩的平衡条件 $\sum M_N=0$ 可得：

$$f_{cd} bx\left(e_s - h_0 + \frac{x}{2}\right) = \sigma_s A_s e_s - f'_{sd} A'_s e'_s \tag{7-20}$$

以上式中：σ_s——受拉边（或受压较小边）钢筋的应力，其取值与受压区高度有关：当 $x \leqslant \xi_b h_0$ 时，取 $\sigma_s = f_{sd}$；当 $x > \xi_b h_0$ 时，按式（7-16）计算；

e_s——轴向力作用点至受拉边（或受压较小边）钢筋合力作用点的距离，$e_s = \eta e_0 \times h_0 - \frac{h}{2}$；

e'_s——轴向力作用点至受压较大边钢筋合力作用点的距离，$e'_s = \eta e_0 - h'_0 \times \frac{h}{2}$；

e_0——轴向力作用点至混凝土截面重心轴的偏心距，$e_0 = M_d / N_d$；

η——偏心距增大系数，按式（7-13）计算。

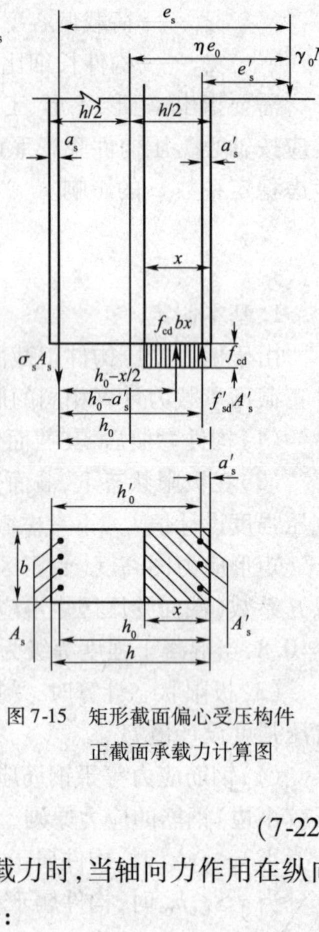

图 7-15　矩形截面偏心受压构件正截面承载力计算图

在利用式（7-17）和式（7-18）计算大偏心受压构件正截面承载力时，受压区高度应符合下列要求：

$$x \geqslant 2a'_s \tag{7-21}$$

若不符合式（7-21）的要求时，其正截面抗压承载力可按下列公式计算：

$$\gamma_0 N_d e'_s \leqslant f_{sd} A_s (h_0 - a'_s) \tag{7-22}$$

在利用式（7-17）和式（7-18）计算小偏心受压构件正截面承载力时，当轴向力作用在纵向钢筋 A'_s 合力点与 A_s 合力点之间时，抗压承载力应符合下列条件：

$$\gamma_0 N_d e'_s \leqslant f_{cd} bh\left(h'_0 - \frac{h}{2}\right) + f'_{sd} A_s (h_0 - a'_s) \tag{7-23}$$

$$e'_s = \frac{h}{2} - e_0 - a'_s \tag{7-24}$$

以上式中：e'_s——轴向力作用点至受压较大边钢筋合力作用点的距离，计算时可不考虑偏心距 e_0 增大系数 η；

h'_0——截面受压较小边边缘至受压较大边纵向钢筋合力点的距离，$h'_0 = h - a'_s$。

3. 实用计算方法

偏心受压构件正截面承载力计算通常分为截面设计与截面承载力复核。

1）截面设计

在公路桥梁结构中，偏心受压构件在各种不同荷载组合作用下可能承受相反方向的弯矩。当弯矩相差不大时，应按对称配筋截面($f_{sd}A_s=f'_{sd}A'_s$)进行设计；当弯矩相差较大时，一般应按非对称配筋截面进行设计。

(1)非对称配筋

在按非对称配筋截面计算时，已知构件正截面上的组合轴向力设计值 N_d 和组合弯矩设计值 M_d(或轴向力偏心距 e_0)，混凝土强度等级和钢筋品种，求钢筋截面面积 A'_s 和 A_s。

计算方法和步骤如下：

①计算偏心受压构件的初始偏心距 e_0 和轴向力偏心距增大系数 η；

②判别大小偏心受压构件。一般情况下，当 $\eta e_0\leqslant 0.3h_0$ 时，截面属于小偏心受压；当 $\eta e_0>0.3h_0$ 时，截面大多属于大偏心受压，但也有属于小偏心受压的可能性。因此，当 $\eta e_0>0.3h_0$ 时，一般先按大偏心受压构件计算。

③计算钢筋截面面积 A_s 和 A'_s。与受弯构件一样，为使纵向钢筋的总用量(A'_s+A_s)为最小，可取 $x=\xi_b h_0$，代入式(7-18)和式(7-19)求算受拉钢筋及受压钢筋面积 A_s 和 A'_s：

$$A'_s=\frac{\gamma_0 N_d e_s-f_{cd}bx(h_0-x/2)}{f'_{sd}(h_0-a'_s)} \tag{7-25}$$

$$A_s=\frac{\gamma_0 N_d e'_s+f_{cd}bx(x/2-a'_s)}{f_{sd}(h_0-a'_s)} \tag{7-26}$$

当求得的 A'_s 小于最小配筋率或为负值时，应按最小配筋率($\rho_{min}=0.2\%$)或构造要求确定 A'_s，即 $A'_s=0.002bh$。此时，A'_s 为已知值，再利用公式求得 A_s，可先利用式(7-18)求得受压区高度 x，再代入式(7-17)求得受拉钢筋截面面积 A_s。

对于小偏心受压构件，式(7-17)～式(7-20)中只有两个独立的计算公式，且有三个未知数，须先确定其中一个未知数才能求解。此时，可考虑按构造要求取 $A_s=0.002bh$。之后，将 σ_s 的计算表达式(7-16)代入式(7-19)，由 $\sum M_{A'_s}=0$ 的平衡条件求得混凝土受压高度 x。若由式(7-19)计算所得的 $\xi_b h_0\leqslant x\leqslant h$，则将 x 代入式(7-16)计算 σ_s 值。将所求得的 x 和 σ_s 值代入式(7-17)或式(7-18)求得受压较大边钢筋截面面积 A'_s。若按这些步骤求得的 A'_s 仍然小于最小配筋率限值，则应按构造要求取 $A'_s=0.002bh$。

若由式(7-19)计算所得的 $x>h$，表明全截面均匀受压。此时，可取 $x=h$ 代入式(7-16)中，重新确定 σ_s。然后，再将 σ_s 代入式(7-17)或式(7-18)中求得钢筋截面面积 A'_s。

(2)对称配筋

当偏心受压构件可能承受的相反方向弯矩相差不大时，可按对称配筋截面进行设计。对称配筋时，$A_s=A'_s$，$f_{sd}=f'_{sd}$，利用式(7-17)～式(7-20)解决对称配筋问题时只有两个未知数，即：$A_s=A'_s$ 和 x，问题容易解决。利用式(7-17)可得：

$$x=\frac{\gamma_0 N_d}{f_{cd}b} \tag{7-27}$$

当 $x\leqslant\xi_b h_0$ 时，按大偏心受压破坏计算，取 $\sigma_s=f_{sd}$，由式(7-18)求得钢筋截面面积：

$$A'_s=A_s=\frac{\gamma_0 N_d e_s-f_{cd}bx(h_0-\frac{x}{2})}{f_{sd}(h_0-a'_s)} \tag{7-28}$$

当 $x>\xi_b h_0$ 时，按小偏心受压破坏计算，将 σ_s 的计算表达式(7-16)代入式(7-19)，并令 $A_s=A'_s$，求得 x_s 和 $A_s=A'_s$。若 $\xi_b h_0\leqslant x\leqslant h$，则所求得的 $A_s=A'_s$ 即为所求。

若 $x<2a'_s$ 时,则按非对称配筋时的计算方法求算 A_s,并令 $A_s=A'_s$。

2)截面承载力复核

在进行截面承载力复核时,已知截面尺寸 $b\times h$,钢筋截面积 A_s 和 A'_s,构件计算长度 l_0,混凝土强度等级、钢号、轴向力组合设计值 N_d 及其偏心距 e_0,需验算截面是否能承担该轴向力 N_d 或求在轴向力 N_d 作用下所能承受的弯矩设计值 M_{du}。

在进行偏心受压构件正截面承载力复核时,除应计算弯矩作用平面的承载力外,还应按轴心受压构件验算垂直于弯矩作用平面的承载力。

(1)弯矩作用平面内的承载力复核

利用 $e_0=M_d/N_d$ 计算初始偏心距 e_0,计算偏心距增大系数 η。

当 $\eta e_0>0.3h_0$ 时,可先按大偏心受压构件计算。由式(7-18)计算受压区高度 x。若 $x\leqslant\xi_b h_0$,取 $\sigma_s=f_{sd}$,将其代入式(7-20)得:

$$f_{cd}bx\left(e_s-h_0+\frac{x}{2}\right)=f_{sd}A_s e_s-f'_{sd}A'_s e'_s \tag{7-29}$$

展开后求解以 x 为未知数的一元二次方程,求得 x。

当 $\eta e_0\leqslant0.3h_0$ 时,或按式(7-29)求得的 $x>\xi_b h_0$ 时,则按小偏心受压类型计算。此时,应将式(7-16)代入式(7-20)。经整理后,求解以 x 为未知数的一元三次方程,求得 x。若 $\xi_b h_0\leqslant x\leqslant h$,$x$ 即为所求;将 x 代入式(7-16)计算 σ_s 值。若按式(7-20)求得的 $x>h$,即相当于混凝土全截面均匀受压的情况,应取 $x=h$。将此 x 值代入式(7-16)重新计算 σ_s 值。最后,由式(7-17)复核截面承载力:

$$N_{du}=f_{cd}bx+f'_{sd}A'_s-\sigma_s A_s \tag{7-30}$$

若 $N_{du}>\gamma_0 N_d$,说明构件的承载力满足要求,截面是安全的。

(2)垂直于弯矩作用平面的承载力复核(稳定性验算)

对于大偏心受压构件,一般不需要验算。

对于小偏心受压构件,除了进行弯矩作用平面内截面承载力计算外还需要验算垂直于弯矩作用平面的轴心受压承载力。此时,取 b 作为截面高度计算长细比,以考虑 φ 值的影响。

在垂直于弯矩作用方向,不考虑弯矩的作用,但当构件的长细比 $l_0/b>8$ 时应进行稳定验算。

垂直于弯矩作用平面的轴心受压承载力计算表达式为:

$$N'_{du}=0.9\varphi[f_{cd}bh_0+f'_{sd}(A_s+A'_s)]>\gamma_0 N_d \tag{7-31}$$

4. 计算示例

【例7-4】 某钢筋混凝土受压构件,其计算长度 $l_0=10$m,矩形截面尺寸为 300mm × 600mm,承受的轴向力组合设计值 $N_d=262.5$kN,弯矩设计值 $M_d=175$kN·m,结构重要性系数 $\gamma_0=1.0$。拟采用 C30 级混凝土($f_{cd}=13.8$MPa),纵向钢筋采用 HRB335 级钢筋($f_{sd}=f'_{sd}=280$MPa),$\xi_b=0.56$。试选择钢筋并复核承载力。

解:1)计算偏心距增大系数 η

因 $l_0/h=10\,000/600=16.67>8$,故应考虑偏心距增大系数 η 的影响。

设 $a_s=a'_s=45$mm,则 $h_0=h-a_s=600-45=555$(mm)。

$$e_0=\frac{M_d}{N_d}=\frac{175\times10^6}{262.5\times10^3}=666.7(\text{mm})>0.3h_0=0.3\times555=166.5(\text{mm})$$

$$\zeta_1=0.2+2.7\frac{e_0}{h_0}=0.2+2.7\times\frac{666.7}{555}=3.44>1.0$$

故取 $\zeta=1.0$。

$$\zeta_2=1.15-0.01\frac{l_0}{h}=1.15-0.01\times\frac{10\ 000}{600}=0.983\ 3$$

由式(7-13)可得：

$$\begin{aligned}\eta&=1+\frac{1}{1\ 400e_0/h_0}\left(\frac{l_0}{h}\right)^2\zeta_1\zeta_2\\&=1+\frac{1}{1\ 400\times666.7/555}\left(\frac{10\ 000}{600}\right)^2\times1.0\times0.983\ 3\\&=1.162\end{aligned}$$

$$\eta e_0=1.162\times666.7=775(\mathrm{mm})>0.3h_0=166.5(\mathrm{mm})$$

$$e_s=\eta e_0+\frac{h}{2}-a_s=775+\frac{600}{2}-45=1\ 030(\mathrm{mm})$$

$$e'_s=\eta e_0-\frac{h}{2}+a_s=775-\frac{600}{2}+45=520(\mathrm{mm})$$

2)确定受压钢筋面积 A'_s

先按大偏心受压构件计算，按经济配筋利用式(7-18)计算 A'_s，即取

$$x=\xi_b h_0=0.56\times555=310.8(\mathrm{mm})$$

将 x 代入式(7-25)，计算受压钢筋截面面积 A'_s：

$$\begin{aligned}A'_s&=\frac{\gamma_0N_de_s-f_{cd}bx(h_0-x/2)}{f'_{sd}(h_0-a'_s)}\\&=\frac{1.0\times262.5\times10^3\times1\ 030-13.8\times300\times310.8\times(555-310.8/2)}{280\times(555-45)}\\&=-1\ 707.2(\mathrm{mm}^2)\end{aligned}$$

计算结果出现负值，故按构造要求配筋，取 $A'_s=0.002bh=0.002\times300\times600=360(\mathrm{mm}^2)$，选用3 Φ 14，提供 $A'_s=461\mathrm{mm}^2$，仍取 $a'_s=45\mathrm{mm}$。

3)判断构件类型

将已知数据代入式(7-18)重新计算 x 值，即：

$$\gamma_0N_de_s\leqslant f_{cd}bx(h_0-\frac{x}{2})+f'_{sd}A'_s(h_0-a'_s)$$

$$1.0\times262.5\times10^3\times1\ 030=13.8\times300x(555-x/2)+280\times461\times(555-45)$$

化简，得：

$$x^2-1\ 110x+98\ 813.6=0$$

解之，得 $x=97.6(\mathrm{mm})<\xi_bh_0=0.56\times555=310.8(\mathrm{mm})$，且 $x>2a'_s=2\times45=90(\mathrm{mm})$，故构件属于大偏心受压构件类型。

4)计算受拉钢筋截面面积 A_s

利用式(7-26)，得

$$\begin{aligned}A_s&=\frac{\gamma_0N_de'_s+f_{cd}bx(x/2-a'_s)}{f_{sd}(h_0-a'_s)}\\&=\frac{1.0\times262.5\times10^3\times520+13.8\times300\times97.6\times(97.6/2-45)}{280\times(555-45)}\\&=966.6(\mathrm{mm}^2)\end{aligned}$$

选用4 Φ 20 钢筋，提供 $A_s = 1\ 256\text{mm}^2$，钢筋布置成一排（图7-16），所需截面最小宽度为：$b_{min} = 2\times30 + 3\times30 + 4\times22.7 = 240.8(\text{mm}) < b = 300(\text{mm})$，仍取 $a_s = 45\text{mm}$。

5）承载力验算

按实际配筋情况进行承载力复核时，应根据 $\sum M_N = 0$ 的平衡公式条件计算混凝土受压区高度 x，即：

$$f_{cd}bx(e_s - h_0 + \frac{x}{2}) = f_{sd}A_s e_s - f'_{sd}A'_s e'_s$$

$$13.8\times300x(1\ 030 - 555 + x/2) = 280\times1\ 256\times1\ 030 - 280\times461\times520$$

化简，得：

$$x^2 - 950x + 142\ 565 = 0$$

解之，得 $x = 186.8\text{mm} < \xi_b h_0 = 0.56\times555 = 310.8(\text{mm})$，且 $x > 2a'_s = 2\times45 = 90(\text{mm})$，故构件属于大偏心受压构件类型。

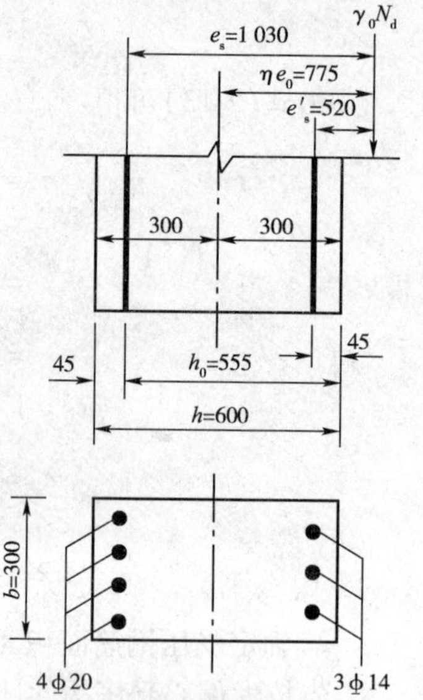

图7-16　受压钢筋布置
（尺寸单位：mm）

将所得 x 值代入式(7-30)得：

$$\begin{aligned} N_{du} &= f_{cd}bx + f'_{sd}A'_s - f_{sd}A_s \\ &= 13.8\times300\times186.8 + 280\times461 - 280\times1\ 256 \\ &= 550.8\times10^3(\text{N}) \\ &= 550.8(\text{kN}) > \gamma_0 N_d = 262.5(\text{kN}) \end{aligned}$$

计算结果表明，构件的承载力是足够的。

6）稳定验算

因 $l_0/b = 10\ 000/300 = 33.3 > 8$，应对垂直于弯矩作用平面进行稳定验算，但验算时不考虑弯矩的作用。查表7-1得稳定系数 $\varphi = 0.467$，代入式(7-31)得：

$$\begin{aligned} N'_{du} &= 0.9\varphi[f_{cd}A + f'_{sd}(A_s + A'_s)] \\ &= 0.9\times0.467\times[13.8\times300\times600 + 280\times(1\ 256 + 461)] \\ &= 1\ 246.1\times10^3(\text{N}) \\ &= 1\ 245.1(\text{kN}) > \gamma_0 N_d = 262.5(\text{kN}) \end{aligned}$$

计算结果表明，构件在垂直于弯矩作用平面的稳定性满足要求。

第四节　圆形截面偏心受压构件正截面抗压承载力计算

一、概　　述

在桥梁结构中，钢筋混凝土圆形截面偏心受压构件应用很广，例如柱式桥墩、钻孔灌注桩等。

圆形截面偏心受压构件的纵向受力钢筋，通常沿圆周均匀布置，其根数不少于6根。对一般的钢筋混凝土圆形截面偏心受压构件，纵向钢筋的直径不宜小于12mm，保护层厚度不小于30～40mm。桥梁工程中常用的钻孔灌注桩，直径 D 不小于800mm，桩内纵向受力钢筋的直径不宜小于14mm，根数不宜小于8根，其净距不宜小于80mm，保护层厚度不宜小于60～75mm，箍筋间距为200～400mm。对于直径较大的桩，为了加强钢筋骨架的刚度，可在钢筋骨架上每隔 2 ~ 3m 设置一道直径为 14 ~ 18mm 的加强箍筋。

钢筋混凝土圆形截面偏心受压构件的破坏是受压区混凝土被压碎而造成的。荷载偏心不同时也会出现大偏心受压和小偏心受压两种破坏状态。但是,构件破坏时各根钢筋的应变是不等的,应力也不完全相同。随着荷载偏心距的增加,构件的破坏由小偏心受压破坏向大偏心受压破坏过渡基本上是连续的。

二、计 算 公 式

如图 7-17 所示,圆形截面偏心受压构件在偏心纵向力 N_d 作用下,与纵向力 N_d 相平衡的内力由两部分组成:①受压区混凝土承受的压力;②构件全截面钢筋承受的合力,它是由受压部分钢筋所承受的压力及受拉部分钢筋所承受的拉力两部分组成。均匀配筋的圆形截面偏心受压构件正截面承载力计算是以下列假定为基础的。

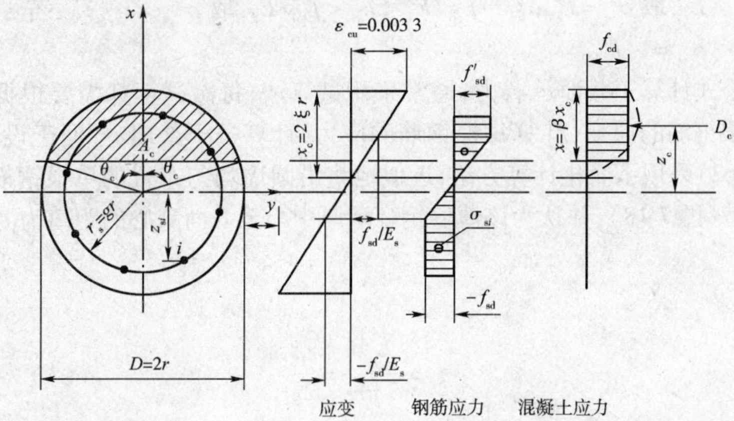

图 7-17　圆形截面偏心受压构件承载力计算图式

(1)构件变形符合平截面假定。

(2)构件达到极限状态时,受压区混凝土的应力图形简化为矩形,矩形应力图宽度取 f_{cd},矩形应力图高度(受压区高度)取 $x=\beta x_0$,其中 x_0 为应变图变形零点至受压较大边截面边缘的距离;β 为受压区矩形应力图高度系数($\beta=x/x_0$),其值与变形零点相对位置 $\xi=x_0/(2r)$(r 为圆形截面半径)有关。当 $\xi=1.0$ 时,取 $\beta=0.8$;当 $1.0<\xi\leqslant1.5$ 时,取 $\beta=1.067-0.267\xi$;当 $\xi>1.0$ 时,按全截面混凝土均匀受压处理。

(3)不考虑截面受拉混凝土的抗拉强度,拉力全部由钢筋承担。

(4)将钢筋视为理想的弹塑性体,各根钢筋的应力根据其应变确定。

根据上述基本假定,对于配有 n 根钢筋的圆形截面偏心受压构件,其正截面受压承载力的表达形式如下:

$$\gamma_0 N_d \leqslant D_c + D_s = f_{cd} A_c + \sum_{i=1}^{n} \sigma_{si} A_{si} \tag{7-32}$$

$$\gamma_0 N_d e'_0 \leqslant M_c + M_s = f_{cd} A_c z_c + \sum_{i=1}^{n} \sigma_{si} A_{si} z_{si} \tag{7-33}$$

以上式中:N_d——轴向力组合设计值;

e'_0——轴向力相对于 y 轴的计算偏心距,$e'_0=\eta e_0=\eta M_d/N_d$;

η——偏心距增大系数,按式(7-13)计算;

D_c——受压区混凝土应力的合力；

M_c——受压区混凝土应力的合力对 y 轴的力矩；

D_s——钢筋应力的合力；

M_s——钢筋应力的合力对 y 轴的力矩；

A_c——受压区混凝土矩形应力图所对应的弓形截面面积；

z_c——受压区混凝土弓形面积的重心至 y 轴的距离；

z_{si}——第 i 根钢筋的截面面积重心至 y 轴的距离；

f_{cd}——混凝土的抗压强度设计值；

A_{si}——第 i 根钢筋的截面面积；

σ_{si}——第 i 根钢筋的应力，可视其应变 $\varepsilon_{si}=\dfrac{x_c-r+z_{si}}{x_c}\times 0.0033$ 确定：若 $\varepsilon_{si}\geqslant f'_{sd}/E_s$，取 $\sigma_{si}=f'_{sd}$；若 $-f'_{sd}/E_s<\varepsilon_{si}<f'_{sd}/E_s$，取 $\sigma'_{si}=\varepsilon'_{si}E_s$；若 $\varepsilon_{si}\leqslant -f'_{sd}/E_s$，取 $\sigma_{si}=-f'_{sd}$。

利用上述公式计算正截面承载力，通常采用试算法，每次试算都需要根据假定的 $\xi=x_0/(2r)$ 值确定每根钢筋的应变，计算每根钢筋的应力，计算过于繁琐，不便于设计应用。为此，《桥规》(JTG D62)采用了简化计算方法，近似地将沿圆周均匀布置的单根钢筋用一个假想的薄壁钢环来代替(图 7-18)，并认为该薄壁钢环壁厚中心至截面重心的距离为 $r_s=gr$，薄壁钢环的壁厚为：

$$t_s=\frac{\sum_{i=1}^{n}A_{si}}{2\pi r_s}=\frac{\rho r}{2g} \tag{7-34}$$

这样，式(7-32)和式(7-33)就可以改写成下列简单形式：

$$\gamma_0 N_d\leqslant Ar^2 f_{cd}+C\rho r^2 f'_{sd} \tag{7-35}$$

$$\gamma_0 N_d e'_0\leqslant Br^3 f_{cd}+D\rho g r^3 f'_{sd} \tag{7-36}$$

式中：A,B——有关混凝土承载力的计算系数，按表 7-2 查得；

C,D——有关纵向钢筋承载力的计算系数，按表 7-2 查得；

g——纵向钢筋所在半径 r_s 与圆形截面半径 r 之比，即 $g=r_s/r$；

ρ——纵向钢筋配筋率，$\rho=A_s/(\pi r^2)$。

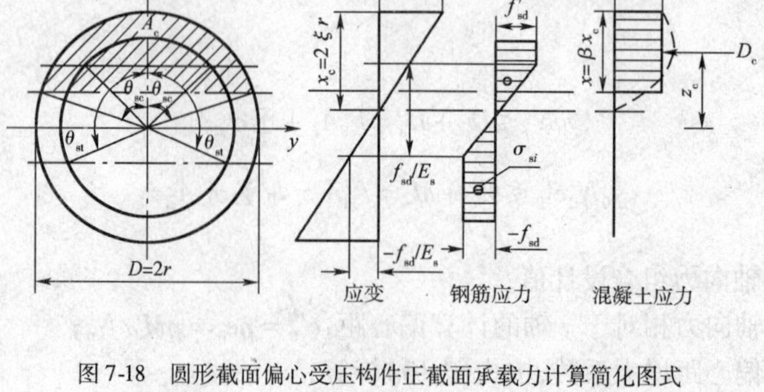

图 7-18　圆形截面偏心受压构件正截面承载力计算简化图式

圆形截面钢筋混凝土偏心受压构件正截面抗压承载力计算系数 表 7-2

ξ	A	B	C	D	ξ	A	B	C	D	ξ	A	B	C	D
0.20	0.324 4	0.262 8	−1.529 6	1.421 6	0.64	1.618 8	0.666 1	0.737 3	1.676 3	1.08	2.820 0	0.260 9	2.492 4	0.535 6
0.21	0.348 1	0.278 7	−1.467 6	1.462 3	0.65	1.650 8	0.665 1	0.808 0	1.634 3	1.09	2.834 1	0.251 1	2.512 9	0.520 4
0.22	0.372 3	0.294 5	−1.407 4	1.500 4	0.66	1.682 7	0.663 5	0.876 6	1.593 3	1.10	2.848 0	0.241 5	2.533 0	0.505 5
0.23	0.396 9	0.310 3	−1.348 6	1.536 1	0.67	1.714 7	0.661 5	0.943 0	1.553 4	1.11	2.861 5	0.231 9	2.552 5	0.490 8
0.24	0.421 9	0.325 9	−1.2911	1.569 7	0.68	1.746 6	0.658 9	1.007 1	1.514 6	1.12	2.874 7	0.222 5	2.571 6	0.476 5
0.25	0.447 3	0.341 3	−1.234 8	1.601 2	0.69	1.778 4	0.655 9	1.069 2	1.476 9	1.13	2.887 6	0.213 2	2.590 2	0.462 4
0.26	0.473 1	0.356 6	−1.179 6	1.630 7	0.70	1.810 2	0.652 3	1.129 4	1.440 2	1.14	2.900 1	0.204 0	2.608 4	0.448 6
0.27	0.499 2	0.371 7	−1.125 4	1.658 4	0.71	1.842 0	0.648 3	1.187 6	1.404 5	1.15	2.912 3	1.194 9	2.626 1	0.435 1
0.28	0.525 8	0.386 5	−1.072 0	1.684 3	0.72	1.873 6	0.643 7	1.244 0	1.369 7	1.16	2.924 2	0.186 0	2.643 4	0.421 9
0.29	0.552 6	0.401 1	−1.019 4	1.708 6	0.73	1.905 2	0.638 6	1.298 7	1.335 8	1.17	2.935 7	0.177 2	2.660 3	0.408 9
0.30	0.579 8	0.415 5	−0.967 5	1.731 3	0.74	1.936 7	0.633 1	1.351 7	1.302 8	1.18	2.946 9	0.168 5	2.676 7	0.396 1
0.31	0.607 3	0.429 5	−0.916 3	1.752 4	0.75	1.968 1	0.627 1	1.403 0	1.270 6	1.19	2.957 8	0.160 0	2.692 8	0.383 6
0.32	0.635 1	0.443 3	−0.855 6	1.772 1	0.76	1.999 4	0.620 6	1.452 9	1.239 2	1.20	2.968 4	0.151 7	2.708 5	0.371 4
0.33	0.663 1	0.456 8	−0.815 4	1.790 3	0.77	2.030 6	0.613 6	1.501 3	1.208 6	1.21	2.978 7	0.143 5	2.723 8	0.359 4
0.34	0.691 5	0.469 9	−0.765 7	1.807 1	0.78	2.061 7	0.606 1	1.548 2	1.178 7	1.22	2.988 6	0.135 5	2.738 7	0.347 6
0.35	0.720 1	0.482 8	−0.716 5	1.822 5	0.79	2.092 6	0.598 2	1.593 8	1.149 6	1.23	2.998 2	0.127 7	2.753 2	0.336 1
0.36	0.748 9	0.495 2	−0.667 6	1.836 6	0.80	2.123 4	0.589 8	1.638 1	1.121 2	1.24	3.007 5	0.120 1	2.767 5	0.324 8
0.37	0.778 0	0.507 3	−0.619 0	1.849 4	0.81	2.154 0	0.581 0	1.681 1	1.093 4	1.25	3.016 5	0.112 6	2.781 3	0.313 7
0.38	0.807 4	0.519 1	−0.570 7	1.860 9	0.82	2.184 5	0.571 7	1.722 8	1.066 3	1.26	3.025 2	0.105 3	2.794 8	0.302 8
0.39	0.836 9	0.530 4	−0.522 7	1.871 1	0.83	2.214 8	0.562 0	1.763 5	1.039 8	1.27	3.033 6	0.098 2	2.808 0	0.292 2
0.40	0.866 7	0.541 4	−0.474 9	1.880 1	0.84	2.245 0	0.551 9	1.802 9	1.013 9	1.28	3.041 7	0.091 4	2.820 9	0.281 8
0.41	0.896 6	0.551 9	−0.427 3	1.887 8	0.85	2.274 9	0.541 4	1.841 3	0.988 6	1.29	3.049 5	0.084 7	2.833 5	0.271 5
0.42	0.926 8	0.562 0	−0.379 8	1.894 3	0.86	2.304 7	0.530 4	1.878 6	0.963 9	1.30	3.056 9	0.078 2	2.845 7	0.261 5
0.43	0.957 1	0.571 7	−0.332 3	1.899 6	0.87	2.334 2	0.519 1	1.914 9	0.939 7	1.31	3.064 1	0.071 9	2.857 6	0.251 7
0.44	0.987 6	0.581 0	−0.285 0	1.903 6	0.88	2.363 6	0.507 3	1.950 3	0.916 1	1.32	3.070 9	0.065 9	2.869 3	0.242 1
0.45	1.018 2	0.589 8	−0.237 7	1.906 5	0.89	2.392 7	0.495 2	1.984 6	0.893 0	1.33	3.077 5	0.060 0	2.880 6	0.232 7
0.46	1.049 0	0.598 2	−0.190 3	1.908 1	0.90	2.421 5	0.482 8	2.018 1	0.870 4	1.34	3.083 7	0.054 4	2.891 7	0.223 5
0.47	1.077 9	0.606 1	−0.142 9	1.908 4	0.91	2.450 1	0.469 9	2.050 7	0.848 3	1.35	3.089 7	0.049 0	2.902 4	0.214 5
0.48	1.111 0	0.613 6	−0.095 4	1.907 5	0.92	2.478 5	0.456 8	2.082 4	0.826 6	1.36	3.095 4	0.043 9	2.912 9	0.205 7
0.49	1.142 2	0.620 6	−0.047 8	1.905 3	0.93	2.506 5	0.443 3	2.113 2	0.805 5	1.37	3.100 7	0.038 9	2.923 2	0.197 0
0.50	1.173 5	0.627 1	0.000 0	1.901 8	0.94	2.534 3	0.429 5	2.143 3	0.784 7	1.38	3.105 8	0.034 3	2.933 1	0.188 6
0.51	1.204 9	0.633 1	0.048 0	1.897 1	0.95	2.561 8	0.415 5	2.172 6	0.764 5	1.39	3.110 6	0.029 8	2.942 8	0.180 3
0.52	1.236 4	0.638 6	0.096 3	1.890 9	0.96	2.589 0	0.401 1	2.201 2	0.744 6	1.40	3.115 0	0.025 6	2.952 3	0.172 2
0.53	1.268 0	0.643 7	0.145 0	1.883 4	0.97	2.615 8	0.386 5	2.229 0	0.725 1	1.41	3.119 2	0.021 7	2.961 5	0.164 3
0.54	1.299 6	0.648 3	0.194 1	1.874 4	0.98	2.642 4	0.371 7	2.256 1	0.706 1	1.42	3.123 1	0.018 0	2.970 4	0.156 6
0.55	1.331 4	0.652 3	0.243 6	1.863 9	0.99	2.668 5	0.356 6	2.282 5	0.687 4	1.43	3.126 6	0.014 6	2.979 1	0.149 1
0.56	1.362 2	0.655 9	0.293 7	1.851 9	1.00	2.694 3	0.341 3	2.308 2	0.669 2	1.44	3.129 9	0.011 5	2.987 6	0.141 7
0.57	1.395 0	0.658 9	0.344 4	1.838 1	1.01	2.711 2	0.331 1	2.333 3	0.651 3	1.45	3.132 8	0.008 6	2.995 8	0.134 5
0.58	1.426 9	0.661 5	0.396 0	1.822 6	1.02	2.727 7	0.320 9	2.357 8	0.633 7	1.46	3.135 4	0.006 1	3.003 8	0.127 5
0.59	1.458 9	0.663 5	0.448 5	1.805 2	1.03	2.744 0	0.310 8	2.381 7	0.616 5	1.47	3.137 6	0.003 9	3.011 5	0.120 6
0.60	1.490 8	0.665 1	0.502 1	1.785 6	1.04	2.759 8	0.300 6	2.404 9	0.599 7	1.48	3.139 5	0.002 1	3.019 1	0.114 0
0.61	1.522 8	0.666 1	0.557 1	1.763 6	1.05	2.775 4	0.290 6	2.427 6	0.583 2	1.49	3.140 8	0.000 7	3.026 4	0.107 5
0.62	1.554 8	0.666 6	0.613 9	1.738 7	1.06	2.790 6	0.280 6	2.449 7	0.567 0	1.50	3.141 6	0.000 0	3.033 4	0.101 1
0.63	1.586 8	0.666 6	0.673 4	1.710 3	1.07	2.805 4	0.270 7	2.471 3	0.551 2	1.51	3.141 6	0.000 0	3.040 3	0.095 0

三、正截面抗压承载力计算

1. 截面配筋设计

已知构件计算长度 l_0，构件正截面尺寸，混凝土强度等级及钢号，轴向力设计值 N_d，弯矩组合设计值 M_d。计算构件所需钢筋截面积 A_s，并进行钢筋布置。

截面配筋设计时的主要计算步骤如下。

(1) 用式(7-36)除以式(7-35)，并改写，得：

$$\rho=\frac{f_{cd}}{f'_{sd}}\cdot\frac{Ae'_0-Br}{Dgr-Ce'_0} \tag{7-37}$$

式中：ρ —— 纵筋配筋率，$\rho=\frac{A_s}{A_0}$。

(2) 假定 ξ 值，查表 7-2 得系数 A、B、C 和 D，将其代入式(7-37)计算配筋率 ρ 值。

(3) 将 ρ 值代入式(7-35)计算出相应的 N_{du}，即：

$$N_{du}=Ar^2f_{cd}+C\rho r^2f'_{sd} \tag{7-38}$$

当此 N_{du} 与轴向力设计值 γ_0N_d 基本相符($N_{du}\approx\gamma_0N_d$)，则假定的值及依此算出的 ρ 值即为设计值；若两者不符，需重新假定 ξ 值，重复以上步骤，直至依 ξ 值计算的 N_{du} 与轴向力设计值 γ_0N_d 基本相符为止。

(4) 按最后确定的 ξ 值计算所得 ρ 值，代入式(7-39)算得本构件所需要钢筋面积：

$$A_s=\rho\cdot\pi r^2 \tag{7-39}$$

在实际设计中，可以采用查表法，也可以用图解法计算圆形截面钢筋混凝土偏心受压构件正截面抗压承载力，即利用《桥规》(JTG D62)条文说明部分给出的诺模图进行，两种方法计算结果相差不大。

2. 截面承载力复核

已知构件正截面尺寸，混凝土强度等级及钢号，钢筋截面积 A_s，轴向力设计值 N_d，弯矩组合设计值 M_d。计算构件所能承受的纵向力 N_{du}，并判断其安全程度。

截面承载力计算步骤如下。

(1) 用式(7-36)除以式(7-35)得：

$$e'_0=\frac{Bf_{cd}+D\rho gf'_{sd}}{Af_{cd}+C\rho f'_{sd}}\cdot r \tag{7-40}$$

(2) 假定 ξ 值，查表 7-2 得系数 A、B、C 和 D，将其代入式(7-40)计算偏心距 e'_0。若此值与实际值 ηe_0 基本相符(允许偏差在2%以内)，则假定的 ξ 值即为设计用的 ξ 值；若两者不符，需重新计算 e'_0 值，重复以上步骤，直至两者相符为止。

(3) 以最后确定的 ξ 值代入式(7-35)和式(7-36)，分别计算出构件所能承受的相应的 N_{du} 及 M_{du}，若 $N_{du}>\gamma_0N_d$，$M_{du}>\gamma_0N_de'_0$，说明构件的承载力满足要求，是安全的。

【例 7-5】 某一钢筋混凝土钻孔灌注桩，直径 $D=2r=1\ 000$mm，其计算长度 $l_0=5.0$m，承受纵向力组合设计值 $N_d=5\ 940$kN，弯矩组合设计值 $M_d=990$kN·m，结构重要性系数 $\gamma_0=1.0$。拟采用 C25 级混凝土($f_{cd}=11.5$MPa)和 HRB335 级钢筋($f_{sd}=f'_{sd}=280$MPa)，$\xi_b=0.56$。试为此桩配筋并复核此桩的正截面抗压承载力。

解： 设 $a_s=40$mm，则钢筋中心到圆心的半径：

$$r_s=r-a_s=500-40=460(\text{mm})$$

此桩所具有的计算偏心距：

$$e_0=\frac{M_d}{N_d}=\frac{990\times10^6}{5\ 940\times10^3}=167(\text{mm})$$

因为$\frac{l_0}{2r}=\frac{5\ 000}{1\ 000}=5.0<7$，故取偏心距增大系数 $\eta=1.0$，$e'_0=\eta e_0=167\text{mm}$，相对偏心距 $\frac{e'_0}{r}=\frac{167}{500}=0.334$。

假定ξ值，查表7-2得系数A、B、C和D，将其代入式(7-37)计算配筋率ρ值。在假定ξ值时，为找到合适的ξ值，可先利用式(7-37)找到配筋率为零($\rho=0$)时对应的ξ值，然后在此ξ值附近找几个数试算即可确定，方法是：

令$\rho=0$，即

$$\rho=\frac{f_{cd}}{f'_{sd}}\cdot\frac{Ae'_0-Br}{Dgr-Ce'_0}=\frac{f_{cd}}{f'_{sd}}\cdot\frac{A(e'_0/r)-B}{Dg-C(e'_0/r)}=0$$

则有 $A(e'_0/r)-B=0$，$B/A=e'_0/r=0.334=f(\xi_1)$，利用表7-2可以计算出$\xi_1\approx0.73$。在此$\xi_1$值附近找几个数试算即可确定出最终的$\xi$值(表7-3)。

纵筋配筋率ρ值和轴向力N_{du}值计算

表7-3

ξ	A	B	C	D	B/A	D/C	ρ	Ar^2f_{cd}	$C\rho r^2f_{sd}$	N_{du}
0.72	1.873 6	0.643 7	1.244 0	1.369 7	0.343 5	1.101 0	−0.000 6	5 386 600	−52 248	5 334 352
0.73	1.905 2	0.638 6	1.298 7	1.335 8	0.327 5	0.988 2	0.000 1	5 477 450	9 091	5 486 541
0.74	1.936 7	0.633 1	1.351 7	1.302 8	0.326 9	0.963 8	0.000 8	5 568 012	75 695	5 643 707
0.75	1.968 1	0.627 1	1.403 0	1.270 6	0.318 6	0.905 6	0.001 9	5 658 287	186 599	5 844 886
0.755	1.983 7	0.623 8	1.427 9	1.254 9	0.314 5	0.878 8	0.002 5	5 703 138	249 882	5 953 020
0.76	1.999 4	0.620 6	1.452 9	1.239 2	0.310 4	0.852 9	0.003 2	5 748 275	325 450	6 073 725
0.77	2.030 6	0.613 6	1.501 3	1.208 6	0.302 2	0.805 0	0.004 7	5 837 975	493 928	6 331 903

将ρ值代入式(7-35)计算出相应的N_{du}，并将计算所得的N_{du}与轴向力设计值γ_0N_d进行比较。若$N_{du}\approx\gamma_0N_d$，则相应的$\xi=0.755$值即为所求，并依此算出的ρ值即为设计值：

$$\rho=\frac{f_{cd}}{f'_{sd}}\cdot\frac{Ae'_0-Br}{Dgr-Ce'_0}=\frac{f_{cd}}{f'_{sd}}\cdot\frac{A(e'_0/r)-B}{Dg-C(e'_0/r)}=\frac{11.5}{280}\times\frac{1.983\ 7\times0.334-0.623\ 8}{1.254\ 9\times0.88-1.427\ 9\times0.334}=0.002\ 5$$

$$\begin{aligned}N_{du}&=Ar^2f_{cd}+C\rho r^2f'_{sd}\\&=1.983\ 7\times500^2\times11.5+1.427\ 9\times0.002\ 5\times500^2\times280\\&\approx5\ 953.0\times10^3(\text{N})\\&=5\ 953(\text{kN})\end{aligned}$$

$N_{du}\approx\gamma_0N_d=5\ 940\text{kN}$，相对误差为$+0.22\%$，基本相符。

这样，$A_s=\rho\pi r^2=0.002\ 5\times3.14\times500^2=1\ 962.5(\text{mm}^2)$，实际选用8 Φ 18钢筋，提供$A_s=2\ 036\text{mm}^2$，钢筋间距为$2\pi r_s/n=2\times3.14\times460/8=36(\text{mm})$，纵向钢筋实际配筋率：

$$\rho=\frac{A_s}{\pi r^2}=\frac{2\ 036}{3.14\times500^2}=0.002\ 6$$

$$e''_0=\frac{Bf_{cd}+D\rho g f'_{sd}}{Af_{cd}+C\rho f'_{sd}}\cdot r$$

$$=\frac{0.623\ 8\times 11.5+1.254\ 9\times 0.002\ 6\times 0.88\times 280}{1.983\ 7\times 11.5+1.427\ 9\times 0.002\ 6\times 280}\times 500$$

$$=167.2(\text{mm})\approx e'_0=\eta e_0=167(\text{mm})$$

计算偏心距 e''_0 与实际偏心距 e'_0 基本相符，$\xi=0.755$ 值即为所求。纵向钢筋布置见图7-19。

截面所能承受的轴向力为：

$$N_{du}=Ar^2f_{cd}+C\rho r^2 f'_{sd}$$

$$=1.983\ 7\times 500^2\times 11.5+1.427\ 9\times 0.002\ 6\times 500^2\times 280$$

$$\approx 5\ 963.0\times 10^3(\text{N})$$

$$=5\ 963(\text{kN})>\gamma_0 N_d=5\ 940(\text{kN})$$

计算结果表明，构件的承载力满足要求。

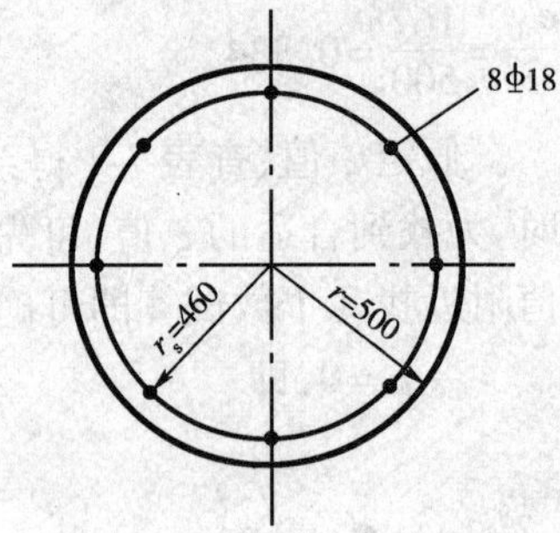

图7-19　纵向钢筋布置图(尺寸单位：mm)

思考题

1. 钢筋混凝土轴心受压构件按箍筋形成的不同分为哪几种类型？它们在构造上有何不同？在计算上又有什么不同？

2. 普通箍筋柱和螺旋箍筋柱的受力特点是什么？

3. 钢筋混凝土受压构件配置箍筋有何作用？对其直径、间距和附加箍筋有何要求？

4. 什么是柱的长细比？长细比对柱的破坏特征有什么影响？在钢筋混凝土轴心受压构件正截面抗压承载力计算中如何考虑长细比的影响？

5. 试说明偏心距增大系数 η 的意义，并扼要说明建立 η 计算公式的途径。

6. 试从破坏原因、破坏性质及影响承载力的主要因素来分析偏心受压的两种破坏特征。当构件的截面、配筋及材料强度给定时，形成两种破坏特征的条件是什么？

7. 大偏心受压和小偏心受压的破坏特征有何区别？截面应力状态有何不同？它们的分界条件是什么？

8. 在截面设计中为什么要以界限偏心距来判断大偏心或小偏心受压情况？

9. 条件 $\eta e_i\leqslant 0.3h_0$ 可以用来判别的偏心受压情况是哪一种？

10. 大偏心受压构件计算的关键是什么？如何确定截面中性轴？

11. 圆形截面偏心受压构件的计算特点是什么？

第八章　钢筋混凝土构件持久状况正常使用极限状态计算

第一节　钢筋混凝土构件裂缝宽度计算

一、概　　述

在钢筋混凝土结构中，由于混凝土的抗拉承载力很低，故构件某个部位的拉应力超过混凝土的抗拉强度，就很容易在垂直于拉应力作用的方向形成裂缝。引起裂缝的原因很多，而其中最主要的因素是荷载。例如，在受拉区中，弯矩将在受拉区中引起垂直裂缝，而在剪力较大的区段内还会由主应力引起斜裂缝。

在使用荷载作用下，钢筋混凝土结构出现裂缝是不可避免的。因此，习惯上称这类裂缝为正常裂缝。由于混凝土收缩、拆模时间不当、养护不同、构造形式不妥引起应力集中等原因而造成的裂缝称为非正常裂缝。

构件裂缝过宽会使钢筋受到腐蚀，影响结构的安全使用和耐久性。一般说来，在满足承载力要求的同时，结构的裂缝宽度往往亦同时得到满足，在某些情况下，可不必进行验算，但是，当裂缝影响到结构功能及正常使用时，则必须进行验算。

对于非正常裂缝，只要采取适当的施工和构造措施，大部分是可以克服和加以限制的。实践证明，正常使用极限状态下的裂缝宽度应按作用（或荷载）短期效应组合并考虑长期效应影响进行验算。根据使用要求和工程经验以及耐久性研究成果，考虑环境条件对钢筋腐蚀的影响、钢筋的种类对腐蚀敏感性及构件的工作条件等，《桥规》（JTG D62）规定，对于Ⅰ类和Ⅱ类环境，最大裂缝宽度限值为0.2mm，对于Ⅲ类和Ⅳ类环境为0.15mm。

由外荷载引起的裂缝主要发生在构件的受拉部分。因为混凝土的极限拉应变和抗拉极限强度都比较小，所以即使钢筋应力不大（20MPa左右），也会发生裂缝。根据不同构件的使用要求，计算所得的最大裂缝宽度，不应超过桥涵规范规定。

钢筋混凝土构件容易产生裂缝，这是它的主要缺点之一。因此，在保证承载能力的前提下，需要对构件进行抗裂性验算，以满足使用要求。

混凝土出现裂缝后构件仍能照常工作，这是钢筋混凝土结构的工作特征之一。普通钢筋混凝土构件不需要保证无裂缝，因此一般可不进行抗裂计算。但是，构件的裂缝宽度必须限制在允许范围内。

二、最大裂缝宽度计算

根据试验研究结果分析，影响裂缝宽度的主要因素有：受拉钢筋的应力、受拉钢筋直径、受拉钢筋配筋率、混凝土保护层厚度、混凝土抗拉强度、受拉钢筋的黏着特征和荷载特征等。

目前国内外有关裂缝宽度的计算方法很多，《桥规》（JTG D62）推荐的方法是以统计分析方法为基础的经验公式。对于矩形、T形、倒T形、工字形截面钢筋混凝土构件，其最大裂缝宽

度 W_{fk}（保证率 95%）的计算公式为：

$$W_{fk}=C_1C_2C_3\frac{\sigma_{ss}}{E_s}\left(\frac{30+d}{0.28+10\rho}\right)\quad (mm) \tag{8-1}$$

式中：C_1——钢筋表面形状系数：对于光面钢筋，$C_1=1.4$；对于带肋钢筋，$C_1=1.0$；

C_2——作用（或荷载）长期效应影响系数，$C_2=1+0.5\frac{N_l}{N_s}$，其中 N_l 和 N_s 分别为按作用（或荷载）长期效应组合和短期效应组合计算的内力值（弯矩或轴向力）；

C_3——与构件受力性质有关的系数：当为钢筋混凝土板式受弯构件时，$C_3=1.15$；当为其他受弯构件时，$C_3=1.0$；当为轴心受拉构件时，$C_3=1.2$；当为偏心受拉构件时，$C_3=1.1$；当为偏心受压构件时，$C_3=0.9$；

d——纵向受拉钢筋直径（mm），当用不同直径的钢筋时，d 改用换算直径 d_e，当采用单根钢筋配筋时，$d_e=\frac{4A_s}{u}$或 $d_e=\frac{\sum n_i d_i^2}{\sum n_i d_i}$，当采用焊接钢筋骨架时，$d_e=\frac{4A_s}{0.75u}$，式中 u 为钢筋截面的总周长，A_s 为纵向受拉钢筋的总截面面积，d_i 为钢筋直径，n_i 为直径为 d_i 的钢筋根数；

ρ——纵向受拉钢筋配筋率，对矩形、T 形截面，$\rho=\frac{A_s}{bh_0}$，对带有受拉翼缘的 T 形截面，$\rho=\frac{A_s}{bh_0+(b_f-b)h_f}$，当 $\rho>0.02$ 时，取 $\rho=0.02$，当 $\rho<0.006$ 时，取 $\rho=0.006$；

h_0——梁的有效高度；

b——矩形截面宽度或 T 形截面腹板宽度；

b_f——构件受拉翼缘宽度；

h_f——构件受拉翼缘厚度；

σ_{ss}——由作用（或荷载）短期效应组合引起的开裂截面纵向受拉钢筋的应力，可按下列公式计算。

受弯构件：

$$\sigma_{ss}=\frac{M_s}{0.87A_sh_0} \tag{8-2}$$

轴心受拉构件：

$$\sigma_{ss}=\frac{N_s}{A_s} \tag{8-3}$$

偏心受拉构件：

$$\sigma_{ss}=\frac{N_se'_s}{A_s(h_0-a'_s)} \tag{8-4}$$

偏心受压构件：

$$\sigma_{ss}=\frac{N_s(e_s-z)}{A_sz} \tag{8-5}$$

$$z=\left[0.87-0.12(1-\gamma'_f)\left(\frac{h_0}{e_s}\right)^2\right]h_0 \tag{8-6}$$

$$\gamma'_f=\frac{(b'_f-b)h'_f}{bh_0} \tag{8-7}$$

以上式中：M_s，N_s——按作用（或荷载）短期效应组合计算的弯矩值、轴力值；

A_s——受拉区纵向钢筋截面面积：对轴心受拉构件，取全部纵向钢筋截面面积；对偏心受拉构件，取受拉较大边纵向钢筋截面面积；对受弯、偏心受压构件，取受拉区纵向钢筋截面面积；

e_s——轴向压力作用点至纵向受拉钢筋 A_s 合力作用点的距离，$e_s = \eta_s e_0 - y'_s$；

e'_s——轴向拉力作用点至受压（或受拉较小边）纵向钢筋 A'_s 合力作用点的距离，$e'_s = \eta_s e_0 - y'_s$；

y_s——截面重心至纵向受拉钢筋 A_s 合力作用点的距离；

y'_s——截面重心至受压（或受拉较小边）纵向钢筋 A'_s 合力作用点的距离；

e_0——轴向力作用点至截面重心的偏心距，$e_0 = \frac{M_s}{N_s}$；

γ'_f——受压翼缘截面面积与腹板有效截面面积的比值；

η_s——使用阶段的轴向力偏心距增大系数，η_s 按下式计算：

$$\eta_s = 1 + \frac{1}{4\,000 e_0/h_0}\left(\frac{l_0}{h_0}\right)^2 \tag{8-8}$$

当 $l_0/h \leqslant 14$ 时，取 $\eta_s = 1.0$。

对于圆形截面钢筋混凝土偏心受压构件最大裂缝宽度 W_{fk}（保证率为95%），《桥规》（JTG D62）规定按下列公式计算：

$$W_{fk} = C_1 C_2\left[0.03 + \frac{\sigma_{ss}}{E_s}\left(0.004\frac{d}{\rho} + 1.52c\right)\right]\ (\text{mm}) \tag{8-9}$$

$$\sigma_{ss} = \left[59.42\frac{N_s}{\pi r^2 f_{cu,k}}\left(2.80\frac{\eta_s e_0}{r} - 1.0\right) - 1.65\right]\cdot \rho^{-\frac{2}{3}}\quad (\text{MPa}) \tag{8-10}$$

以上式中：σ_{ss}——截面受拉区最外缘钢筋的应力，当按式（8-10）计算的 $\sigma_{ss} \leqslant 24\text{MPa}$ 时，可不必验算裂缝宽度；

ρ——截面配筋率，$\rho = \frac{A_s}{\pi r^2}$；

c——混凝土保护层厚度（mm）；

r——构件截面半径（mm）；

$f_{cu,k}$——边长为150mm混凝土立方体强度标准值，设计时取混凝土强度等级（MPa）；

其余符号意义及取值与式（8-2）~式（8-8）相同。

式（8-10）中的 η_s 为使用阶段的偏心矩增大系数，按式（8-8）计算时，式中 h 以 $2r$ 代替；h_0 以 $(r + r_s)$ 代替，r_s 为构件截面纵向钢筋所在圆周的半径（mm）。当 $l_0/(2r) \leqslant 14$ 时，可取 $\eta_s = 1.0$。

第二节　钢筋混凝土受弯构件变形计算

一、概　　述

按持久状况正常使用极限状态计算要求，应对钢筋混凝土受弯构件进行变形（挠度）计算，并将其长期挠度值控制在规定的限值之内。钢筋混凝土构件变形过大，不利于行车，也不利于结构本身的受力。

钢筋混凝土受弯构件的变形，在开裂前和开裂后变化很大。裂缝出现前，当构件的应力—应变关系还处于第Ⅰ阶段时，其变形基本上是弹性的，变形与荷载之间基本保持线性关系；临近开裂时，受拉区混凝土出现塑性，由于变形模量比弹性模量低，E_c 值有所降低，但此时截面并未削弱，截面惯性矩 I 值不受影响。裂缝出现以后（应力—应变关系处于第Ⅱ阶段），不仅混凝土的变形模量随受力的增加而继续降低，而且由于受拉区混凝土的开裂，截面的几何和物理性质也发生根本的变化。到接近破坏的第Ⅲ阶段，荷载基本不增加，而变形剧增，构件最终破坏。但是，第Ⅲ阶段不是变形计算考虑的范围。

在工程设计中，不论钢筋混凝土构件处于开裂还是不开裂状态，其变形计算一般都假定它是理想的弹性体，并根据构件的刚度 B 用结构力学的方法进行计算，使计算结果尽可能符合实际情况。

由材料力学可知，弹性匀质简支梁跨中最大挠度如下：

1）均布荷载

$$f=\frac{5}{48}\frac{ML^2}{EI}=\frac{5qL^4}{384EI} \tag{8-11}$$

2）集中荷载

$$f=\frac{1}{12}\frac{ML^2}{EI}=\frac{PL^3}{48EI} \tag{8-12}$$

钢筋混凝土简支梁的变形（跨中最大挠度）如下：

1）均布荷载

$$f_s=\frac{5}{48}\frac{M_sL^2}{B}=\frac{5qL^4}{384B} \tag{8-13}$$

2）集中荷载

$$f_s=\frac{1}{12}\frac{M_sL^2}{B}=\frac{PL^3}{48B} \tag{8-14}$$

将式（8-13）和式（8-14）运用于钢筋混凝土简支桥梁的变形（跨中最大挠度）计算，关键是要解决抗弯刚度 B 的合理取值问题。在确定构件的抗弯刚度 B 之后，即可代入式（8-13）或式（8-14）计算荷载短期效应组合作用下的挠度值。

受弯构件在使用阶段的挠度应考虑荷载长期效应的影响，可按荷载短期效应组合计算的挠度乘以长期增长系数 η_θ，即：

$$f_l=\eta_\theta f_s \tag{8-15}$$

式中：η_θ——挠度长期增长系数：当采用 C40 以下混凝土时，$\eta_\theta=1.60$；当采用 C40 ~ C80 混凝土时，$\eta_\theta=1.45\sim1.35$；中间强度等级可按直线内插法取用。

钢筋混凝土受弯构件按上述方法计算的长期挠度值，在消除结构自重产生的长期挠度后，不应超过下列规定的限值：

梁式桥主梁的最大挠度处　　　　$L/600$

梁式桥主梁的悬臂端处　　　　$L_1/300$

其中，L 为计算跨径，L_1 为悬臂长度。

二、刚度取值方法

钢筋混凝土受弯构件的抗弯刚度是随着弯矩变化的，因此在等截面梁中因弯矩较大而已开裂截面的抗弯刚度小，弯矩较小的未开裂截面的抗弯刚度较大。

《桥规》(JTG D62)给出的钢筋混凝土受弯构件的抗弯刚度的计算表达式是：

$$B=\frac{B_0}{\left(\frac{M_{cr}}{M_s}\right)^2+\left[1-\left(\frac{M_{cr}}{M_s}\right)^2\right]\frac{B_0}{B_{cr}}} \tag{8-16}$$

式中：B——开裂构件等效截面的抗弯刚度；

B_0——全截面的抗弯刚度，$B_0=0.95E_cI_o$；

B_{cr}——开裂截面的抗弯刚度，$B_{cr}=E_cI_{cr}$；

M_{cr}——开裂弯矩，$M_{cr}=\gamma f_{tk}W_o$；

γ——构件受拉区混凝土塑性影响系数，$\gamma=2S_o/W_o$；

S_o——全截面换算截面重心轴以上(或以下)部分面积对(换算截面)重心轴的面积矩；

W_o——换算截面抗裂边缘的弹性抵抗矩；

I_o——全截面换算截面惯性矩；

I_{cr}——开裂截面换算截面惯性矩；

f_{tk}——混凝土轴心抗拉强度标准值。

三、预拱度的设置方法

桥梁的变形由结构重力和活荷载(不计冲击力)两部分荷载产生，结构重力引起的变形是长期的，一般由设置预拱度加以消除，所以验算变形时仅考虑短期作用的活荷载。

受弯构件的预拱度计算是变形计算的一部分内容。通过计算，设置预拱度是为了消除结构重力产生的长期变形。按《桥规》(JTG D62)的要求，钢筋混凝土受弯构件的预拱度可按下列规定设置：

(1)当由荷载短期效应组合并考虑长期效应影响产生的长期挠度不超过 $L/1600$ 时，可不设预拱度；

(2)当不符合上述规定时，则应设置预拱度。预拱度值按结构自重和1/2可变荷载频遇值计算的长期挠度值之和采用。

思 考 题

1. 为什么要对混凝土结构构件的裂缝和变形(挠度)进行验算？

2. 钢筋混凝土梁裂缝的主要形式有几种？其产生的原因何在？影响钢筋混凝土梁裂缝宽度的主要因素有哪些？若要减小裂缝开展宽度，可采取哪些技术措施？

3. 试扼要说明《桥规》(JTG D62)中最大裂缝计算公式是怎样建立的。

4. 减少受弯构件裂缝宽度的有效措施是什么？

5. 试说明《桥规》(JTG D62)关于受弯构件挠度计算的基本规定。

6. 试说明建立受弯构件刚度(B_0)计算公式的基本思路和方法，它在哪些方面反映了钢筋混凝土的特点？

7. 试说明受弯构件刚度 B 的意义。

8. 减小受弯构件挠度的措施有哪些？

9. 为什么钢筋混凝土受弯构件要设置预拱度？如何设置？

第九章 预应力混凝土结构的概念及基本计算原理

第一节 预应力混凝土的基本概念

一、基本原理

1. 预加应力使高强钢材与混凝土能共同工作

钢筋混凝土结构具有制造材料广泛、制造工艺容易掌握、耐久性好等一系列优点，因此，这种结构目前仍是桥梁结构的主要形式之一。但是，钢筋混凝土结构也有其固有的缺点，这主要在于混凝土这种材料的抗拉强度过低、拉伸极限应变值太小，在设计荷载作用下，受拉区混凝土很容易开裂。另外，钢筋混凝土结构中的钢筋即使采用高强钢筋，如果要充分利用高强钢筋的抗拉强度，由于相应产生很大的伸长变形，此时，其周围黏结的混凝土早已开裂，产生较大的裂缝和挠度。国产高强钢丝的抗拉标准强度为$f_{pk}=1\ 470\sim1\ 860$MPa，如果将这种高强钢丝直接配置在混凝土结构中，在使用荷载的作用下，钢筋的应力取用其标准强度的一半，即$\sigma_p=f_{pk}/2=735\sim930$MPa，这时，钢丝周围混凝土的拉伸变形由计算得$\varepsilon_c=\varepsilon_s=\sigma_p/E_p=(735\sim930)/1.95\times10^5=0.003\ 8\sim0.004\ 8$，而这个变形值相当于混凝土拉伸极限应变的40倍，混凝土已严重开裂。因此，在普通钢筋混凝土结构中，高强度钢筋和高强度等级混凝土根本无法充分发挥作用，采用高强混凝土和高强钢筋是不经济的，亦是不合理的。

若预先在混凝土受拉区施加压力，使构件在无使用荷载作用时混凝土保持受压，而在使用荷载作用下，截面新产生的拉应力被预压应力抵消，整个截面混凝土始终处于受压状态，其拉应力也小于混凝土极限抗拉强度。这样，混凝土既不会出现裂缝，又可提高构件的抗裂度。

在预应力混凝土结构中施加预应力，一般采用机械张拉高强钢筋的方法，利用其伸长后的"弹性"，将其反力传递于混凝土，并造成预应力钢筋受拉，从而使混凝土处于受压的预应力状态。在实际应用中，预应力混凝土结构必须要有较高的预应力，这样，采用高强钢筋和强度等级较高的混凝土，充分发挥各自的力学特性。特别是在大跨度结构中，构件自重在荷载中占有较大比重，采用高强材料可以减小截面尺寸、减轻结构自重。可以说，高强材料的优越性在预应力混凝土中得以充分发挥。

2. 预加应力使混凝土成为弹性材料

预应力混凝土结构中混凝土要承受内部预应力和外部荷载作用。外部荷载引起的截面拉应力被预压应力所抵消。此时，混凝土截面应力、应变及挠度均可按材料力学中的计算公式计算，其总应力是两部分作用效应的叠加。

图 9-1 所示混凝土梁的计算跨径$L=4$m，矩形截面为200mm×300mm，承受均布荷载$q=7.5$kN/m（包括自重），若在承受该均布荷载q之前，在梁两端加一对（偏心距$e=50$mm，轴向力$N=150$kN）预加力，分析该梁在q和N共同作用下跨中截面的应力情况。

在 $q=7.5\text{kN/m}$ 的均布荷载作用下，

跨中弯矩：

$$M=\frac{1}{8}qL^2=\frac{1}{8}\times 7.5\times 4^2=15(\text{kN}\cdot\text{m})$$

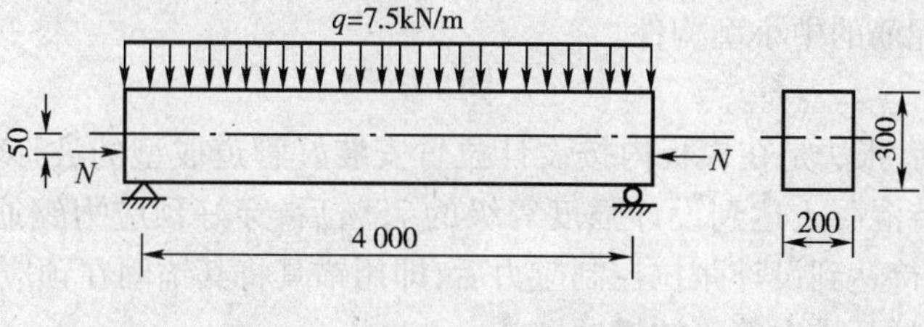

图 9-1　混凝土梁(尺寸单位:mm)

截面模量：

$$W=\frac{200\times 300^3}{6}=3\ 000\ 000(\text{mm}^3)$$

截面上、下缘混凝土应力：

$$\sigma_c=\pm\frac{M}{W}=\pm\frac{15\times 10^6}{3\times 10^6}=\pm 5(\text{MPa})$$

截面下缘应力远远超过了混凝土的抗拉极限强度，实际上梁早已断裂。

若梁两端加一对偏心距为 $e=50\text{mm}$，$N=150\text{kN}$ 的预加力，在截面内引起的应力为：

$$\sigma_{pc}=\frac{N}{A}\mp\frac{Ne}{W}=\frac{150\times 10^3}{200\times 300}\mp\frac{150\times 10^3\times 50}{3\ 000\ 000}=\left.\begin{matrix}+5\\0\end{matrix}\right\}(\text{MPa})\begin{matrix}(\text{上缘})\\(\text{下缘})\end{matrix}$$

显然，在 q、N 共同作用下，梁截面下缘应力为 0，而截面上缘为 +5MPa，即整个截面始终处于受压状态，自然不会出现裂缝。

二、预加应力的实施方法

1. 先张法

先张法系指先张拉钢筋而后浇筑混凝土的方法。如图 9-2 所示，在专门台座先按设计规定的拉力张拉钢筋，并将张拉好的钢筋用锚具临时固定在台座上，这时，张拉钢筋所产生的反作用力由固定台座承受。待构件模板安装好后，浇筑混凝土，混凝土养生结硬达到一定强度后，再从台座上放松预应力筋。预应力筋的弹性回缩使与钢筋黏结在一起的混凝土受到预压力，即形成预应力构件。

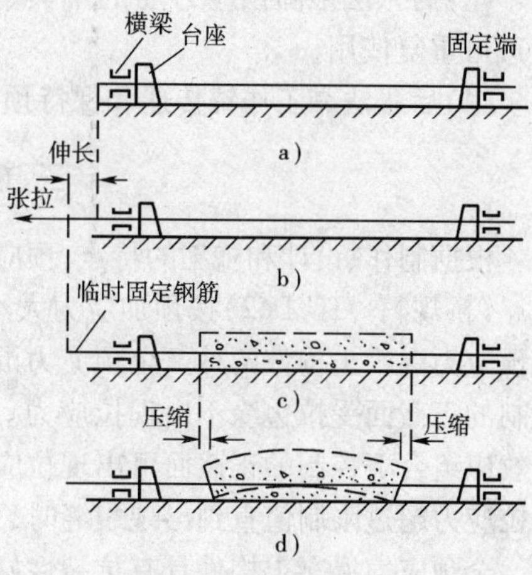

图 9-2　先张法工序示意图

a) 钢筋就位；b) 张拉钢筋；c) 临时固定钢筋；d) 放松钢筋，钢筋回缩，混凝土受预压

先张法施工，可用长线台座，台座长度可达 50～200m，几个或十几个构件的预应力筋可一次张拉。先张法构件的预应力钢筋要靠包裹它的混凝土的黏结力自锚，因而临时固定在台座上的锚具可重复使用，故称其为工具锚。

先张法制作预应力混凝土构件，在放松钢筋时要注意预应力钢筋放松不能过早，若过早放松，混凝土将产生较大的收缩与徐变，预应力损失增大，甚至因钢筋和混凝土的黏结力不够造成预应力钢筋在混凝土中滑移,故一般在混凝土达到设计强度等级的75%后施加预应力。另外,要注意控制放松速度,突然放松,预应力较大时,有可能使构件端部出现开裂。为此,一般常在台座两端设置千斤顶或砂箱装置,控制放松速度。

先张法生产工艺简单、工序少、效率高、质量容易保证,适宜于预制场批量生产。但是,先张法适宜制作直线配筋的中小型构件。

2. 后张法

如图9-3所示,后张法是在模板内按设计位置安装好管道成型的波形铁皮管或抽拔胶皮管后,浇筑混凝土,待混凝土达到设计强度等级的75%后,穿好预应力钢筋,利用构件本身作为支承来张拉钢筋,待达到设计张拉控制应力后,即用锚具将其锚固在预应力构件上,最后,在管道内压注砂浆,保护预应力筋不被锈蚀。

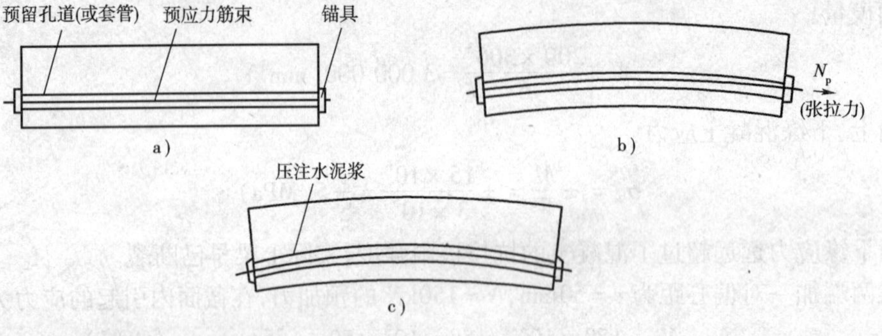

图9-3 后张法工序示意图

预制梁采用后张法施工,可不受场地限制,集中预制施工。预应力钢束在腹板内弯起,可改善桥梁结构的抗剪受力性能。

后张法与先张法的特点比较如下:

(1)后张法施工,构件可现场制作拼装,预应力筋可布置成曲线形,可改善结构受力性能,多用于大型构件。先张法需设专门台座,在预制场进行中小型装配式构件的批量生产。

(2)后张法有预留孔道、灌浆等工序,施工比较复杂,而先张法则不需要,施工简便。

(3)后张法锚固预应力筋的锚具(称为工作锚)要附在构件内,而先张法为工具锚(夹具),可重复使用。

(4)后张法靠工作锚传递和保持预加应力,而先张法靠黏结力传递和保持预加应力。

三、预应力混凝土的分类

根据制作、设计和施工的特点,预应力混凝土可以有不同的分类。

《桥规》(JTG D62)按预加应力大小将预应力混凝土构件分成全预应力混凝土构件和部分预应力混凝土构件两种。全预应力混凝土构件是指构件在作用(或荷载)短期效应组合下控制的正截面受拉边缘不出现拉应力。部分预应力混凝土构件是指构件在作用(或荷载)短期效应组合下控制的正截面可出现拉应力:当拉应力加以限制时,为A类预应力混凝土构件;当拉应力超过限制值直到出现裂缝时,为B类预应力混凝土构件。

全预应力混凝土构件具有抗裂性好、刚度大的优点,但也存在某些严重缺点,如梁的反拱大,易产生平行于预应力钢筋的纵向裂缝等。与全预应力混凝土构件相比,部分预应力混凝土构件具备预应力混凝土和钢筋混凝土两者的优越结构性能,由于构件的预应力值有所降低,不但可以改善预压区的受力状况,节省预应力钢筋,降低构件高度,而且可以避免出现梁的过大反拱，尤其是跨径较小而活载较大的桥梁效果更好。即使是允许开裂的B类预应力混凝土构件，在桥梁使用期内的大部分时间，其裂缝也是闭合的，只有当荷载达到设计最大值的短时间内构件才开裂。但是，部分预应力混凝土构件必须采用混合配筋方案，根据使用性能要求，配置一定数量的预应力钢筋，补充配置适量的普通钢筋（又称非预应力钢筋）。

按预应力筋制作方法，可将预应力混凝土结构分为有黏结预应力和无黏结预应力。有黏结预应力是指沿预应力筋全长其周围均与混凝土黏结、握裹在一起的预应力混凝土结构。先张预应力结构及预留孔道穿筋压浆的后张预应力结构均属此类。

无黏结预应力一般是指在预应力钢筋外面涂防腐油脂外包塑料套管防止钢筋与混凝土黏结、按后张法制作的预应力混凝土结构。施工时，无黏结预应力筋可如同非预应力筋一样，按设计要求铺放在模板内，然后浇灌混凝土，待混凝土达到设计要求强度后，再张拉、锚固。此时，无黏结预应力筋与混凝土不直接接触，而成为无黏结状态。在外荷载作用下，结构中预应力筋束与混凝土在横截面内存在线变形协调关系，但在纵向可以相对周围混凝土发生纵向滑移。无黏结预应力混凝土的设计理论与有黏结预应力混凝土相似，一般需增设普通受力钢筋以改善结构性能，避免构件在极限状态下发生集中裂缝。无黏结部分预应力混凝土是继有黏结预应力混凝土和部分预应力混凝土之后又一种新的预应力形式。由于无黏结预应力混凝土结构在施工时不需要事先预留孔道、穿筋和张拉后灌浆等，极大地简化了常规后张法预应力混凝土结构的施工工艺，尤其适用于多跨、连续的整体现浇结构。实践与研究表明，无黏结预应力混凝土结构的优点是结构自重轻，施工简便，速度快，使用性能良好，防火性能满足要求，抗腐蚀能力强，抗震性能好，应用广泛。无黏结预应力混凝土适用于桥梁结构中的简支板（梁）、连续梁、预应力拱桥、桥梁下部结构、灌注桩的墩台等，也可应用于旧桥加固工程。

第二节　预应力钢筋的锚固

预应力混凝土的关键是在混凝土中建立永久存在的预应力。在先张法预应力构件中，永存预应力是靠混凝土与预应力钢筋间的握裹力来建立的。在后张法预应力构件中，则是靠锚具来保持，锚具是保证预应力混凝土施工安全、结构可靠的关键性设备。

预应力锚固体系是预应力混凝土结构成套技术的重要组成部分，完善的锚固体系包括锚具、夹具、连接器及锚下支承系统等。

锚具和夹具是预应力混凝土构件锚固与夹持预应力筋的装置，它是预应力锚固体系中的关键部件，也是基础件。在先张法中，构件制成后锚具可以取下重复使用，通常称为夹具或工作锚。夹具或工作锚是临时夹固预应力钢筋，将千斤顶张拉力传到预应力钢筋的装置。后张法是靠锚具传递预加力，锚具埋置在混凝土构件内不再取下。

连接器是预应力筋的连接装置，可将多段预应力钢筋连接成一条完整的长束，能使分段施工的预应力钢筋逐段张拉锚固并保持其连续性。

锚下支承系统包括与锚具配套的锚垫板、螺旋筋或钢筋网片等，布置在锚固区的混凝土中，作为锚下局部承压、抗劈裂的加强结构。

预应力筋配套的锚固体系很多，国外主要的锚固体系有法国的弗来西奈（Freyssinet）体系、瑞士的VSL体系、英国的CCL体系、德国的DYWIDAG体系和瑞士的BBRV体系。同样，国内也有针对各种预应力钢筋的锚固体系。

在设计、制造和选择锚固体系时，应注意满足下列要求：

(1)锚固体系受力安全可靠,确保构件的预应力要求;

(2)引起预应力损失和锚具附近的局部压应力小;

(3)构造简单,加工制作方便,重量轻、节约钢材;

(4)根据设计取用的预应力钢筋种类、预压力的大小及布筋的需要选择锚具体系;

(5)预应力钢筋张拉操作方便,设备简单。

下面简略介绍几种国内外常用的锚固体系,其中主要介绍锚具部分。

1. 钢制锥形锚

锥形锚具是由锚圈和锚塞两部分组成,如图 9-4 所示。它的工作原理是:通过顶压锥形锚塞,将预应力钢丝卡在锚圈与锚塞之间,当张拉千斤顶放松预应力钢丝时,钢丝向内回缩时带动锚塞向圈内楔紧,预应力钢丝通过摩擦力将预应力传到锚圈,然后由锚圈承压,将预应力传到混凝土构件上。在后张法预应力混凝土结构中常用的锥形锚,主要用于锚固 18 根 $\phi^P5.0$ 和 24 根 $\phi^P5.0$ 高强钢丝束。

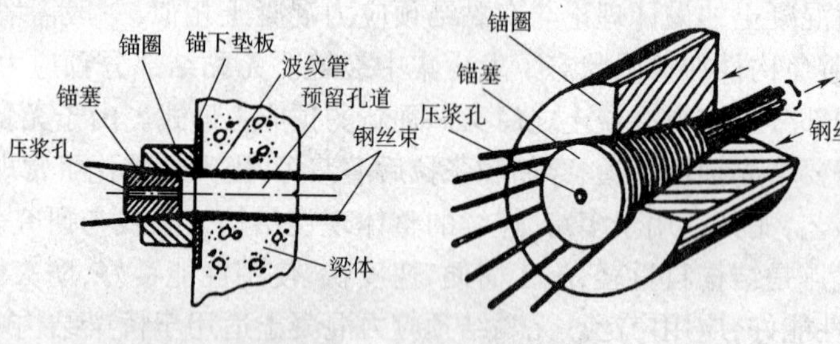

图 9-4 钢制锥形锚具

锥形锚具的优点是尺寸小,便于分散布置。缺点是钢丝回缩量较大,所引起的预应力损失亦较大,并且无法重复张拉和接长。

2. 夹片锚

夹片式锚具由夹片、锚板及锚垫板等组成(图 9-5)。每个锚板上设有锥形的孔洞,张拉时每个孔穿进一根钢绞线,张拉后各自用夹片将孔中的钢绞线按楔块作用原理锚固。每个锚孔各自成为一个独立单元,每个夹片锚具由多个独立锚固单元组成,能锚固 1 ~ 55 根 $\phi^S15.2$ 与 $\phi^S12.7$ 钢绞线所组成的束筋。目前国内常用的夹片式锚具有:OVM 锚具、QM 锚具、JM 锚具、XM 锚具、YM 锚具等,品种很多,但构造原理基本一致。配套的还有非张拉端锚具及连接器等。

夹片式锚具的锚固性能稳定,应力均匀,安全可靠,锚固钢绞线的范围亦较大。

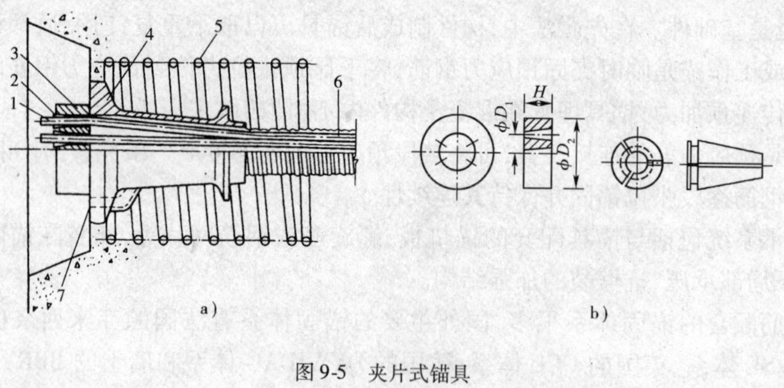

图 9-5 夹片式锚具

a)QM 型锚具结构;b)QM 型锚具的锚杯、夹片

1-钢绞线;2-夹片;3-锚杯;4-锚座;5-螺旋筋;6-波纹管;7-灌浆孔

3. 镦头锚

镦头锚由锚杯、锚圈、冷镦头三部分组成(图 9-6)。它的工作原理是:将预应力钢筋穿过锚杯的蜂窝眼后,用专门的镦头机将钢丝的端头镦粗,这样镦粗头的预应力筋束直接锚固在锚杯上,将千斤顶拉杆旋入锚杯内螺纹后进行张拉,待锚杯带动钢丝伸长到设计需要时,将锚圈(螺母)沿锚杯外的螺纹旋紧,顶在构件表面,于是锚圈通过支承垫板将预压力传到混凝土体上。国内研制成的镦头锚具,可以锚固 12~133 根 $\phi^{P}5$ 和 12~84 根 $\phi^{H}7$ 的高强钢丝。

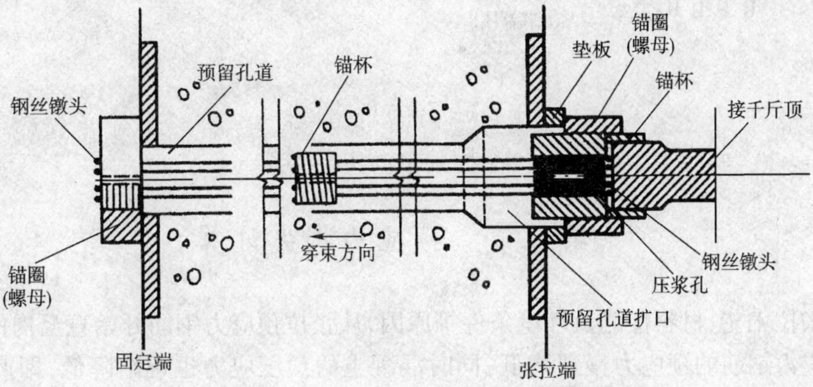

图 9-6　镦头锚具

镦头锚具的优点是操作简便迅速,不会出现锥形锚具易发生的“滑丝”现象,故不发生相应的预应力损失。这种锚具的缺点是下料长度要求很精确,如果误差太大,张拉时会因钢丝受力不均匀而发生断丝现象。

4. 钢筋螺纹锚具

采用高强粗钢筋作预应力钢筋时,可采用螺纹锚具锚固(图 9-7)。螺纹锚具在其端部有螺纹段,待预应力筋张拉完毕后,旋紧螺母,预应力则通过螺母和垫板传力到混凝土体上。

螺纹锚具制作简单,用钢量最省,张拉操作方便,锚固作用明确可靠,锚具的预应力损失小,并能重复张拉、放松或拆卸,适用于短小预应力混凝土构件。

5. 预应力筋连接器

在长跨的连续结构中,有时由于单根的预应力钢筋长度有限,或者在分段或分跨施工的连续梁中,需要将预应力钢筋逐段接长,可以用连接器来实现接长,如图 9-8 所示。

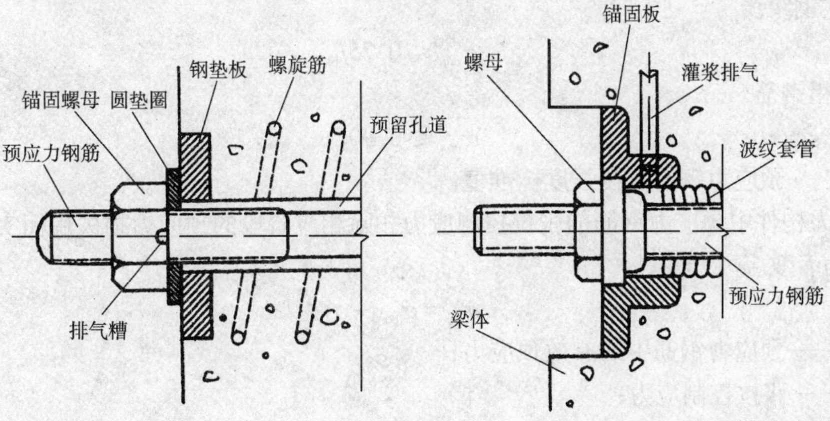

图 9-7　螺纹锚具

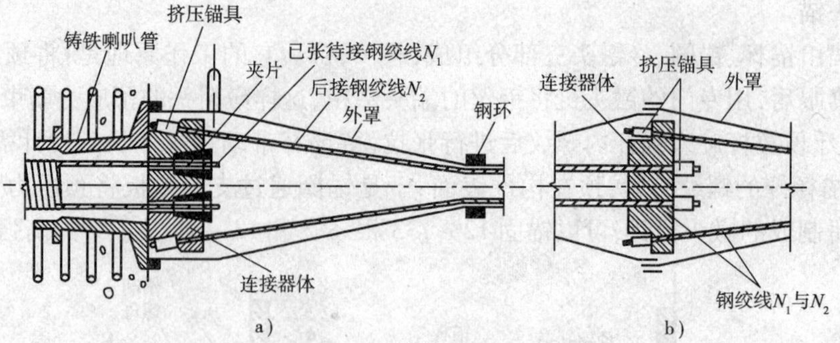

图9-8　预应力筋连接器

a)锚头连接器;b)接长连接器

第三节　预应力损失计算

由于张拉工艺、材料性能及环境条件等原因,从张拉预应力钢筋开始直至构件使用的整个过程中预应力钢筋的预应力慢慢降低,同时混凝土的预压应力也逐渐降低,即产生预应力损失。预应力混凝土构件计算中常遇的预应力损失对桥梁正常使用极限状态设计具有重要影响。

一、预应力筋的张拉控制应力

张拉控制应力σ_{con}是指张拉预应力钢筋时千斤顶油泵上的压力表所控制的总张拉力除以预应力钢筋截面面积所得出的应力值,用σ_{con}表示。对后张法构件是指梁体内锚下的钢筋应力。张拉控制应力的数值应根据设计与施工经验而确定。

为了充分发挥预应力的优点,张拉控制应力值应尽量定得高些,使构件截面混凝土取得较大的预应力值,以提高构件的抗裂性。但是,也要考虑在束筋中每根钢丝或钢绞线所获得的张拉应力不均匀而导致断筋,同时高应力状态下使构件预压区可能出现纵向裂缝,因而张拉控制应力也不宜定得过高。

《桥规》(JTG D62)规定,张拉控制应力应满足下列条件:

钢丝、钢绞线

$$\sigma_{con} \leqslant 0.75 f_{pk} \tag{9-1}$$

精轧粗钢筋

$$\sigma_{con} \leqslant 0.90 f_{pk} \tag{9-2}$$

式中:f_{pk}——预应力钢筋抗拉强度标准值。

预应力构件中预应力钢筋的张拉控制应力扣除相应阶段的预应力损失后而实际存在的预应力,称为有效应力,即:

$$\sigma_{pe} = \sigma_{con} - \sigma_l \tag{9-3}$$

式中:σ_{pe}——预应力钢筋中的有效预应力;

σ_{con}——张拉控制应力;

σ_l——预应力损失。

张拉控制应力在施工中可通过测量力的大小和钢筋变形来加以控制和校验,而预应力损失则需要尽可能准确地估算。如果预应力损失估计过大，而实际发生过小，则有效应力过大，设计上不经济；如果预应力损失估计过小，则有效应力实际不足，影响结构的安全。

二、预应力损失的计算

《桥规》(JTG D62)规定，预应力混凝土构件在正常使用极限状态计算中，应考虑下列因素引起的预应力损失：

1)预应力钢筋与管道壁之间的摩擦(σ_{l1})

2)锚具变形、钢筋回缩和接缝压缩(σ_{l2})

3)预应力钢筋与台座之间的温差(σ_{l3})

4)混凝土的弹性压缩(σ_{l4})

5)预应力钢筋的应力松弛(σ_{l5})

6)混凝土的收缩和徐变(σ_{l6})

此外，还应考虑预应力钢筋与锚圈之间的摩擦、台座的弹性变形等因素引起的其他预应力损失。

预应力损失值宜根据试验确定，当无可靠试验数据时，可按下列规定计算。

1. 预应力钢筋与管道壁之间的摩擦损失 σ_{l1}

预应力筋孔道的摩擦损失主要是由于孔道的弯曲、管道尺寸和管道位置偏差的影响所产生(图 9-9)。预应力筋与管道之间摩擦引起的应力损失可按下式计算：

$$\sigma_{l1}=\sigma_{con}[1-e^{-(\mu\theta+kx)}] \tag{9-4}$$

式中：σ_{con}——预应力钢筋锚下的张拉控制应力(MPa)；

μ——预应力钢筋与管道壁的摩擦系数，按表 9-1 采用；

θ——从张拉端至计算截面曲线管道部分切线的夹角之和(rad)；

k——管道每米局部偏差对摩擦的影响系数，按表 9-1 采用；

x——从张拉端至计算截面的管道长度，可近似地取该段管道在构件纵轴线上的投影长度(m)。

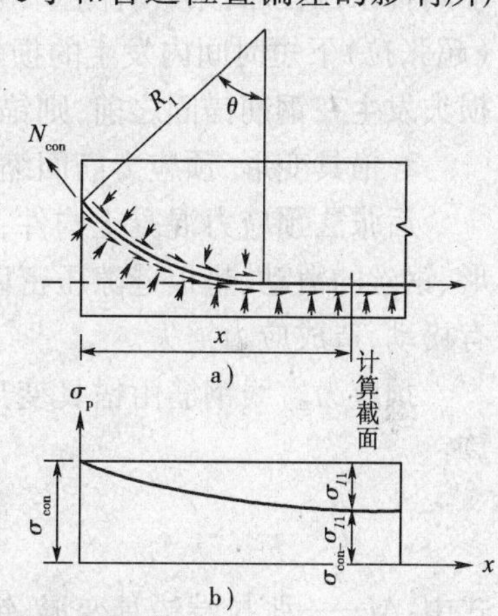

图 9-9　预应力筋与孔道壁之间摩擦力

系数 k 及 μ 值　　表 9-1

管道成型方式	k	μ	
		钢绞线、钢丝束	精轧螺纹钢筋
预埋金属波纹管	0.001 5	0.20～0.25	0.50
预埋塑料波纹管	0.001 5	0.14～0.17	—
预埋铁皮管	0.003 0	0.35	0.40
预埋钢管	0.001 0	0.25	—
抽心成型	0.001 5	0.55	0.60

在利用式(9-4)计算预应力钢筋与管道壁之间的摩擦损失 σ_{l1} 时，为简化计算，也可以利用表 9-2 的数据。

$1-e^{-(\mu\theta+kx)}$ 值表

表 9-2

$\mu\theta+kx$	0.00	0.01	0.02	0.03	0.04	0.05	0.06	0.07	0.08	0.09
0	0.000	0.010	0.020	0.030	0.040	0.049	0.058	0.068	0.077	0.086
0.1	0.095	0.104	0.113	0.122	0.131	0.139	0.148	0.156	0.165	0.173
0.2	0.181	0.189	0.197	0.205	0.213	0.221	0.229	0.237	0.244	0.252
0.3	0.259	0.267	0.274	0.281	0.288	0.295	0.302	0.309	0.316	0.323
0.4	0.330	0.336	0.343	0.349	0.356	0.362	0.368	0.375	0.381	0.387
0.5	0.393	0.398	0.405	0.411	0.417	0.423	0.429	0.434	0.440	0.446
0.6	0.451	0.457	0.462	0.467	0.473	0.478	0.483	0.488	0.493	0.498
0.7	0.503	0.508	0.513	0.518	0.523	0.528	0.532	0.537	0.542	0.546
0.8	0.551	0.555	0.560	0.564	0.568	0.573	0.577	0.581	0.585	0.589
0.9	0.593	0.597	0.601	0.605	0.609	0.613	0.617	0.621	0.625	0.628
1.0	0.632	0.636	0.639	0.643	0.647	0.650	0.654	0.657	0.660	0.664

注：x－从张拉端至计算截面的管道长度，以 m 计。

预应力筋与孔道间的摩擦引起的预应力损失是在施加预应力时产生的。因此，可以通过采用两端同时张拉，减小 θ 值及管道长度 x 值；也可以采用超张拉的办法，超张拉时可采取以下两种张拉程序：第一种为 $0\rightarrow1.03\sigma_{con}$；第二种为 $0\rightarrow1.05\sigma_{con}\xrightarrow{2min}\sigma_{con}$。其原理是：高应力（超张拉）下短时间内发生的损失在低应力下需要较长时间；持荷 2 min 可使相当一部分松弛损失发生在钢筋锚固之前，则锚固后损失减小。

2. 锚具变形、预应力筋回缩及接缝压缩损失 σ_{l2}

后张法预应力混凝土构件，当放松张拉千斤顶时，锚具开始受力，这时，由于锚具本身的变形、钢丝的滑动、垫板缝隙压密以及分块拼装时的接缝压缩等因素，均会使已张拉好的钢筋略有松动，造成应力损失。

预应力直线钢筋由锚具变形、预应力筋回缩及接缝压缩引起的预应力损失，可按下式计算：

$$\sigma_{l2}=\frac{\sum\Delta l}{l}E_{p} \tag{9-5}$$

式中：Δl——张拉端锚具变形、钢筋回缩和接缝压缩值（mm），可按表 9-3 选用；

l——张拉端至锚固端之间的距离（mm）；

E_p——预应力钢筋的弹性模量。

锚具变形、钢筋回缩和接缝压缩值（单位：mm）

表 9-3

锚具、接缝类型		Δl	锚具、接缝类型	Δl
钢丝束的钢制锥形锚具		6	镦头锚具	1
夹片式锚具	有顶压时	4	每块后加垫板的缝隙	1
	无顶压时	6	水泥砂浆接缝	1
带螺母锚具的螺母缝隙		1	环氧树脂砂浆接缝	1

后张法构件，由于锚具变形引起钢筋变形，同样会受到管道摩阻力的影响，这种摩阻力与张拉钢筋时的摩阻力相反，故称反摩阻。因此，《桥规》（JTG D62）规定，后张法构件预应力曲线钢筋由锚具变形、预应力筋回缩及接缝压缩引起的预应力损失，应考虑反向摩擦的影响。

3. 预应力钢筋与台座之间的温差损失 σ_{l3}

先张法施工的构件采用加热方法养护时，钢筋与台座之间的温差会引起预应力损失，可按下式计算：

$$\sigma_{l3}=2(t_2-t_1)\quad(\mathrm{MPa})\tag{9-6}$$

式中：t_2——混凝土加热养护时，受拉钢筋的最高温度（采用加热方法养护时，钢筋与台座之间的温差会引起预应力损失）；

t_1——张拉钢筋时，制造场地的温度（℃）。

先张法构件加热养护时，由钢筋与台座之间温差引起的预应力损失，只是在钢筋与混凝土之间的黏结力尚未建立的情况下才会发生。一旦钢筋与混凝土形成黏结力而共同工作后，就不再因温差而引起预应力损失。因此，利用这种关系，采用分阶段养护措施，就可以减少钢筋的应力损失。例如，采用两阶段养护，第一阶段采用低温养护，温差控制在20℃左右，以此计算预应力损失。待混凝土强度达到一定强度（7.5～10MPa）时，其与钢筋的黏结力足以抵抗温度变形，钢筋应力不再损失，再进行第二阶段的高温养护。

4. 混凝土的弹性压缩损失 σ_{l4}

后张法预应力混凝土构件，由于受张拉设备的限制，钢筋往往采用分批张拉，先张拉的钢筋就要受后批张拉预应力钢筋所产生的混凝土弹性压缩变形的影响，使先张拉并锚固的预应力钢筋产生应力损失。这项损失可按下式计算：

$$\sigma_{l4}=\alpha_{Ep}\sum\Delta\sigma_{pc}\tag{9-7}$$

式中：$\Delta\sigma_{pc}$——在计算截面先批张拉钢筋束重心处，由于后张拉各批钢筋束所产生的混凝土正应力（MPa）；

α_{Ep}——预应力钢筋弹性模量与混凝土弹性模量的比值。

按式(9-7)计算弹性压缩损失 σ_{l4}时，首先要计算每束（根）后张拉的预应力钢筋在先张拉钢筋重心处产生的混凝土法向预压应力 $\Delta\sigma_{pc}$，这是一个繁琐的计算过程，除非利用电算程序，手工计算有一定的难度。为此，《桥规》（JTG D62）附录E给出了一个计算后张法构件由混凝土弹性压缩引起的预应力损失的简便方法。该方法是假定每束（根）预应力钢筋的预加力相同，且取它们弹性压缩损失的平均值而建立起来的，是一个近似的简化方法。具体计算公式为：

$$\sigma_{l4}=\frac{m-1}{2}\alpha_{Ep}\sum\Delta\sigma_{pc}\tag{9-8}$$

式中：m——预应力钢筋的束数；

$\Delta\sigma_{pc}$——在计算截面的全部钢筋重心处，由张拉一束预应力钢筋产生的混凝土法向压应力（MPa），取各束的平均值。

式(9-8)也可用于按截面分批张拉预应力钢筋（如纵向分块悬臂浇筑的构件）时，由混凝土弹性压缩引起的预应力损失。此时，每个截面作为一批，式中 m 为通过计算截面的预应力钢筋批数；$\Delta\sigma_{pc}$为在计算截面的全部钢筋重心处，由张拉一批预应力钢筋产生的混凝土法向压应力（MPa），取各批的平均值。

先张法预应力混凝土构件，放松预应力钢筋时钢筋已与混凝土黏结，两者共同变形，由混凝土弹性压缩引起的预应力损失，可按下式计算：

$$\sigma_{l4}=\varepsilon_c E_p=\frac{\sigma_{pc}}{E_c}\cdot E_p=\alpha_{Ep}\sigma_{pc}\tag{9-9}$$

$$\sigma_{pc}=\frac{N_{p0}}{A_0}+\frac{N_{p0}e_{p0}^2}{I_0} \tag{9-10}$$

式中：σ_{pc}——在计算截面钢筋重心处，由全部预应力钢筋产生的混凝土法向压应力（MPa）；

N_{p0}——全部钢筋的预加力（扣除相应的预应力损失）；

A_0，I_0——构件换算截面面积和惯性矩；

e_{p0}——预应力钢筋截面重心至换算截面重心的距离。

5. 预应力钢筋的应力松弛损失 σ_{l5}

预应力钢筋松弛引起的预应力损失，与钢筋种类、加工方式、张拉钢筋应力大小及其延续时间有关，其终极值，可按下列规定计算。

1）预应力钢丝、钢绞线

$$\sigma_{l5}=\psi\zeta\left(0.52\frac{\sigma_{pe}}{f_{pk}}-0.26\right)\sigma_{pe} \tag{9-11}$$

式中：ψ——张拉系数：一次张拉时，$\psi=1.0$；超张拉时，$\psi=0.9$；

ζ——钢筋松弛系数：I 级松弛（普通松弛），$\zeta=1.0$；II 级松弛（低松弛），$\zeta=0.3$；

σ_{pe}——传力锚固时的钢筋应力：对后张法构件，$\sigma_{pe}=\sigma_{con}-\sigma_{l1}-\sigma_{l2}-\sigma_{l4}$；对先张法构件，$\sigma_{pe}=\sigma_{con}-\sigma_{l2}$。

2）精轧螺纹钢筋

一次张拉：

$$\sigma_{l5}=0.05\sigma_{con} \tag{9-12}$$

超张拉：

$$\sigma_{l5}=0.035\sigma_{con} \tag{9-13}$$

当预应力钢丝、钢绞线需分阶段计算钢筋的应力松弛损失时，其中间值与终值的比值应根据建立预应力的时间按表 9-4 确定。

钢筋应力松弛损失中间值与终值的比值 表 9-4

时间（d）	2	10	20	30	40
比值	0.5	0.61	0.74	0.87	1.00

6. 混凝土的收缩和徐变损失 σ_{l6}

由于受混凝土收缩、徐变的影响，预应力混凝土构件会产生变形（缩短），因而引起预应力损失。《桥规》（JTG D62）规定，混凝土的收缩和徐变损失可按下式计算：

$$\sigma_{l6}(t)=\frac{0.9[E_p\varepsilon_{cs}(t,t_0)+\alpha_{Ep}\sigma_{pc}\phi(t,t_0)]}{1+15\rho\rho_{ps}} \tag{9-14}$$

$$\rho=(A_p+A_s)/A \tag{9-15}$$

$$\rho_{ps}=1+e_{ps}^2/i^2 \tag{9-16}$$

$$e_{ps}=\frac{A_pe_p+A_se_s}{A_p+A_s} \tag{9-17}$$

式中：$\sigma_{l6}(t)$——由混凝土收缩、徐变引起的构件受拉区预应力钢筋的应力损失值；

σ_{pc}——构件受拉区全部纵向钢筋截面重心处，由预加力（扣除相应阶段的预应力损失）和结构自重产生的混凝土法向应力；预应力损失仅考虑预应力钢筋锚固时（第一批）的损失，普通钢筋应力 σ_{l6} 应取为零；σ_{pc} 值不得大于传力锚固时混凝土立方体抗压强度 f'_{cu} 的 0.5 倍；计算 σ_{pc} 时，可根据构件制作情况考虑自重的影响；

E_p——预应力钢筋弹性模量；

α_{Ep}——预应力钢筋弹性模量与混凝土弹性模量的比值。

ρ——构件受拉区全部纵向钢筋配筋率；

ρ_{ps}——计算参数；

i——截面回转半径，$i=\sqrt{I/A}$，A、I 为构件截面面积和惯性矩，《桥规》(JTG D62)规定，对先张法取换算截面 A_o、I_o，对后张法取净截面 A_n、I_n；

e_{ps}——构件截面受拉区全部纵向钢筋截面重心至构件截面重心轴的距离；

$\varepsilon_{cs}(t,t_0)$——预应力钢筋传力锚固龄期为 t_0，计算考虑龄期为 t 时的混凝土收缩应变，其终极值 $\varepsilon_{cs}(t_u,t_0)$，可按表 9-5 采用；

$\phi(t,t_0)$——加载龄期为 t_0，计算考虑龄期为 t 时的徐变系数，其终极值 $\phi(t_u,t_0)$，可按表 9-5 采用。

对于受压区配置预应力钢筋和普通钢筋的情况，由混凝土收缩和徐变引起的构件受压区预应力钢筋的应力损失，亦可参照公式(9-14)计算，但式中的有关符号及取值方法应改为受压区的有关参数表示。

混凝土收缩和徐变系数终极值 表 9-5

传力锚固龄期(d)	混凝土收缩应变终极值 $\varepsilon_{cs}(t_u,t_0)\times10^3$							
	$40\%\leqslant RH<70\%$ 理论厚度 h(mm)				$70\%\leqslant RH<99\%$ 理论厚度 h(mm)			
	100	200	300	≥600	100	200	300	≥600
3～7	0.50	0.45	0.38	0.25	0.30	0.26	0.23	0.15
14	0.43	0.41	0.36	0.24	0.25	0.24	0.21	0.14
28	0.38	0.38	0.34	0.23	0.22	0.22	0.20	0.13
60	0.31	0.34	0.32	0.22	0.18	0.20	0.19	0.12
90	0.27	0.32	0.30	0.21	0.16	0.19	0.18	0.12
传力锚固龄期(d)	混凝土徐变系数终极值 $\phi(t_u,t_0)$							
	$40\%\leqslant RH<70\%$ 理论厚度 h(mm)				$70\%\leqslant RH<99\%$ 理论厚度 h(mm)			
	100	200	300	≥600	100	200	300	≥600
3	3.78	3.36	3.14	2.79	2.73	2.52	2.39	2.20
7	3.23	2.88	2.68	2.39	2.32	2.15	2.05	1.88
14	2.83	2.51	2.35	2.09	2.04	1.89	1.79	1.65
28	2.48	2.20	2.05	1.83	1.79	1.65	1.58	1.44
60	2.14	1.91	1.78	1.58	1.55	1.43	1.36	1.25
90	1.99	1.76	1.65	1.46	1.44	1.32	1.26	1.15

注：①表中 RH 代表桥梁所处环境的年平均相对湿度(%)；表中数值按 $40\%\leqslant RH<70\%$ 取 55%，$70\%\leqslant RH<99\%$ 取 80% 计算所得；

②表中理论厚度 $h=2A/u$，A 为构件截面面积，u 为构件与大气接触的周边长度，当构件为变截面时，A 和 u 均可取其平均值；

③本表适用于由一般硅酸盐水泥或快硬水泥配制而成的混凝土；表中数值系按强度等级为 C40 混凝土计算所得，对 C50 及以上混凝土，表列数值应乘以 $\sqrt{32.4/f_{ck}}$，式中 f_{ck} 为混凝土轴心抗压强度标准值；

④本表适用于季节性变化的平均温度 -20℃～+40℃；

⑤构件的实际传力锚固龄期、加载龄期或理论厚度为表列数值中间值时，收缩应变和徐变系数终极值可按直线内插法取值；

⑥在分阶段施工或结构体系转换中，当需计算阶段收缩应变和徐变系数时，可按《桥规》(JTG D62)附录 F 提供的方法进行。

三、预应力损失的组合

各项预应力损失在不同的施工方法中所考虑的不相同。从预应力损失完成的时间上看，有些损失出现在混凝土预压完成以前，有些损失出现在混凝土预压完成之后；有些损失很快完成，有些损失则需要延续很长时间。在工程设计中，往往预应力损失完成的时间分为两组计算，即预加应力钢筋传力锚固时和传力锚固后的损失。不同施工方法所考虑的各阶段预应力损失值的组合列于表9-6。

各阶段预应力损失值的组合　　表9-6

预应力损失的组合	先张法构件	后张法构件
传力锚固时的损失（第一批）$\sigma_{l,\text{I}}$	$\sigma_{l,\text{I}}=\sigma_{l2}+\sigma_{l3}+\sigma_{l4}+0.5\sigma_{l5}$	$\sigma_{l,\text{I}}=\sigma_{l1}+\sigma_{l2}+\sigma_{l4}$
传力锚固后的损失（第二批）$\sigma_{l,\text{II}}$	$\sigma_{l,\text{II}}=0.5\sigma_{l5}+\sigma_{l6}$	$\sigma_{l,\text{II}}=\sigma_{l5}+\sigma_{l6}$

在设计预应力混凝土构件时，应根据所采用的施工方法，按照不同的工作阶段计算有关的预应力损失。一般来说，在上述六项损失中，混凝土收缩、徐变引起的预应力损失最大。在后张法构件中预应力钢筋与管道壁之间的摩擦损失也较大。当预应力钢筋长度较短时，锚具变形损失也不小。

【例9-1】 预应力混凝土空心板桥预应力损失计算示例。

利用[例3-1]所给资料并补充下列“设计要点”说明，计算20m预应力混凝土空心板预应力损失。

(1)按先张法部分预应力A类构件设计，桥面铺装层100mm厚C40混凝土不参与截面组合作用；

(2)板内截面配筋情况及几何特性计算结果分别列于表9-7和表9-8，换算截面几何特性计算示意见图9-10；

(3)预应力张拉控制应力 $\sigma_{\text{con}}=0.75f_{\text{pk}}$，预应力张拉台座长假定为70m，混凝土强度达到80%时才允许放张预应力钢筋；

(4)计算预应力损失时计入加热养护温度差20℃引起的预应力损失；

(5)计算混凝土收缩、徐变引起的预应力损失时传力锚固龄期为7d；

(6)环境平均相对湿度 $RH=80\%$；

(7)存梁时间为90d。

板内截面配筋　　表9-7

板块	A_s (mm²)	α_s (mm)	α_p (mm)	跨中		L/4		支点	
				A_p (mm²)	h_0 (mm)	A_p (mm²)	h_0 (mm)	A_p (mm²)	h_0 (mm)
边板	17ϕ12 1 923	47	61	17ϕ^{S}15.2 2 363	895	15ϕ^{S}15.2 2 085	895	10ϕ^{S}15.2 1 390	897
中板	16ϕ12 1 810	47	61	16ϕ^{S}15.2 2 224	895	14ϕ^{S}15.2 1 946	895	10ϕ^{S}15.2 1 390	897

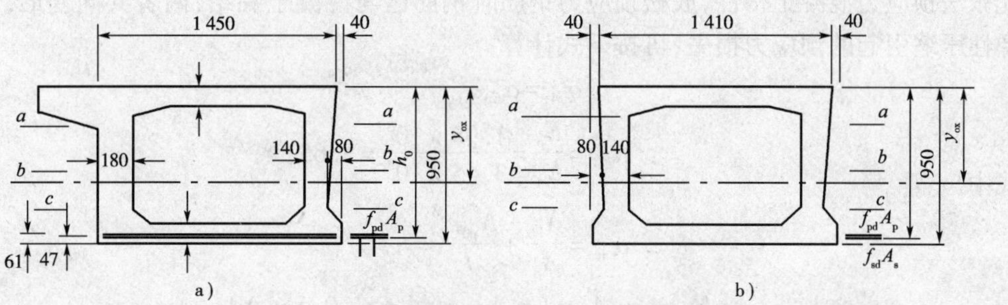

图 9-10　换算截面几何特性计算示意(尺寸单位:mm)

a)边板;b)中板

换算截面几何特性　　表 9-8

板块	截面	板顶计算宽度 b(mm)	面积与惯性矩					面积矩		
			A_o (m^2)	I_o (m^4)	y_{ox} (m)	y_p (m)	y_s (m)	$S_o^{a\text{-}a}$ (m^3)	$S_o^{b\text{-}b}$ (m^3)	$S_o^{c\text{-}c}$ (m^3)
边板	跨中	1 450	0.665 5	0.078 69	0.492 3	0.397	0.411			
	$\frac{L}{4}$		0.664 2	0.078 50	0.491 5	0.398	0.412			
	支点		0.659 0	0.077 73	0.488 4	0.400	0.415	0.084 63	0.104 14	0.093 51
中板	跨中	1 450	0.62 14	0.075 99	0.494 9	0.393	0.407			
	$\frac{L}{4}$		0.620 1	0.075 80	0.495 1	0.394	0.408			
	支点		0.616 2	0.075 24	0.492 5	0.396	0.409	0.028 24	0.099 54	0.091 41

1)预应力钢筋应力损失计算

(1)张拉控制应力

按照《桥规》(JTG D62)的规定,采用钢绞线的张拉控制应力为:

$$\sigma_{con}=0.75f_{pk}=0.75\times 1\ 860=1\ 395(\text{MPa})$$

(2)各项预应力损失

①预应力钢筋与管道壁之间的摩擦损失 σ_{l1}

先张法构件不存在此项损失,故 $\sigma_{l1}=0$。

②锚具变形、钢筋回缩和接缝压缩损失 σ_{l2}

采用夹片式锚具(无顶压时),查表 9-3 得张拉端锚具变形、钢筋回缩值 $\Delta l=6$mm。假定台座一批张拉三块预制板,单端张拉,张拉端至锚固端之间的距离 $l=70\text{m}=70\times10^3$mm。因此,根据公式(9-5)得:

$$\sigma_{l2}=\frac{\sum\Delta l}{l}E_p=\frac{6}{70\times10^3}\times1.95\times10^5=16.7(\text{MPa})$$

③预应力钢筋与台座之间的温差损失 σ_{l3}

加热养护分两阶段进行,第一阶段采用低温养护,温差控制在 20℃左右,以此计算预应力损失。待混凝土强度达到一定强度($0.8f_{cu,k}$)时,再进行第二阶段的高温养护。

$$\sigma_{l3}=2(t_2-t_1)=2\times20=40(\text{MPa})$$

④混凝土的弹性压缩损失 σ_{l4}

先张法预应力混凝土构件,放松预应力钢筋时钢筋已与混凝土黏结,两者共同变形,由混凝土弹性压缩引起的预应力损失,可按下式计算:

$$\sigma_{l4}=\alpha_{Ep}\sigma_{pc}$$

式中

$$\alpha_{Ep}=\frac{E_p}{E_c}=\frac{1.95\times10^3}{3.45\times10^4}=5.65;$$

$$\sigma_{pc}=\frac{N_{p0}}{A_o}+\frac{N_{p0}e_{po}}{I_o}y_o;$$

其中

$$N_{p0}=\sigma_{p0}A_p=(\sigma_{con}-\sigma_{l2}-\sigma_{l3}-0.5\sigma_{l5})A_p;$$

$$e_{po}=y_p;$$

$$y_o=h_0-y_{ox}。$$

在先张法预应力混凝土构件端部区段,由于受预应力钢筋锚固传递应力的影响,预应力钢筋的实际应力是按曲线规律变化的,但可以近似地假定在钢筋传递长度 l_{tr} 范围内按直线变化,即在构件端部取为零,在预应力钢筋传递长度末端取有效预应力值 σ_{pe},两点之间按直线变化(图 9-11)。按照《桥规》(JTG D62)规定,当传力锚固时混凝土强度达到 80%(相当于 C40)时,钢绞线有效预应力为 $\sigma_{pe}=1\ 000$MPa,预应力传递长度为 $l_{tr}=67d=67\times15.2=1\ 080.4$(mm)。实际上,当预应力钢筋放张时,其有效预应力值为:$\sigma_{pe}=\sigma_{con}-\sigma_{l2}-\sigma_{l3}-0.5\sigma_{l5}=1\ 395-16.7-40-0.5\times51.8=1\ 312.4$(MPa),这一数值大于《桥规》(JTG D62)给出的表值($\sigma'_{pe}=1\ 000$MPa),故预应力传递长度应根据表值按比例予以增加:$l_{tr}=67d\times\frac{\sigma_{pe}}{\sigma'_{pe}}=67\times15.2\times\frac{1\ 312.4}{1\ 000}=1\ 336$(mm)。从梁端到 h 截面的距离为 180 + 1 020 = 1 200(mm)(其中 180mm 为梁端到支点截面距离,1 020mm 为斜截面顶点到支点的水平距离),h 截面的有效预应力值为:

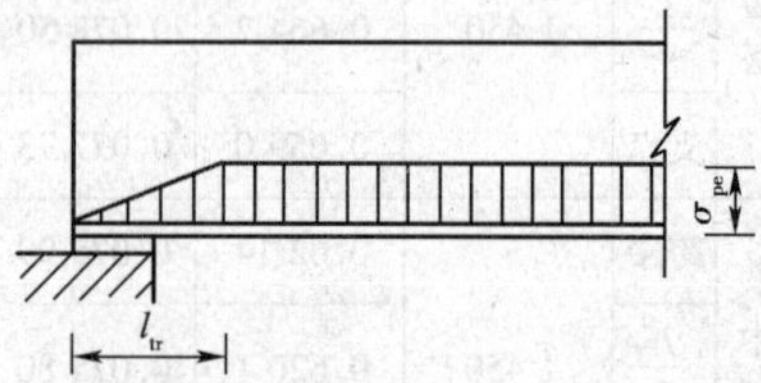

图 9-11 预应力钢筋传递长度内有效预应力值

$$\sigma^h_{pe}=\frac{\sigma_{pe}}{l_{tr}}\times(180+h)=\frac{1\ 312.4}{1\ 336}\times(180+1\ 020)=1\ 180(\text{MPa})$$

各控制截面的有效预应力值和预应力损失值计算列于表 9-9。

各控制截面的有效预应力值和预应力损失值计算 表 9-9

项 目	边板			中板		
	跨中	$L/4$	h 截面	跨中	$L/4$	h 截面
	$A_o=0.665\ 5m^2$ $I_o=0.078\ 69m^4$ $e_{po}=0.397m$ $y_o=0.403m$	$A_o=0.664\ 2m^2$ $I_o=0.078\ 50m^4$ $e_{po}=0.398m$ $y_o=0.404m$	$A_o=0.659\ 0m^2$ $I_o=0.077\ 73m^4$ $e_{po}=0.400m$ $y_o=0.407m$	$A_o=0.621\ 4m^2$ $I_o=0.075\ 99m^4$ $e_{po}=0.393m$ $y_o=0.400m$	$A_o=0.620\ 1m^2$ $I_o=0.075\ 80m^4$ $e_{po}=0.394m$ $y_o=0.400m$	$A_o=0.616\ 2m^2$ $I_o=0.075\ 24m^4$ $e_{po}=0.396m$ $y_o=0.405m$
σ_{pe}(MPa)	1 312.4	1 312.4	1 180	1 312.4	1 312.4	1 180
A_p(mm^2)	2 363	2 085	1 390	2 224	1 946	1 390
$N_{p0}=A_p\sigma_{pe}$(kN)	3 101.2	2 736.4	1 640.2	2 918.8	2 554.0	1 640.2
$\sigma_{pc}=\frac{N_{p0}}{A_o}+\frac{N_{p0}e_{po}}{I_o}y_o$(MPa)	10.92	9.68	5.88	10.73	9.94	6.12
$\sigma_{l4}=\alpha_{Ep}\sigma_{pc}$(MPa)	61.7	54.7	33.22	60.62	56.16	34.58

⑤预应力钢筋的应力松弛损失 σ_{l5}

$$\sigma_{l5}=\psi\zeta\left(0.52\frac{\sigma_{pe}}{f_{pk}}-0.26\right)\sigma_{pe}$$

其中：ψ——张拉系数，一次张拉时，$\psi=1.0$；

ζ——钢筋松弛系数，采用Ⅱ级松弛（低松弛）钢绞线，故取 $\zeta=0.3$；

σ_{pe}——传力锚固时的钢筋应力，对先张法构件，$\sigma_{pe}=\sigma_{con}-\sigma_{l2}=1\,395-16.7=1\,378.3$（MPa）。

故有：

$$\sigma_{l5}=1.0\times0.3\times\left(0.52\times\frac{1\,378.3}{1\,860}-0.26\right)\times1378.3=51.8(\text{MPa})$$

⑥混凝土的收缩和徐变损失 σ_{l6}

混凝土的收缩和徐变损失可按式(9-14)计算：

$$\sigma_{l6}(t)=\frac{0.9[E_p\varepsilon_{cs}(t,t_0)+\alpha_{Ep}\sigma_{pc}\phi(t,t_0)]}{1+15\rho\rho_{ps}}$$

计算混凝土收缩、徐变引起的预应力损失时传力锚固龄期为7d，环境平均相对湿度 $RH=80\%$。

空心板截面与大气接触的周边长度为：

$$\begin{aligned}u&=[1\,410+1\,490+2\times(120+128.1+734.4)]+[850+650+2\times(141.4+206.2+710)]\\&=4\,865+3\,615\\&=8\,480(\text{mm})\end{aligned}$$

中板毛截面面积 $A_c=594\,400\text{mm}^2$，故空心板理论厚度为：

$h=2A/u=2\times594\,400/8\,480=140$（mm）（边板计算为144mm，与中板近似相同）

查表9-5得混凝土收缩应变终极值 $\varepsilon_{cs}(t_u,7)=0.28\times10^{-3}$，混凝土徐变系数终极值 $\phi(t_u,7)=2.25$。对C50及以上混凝土，表列数值应乘以 $\sqrt{32.4/f_{ck}}=\sqrt{32.4/32.4}=1.0$。

纵向钢筋截面重心处由预应力产生的混凝土法向压应力 σ_{pc} 可按下式计算：

$$\sigma_{pc}=\frac{N_{p0}}{A_o}+\frac{N_{p0}e_{po}}{I_o}y_o$$

式中：$N_{p0}=\sigma_{pe}A_p$。考虑锚固钢筋时，发生第一批损失，故

$$\sigma_{pe}=\sigma_{con}-\sigma_{l2}-\sigma_{l3}-0.5\sigma_{l5}=1\,395-16.7-40-0.5\times51.8=1\,312.4(\text{MPa})$$

按照《桥规》（JTG D62）规定，σ_{pc} 值不得大于传力锚固时混凝土立方体抗压强度 f'_{cu} 的0.5倍，即：$\sigma_{pc}<0.5f'_{cu}=0.5\times40=20$（MPa）。

计算 σ_{pc} 时，可根据构件制作情况考虑自重的影响。各控制截面 σ_{pc} 值和 σ_{l6} 值的计算结果分别见表9-10和表9-11。

2）各阶段应力损失及有效预应力汇总（表9-12）

预加应力阶段（传力锚固时），第一批应力损失为 $\sigma_{l,\mathrm{I}}=\sigma_{l2}+\sigma_{l3}+\sigma_{l4}+0.5\sigma_{l5}$，有效预应力为 $\sigma_{pe}=\sigma_{con}-\sigma_{l,\mathrm{I}}$。

使用荷载作用阶段（传力锚固后），第二批应力损失为 $\sigma_{l,\mathrm{II}}=0.5\sigma_{l5}+\sigma_{l6}$，有效预应力为 $\sigma_{pe}=\sigma_{con}-\sigma_{l,\mathrm{I}}-\sigma_{l,\mathrm{II}}$。

各控制截面 σ_{pc} 值计算 表 9-10

板块	截面	M_{G1k} (kN·m)	A_p (mm^2)	σ_{pe} (MPa)	N_{p0} (kN)	e_{po} (m)	$y_o = e_{ps}$ (m)	A_o (mm^2)	I_o (mm^4)	$\sigma_{pc} = \frac{N_{p0}}{A_o} + \frac{N_{p0}e_{po} - M_{G1k}}{I_o}y_o$ (MPa)
边板	跨中	847.99	2 363	1 312.4	3 101.2	0.397	0.403	0.665 5	0.078 69	6.57
	$L/4$	636.08	2 085	1 312.4	2 736.4	0.398	0.404	0.664 2	0.078 50	6.41
	h 截面		1 390	1 180	1 640.2	0.400	0.407	0.659 0	0.777 3	5.91
中板	跨中	742.10	2 224	1 312.4	2 918.8	0.393	0.400	0.621 4	0.075 99	6.81
	$L/4$	556.65	1 946	1 312.4	2 554.0	0.394	0.400	0.620 1	0.075 80	6.47
	h 截面		1 390	1 180	1 640.2	0.396	0.405	0.616 2	0.075 24	6.14

各控制截面 σ_{l6} 值计算 表 9-11

板块	截面	E_p (MPa)	$\varepsilon_{cs}(t_u,7)$	$\phi(t_u,7)$	α_{Ep}	σ_{pc} (MPa)	$\rho = \frac{A_p + A_s}{A_o}$	$\rho_{ps} = 1 + \frac{e_{ps}^2 A_o}{I_o}$	$\sigma_{l6}(t) = \frac{0.9[E_p\varepsilon_{cs}(t,t_0) + \alpha_{Ep}\sigma_{pc}\phi(t,t_0)]}{1+15\rho\rho_{ps}}$
边板	跨中	1.95×10^5	0.28×10^{-3}	2.25	5.65	6.57	0.006 4	2.37	101.6
	$L/4$					6.41	0.006 3	2.38	100.0
	h 截面					5.91	0.005 0	2.40	98.9
中板	跨中	1.95×10^5	0.28×10^{-3}	2.25	5.65	6.81	0.006 5	2.31	103.7
	$L/4$					6.47	0.006 1	2.31	101.7
	h 截面					6.14	0.005 2	2.40	101.0

各阶段应力损失及有效预应力 表 9-12

板块	截面	预加应力阶段						使用阶段			
		σ_{l2}	σ_{l3}	σ_{l4}	$\sigma_{l5}/2$	$\sigma_{l,\mathrm{I}}$	σ_{pe}	$\sigma_{l5}/2$	σ_{l6}	$\sigma_{l,\mathrm{II}}$	σ_{pe}
边板	跨中	16.7	40	61.7	51.8/2	144.3	1 250.7	51.8/2	101.6	127.5	1 123.2
	$L/4$	16.7	40	54.7	51.8/2	137.3	1 257.7	51.8/2	100.0	125.9	1 131.8
	h 截面	16.7	40	33.2	51.8/2	115.8	1 279.2	51.8/2	98.9	124.8	1 154.4
中板	跨中	16.7	40	60.6	51.8/2	143.2	1 251.8	51.8/2	103.7	129.6	1 122.2
	$L/4$	16.7	40	56.2	51.8/2	138.8	1 256.2	51.8/2	101.7	127.6	1 128.6
	h 截面	16.7	40	34.6	51.8/2	117.2	1 277.8	51.8/2	101.0	126.9	1 150.9

第四节　预应力混凝土梁的受力阶段分析

试验研究表明，预应力混凝土梁从张拉钢筋到受荷破坏大致可以分为四个阶段，即预加应力阶段（包括预制、运输和安装）、整体工作阶段（从受荷开始到构件出现裂缝前）、带裂缝工作阶段和破坏阶段。图 9-12 表示一根后张法预应力混凝土梁各工作阶段受力情况。

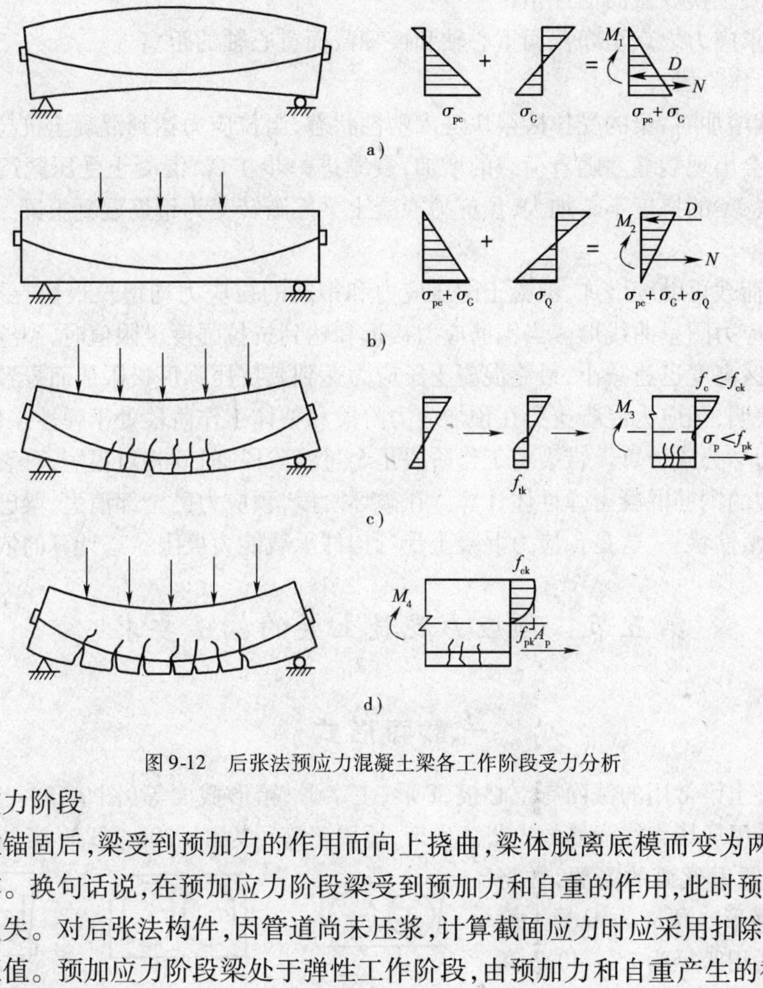

图 9-12　后张法预应力混凝土梁各工作阶段受力分析

1. 预加应力阶段

钢筋张拉锚固后，梁受到预加力的作用而向上挠曲，梁体脱离底模而变为两端支承，梁体自重参加工作。换句话说，在预加应力阶段梁受到预加力和自重的作用，此时预加力应扣除第一批预应力损失。对后张法构件，因管道尚未压浆，计算截面应力时应采用扣除管道影响的净面积几何特征值。预加应力阶段梁处于弹性工作阶段，由预加力和自重产生的截面应力可按材料力学公式计算。

$$\sigma_{cc}\text{或}\sigma_{ct}=\frac{N_{p1}}{A_n}\mp\frac{N_{p1}e_{pn}}{I_n}\pm\frac{M_{Gk}}{I_n}y_n \tag{9-18}$$

式中：N_{p1}——传力锚固时的预加力，$N_{p1}=(\sigma_{con}-\sigma_{l1})A_p$；

M_{Gk}——计算截面处梁的自重弯矩标准值；

e_{pn}——相对于净截面重心轴的预加力偏心距；

A_n,I_n——混凝土净截面面积和惯性矩。

2. 整体工作阶段

这一阶段指从承受使用荷载到构件出现裂缝前经历的阶段。在这一阶段，预应力损失已逐步完成，预应力钢筋中的有效预加力为 $N_p=(\sigma_{con}-\sigma_{l,\mathrm{I}}-\sigma_{l,\mathrm{II}})A_p$。对于后张法构件，管道已压浆，计算截面应力时应采用换算截面几何特征值。整体工作阶段梁基本处于弹性工作状态，故由有效预加力、自重和活荷载引起的截面应力还可按材料力学公式计算。

$$\sigma_{cc}\text{或}\sigma_{ct}=\frac{N_p}{A_n}\mp\frac{N_p e_{pn}}{I_n}\pm\frac{M_{Gk}}{I_n}y_n\pm\frac{M_{Qk}}{I_o}y_o \tag{9-19}$$

式中：N_p——预加力钢筋的有效预加力，$N_p=(\sigma_{con}-\sigma_{l,\mathrm{I}}-\sigma_{l,\mathrm{II}})A_p$；

M_{Qk}——计算截面处梁的活载弯矩标准值；

I_o——混凝土换算截面惯性矩；

y_n，y_o——所求应力之点至净截面重心轴和换算截面重心轴的距离。

3. 带裂缝工作阶段

当荷载继续增加时，梁的受拉区很快进入塑性状态，当拉应力达到混凝土抗拉强度极限值时，量的下缘就会出现裂缝。随着荷载的增加，裂缝进一步扩展，混凝土受压区逐渐缩小。裂缝宽度不断扩大，梁的挠度不断加大，预应力混凝土梁逐渐转变为钢筋混凝土梁。

4. 破坏阶段

梁开裂后，荷载再继续增加，混凝土的压应力和钢筋的拉应力均增长很快，受压区混凝土进入塑性状态，应力图呈曲线形。当钢筋应力接近和达到抗拉强度极限值时，裂缝继续向上扩展，混凝土受压区高度迅速减小，最终混凝土压应力达到其抗压强度极限值而导致梁的破坏。

上述分析表明，预应力混凝土梁在预加应力阶段和整体工作阶段处于弹性工作状态，截面应力可按材料力学公式计算。带裂缝工作阶段是个过渡阶段，时间相对很短，可裂初期构件截面应力可按开裂的钢筋混凝土弹性体计算。在破坏阶段，预应力已全部消失，梁已转变为钢筋混凝土梁，处于塑性状态，这是预应力混凝土受弯构件承载能力极限状态计算的依据。

第五节　预应力混凝土梁的构造要求

一、截面形式

预应力混凝土梁常用的截面有空心板、T形、工字形、箱形截面等（图9-13）。预应力混凝土空心板一般采用现场直线配筋的先张法生产，适用于跨径为8～20m。T形梁是常用的桥梁截面形式，为布置钢丝束的需要，常将下缘加宽成马蹄形。预应力混凝土简支T形梁桥的适用跨径为25～40m，高跨比一般为$h/L=1/15\sim1/25$。T形梁的腹板宽度为160～200mm，上翼缘宽度一般取160～250mm。预应力混凝土工字形梁是现浇整体组合式截面，在预制工字形梁安装定位后再现浇横梁和桥面混凝土，其受力性能如同T形截面，但横向联系较T形梁好，构件吊装质量相对较轻，特别适合于各种斜桥。箱形截面具有较大的抗扭惯矩和抗弯刚度，跨越能力大，材料利用合理。箱

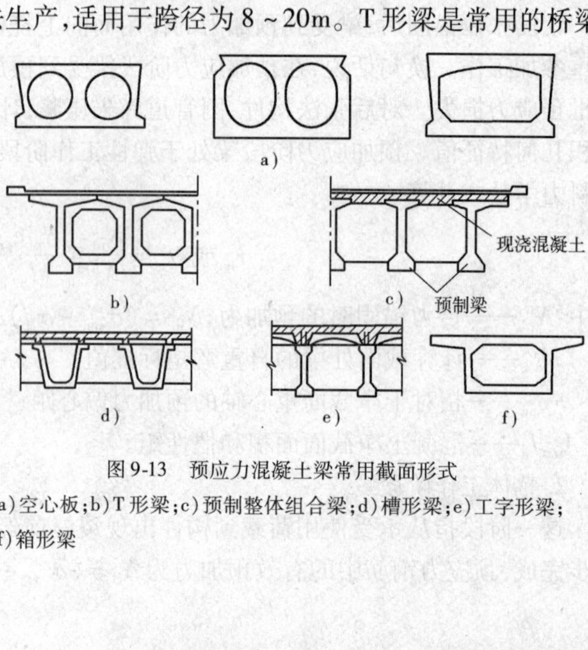

图9-13　预应力混凝土梁常用截面形式

a)空心板；b)T形梁；c)预制整体组合梁；d)槽形梁；e)工字形梁；f)箱形梁

形截面适用于预应力混凝土连续梁、T形刚构等大跨径桥梁。

预应力混凝土构件截面尺寸，除了要考虑构件的强度、抗裂度和刚度的需要，同时，还与预应力钢筋种类、张拉方式、锚固方式等有密切关系。

二、预应力混凝土配筋的构造要求

在预应力混凝土梁中，其主要受力钢筋是预应力钢筋（包括纵向预应力筋和弯起预应力筋）和普通箍筋。此外，为使构件设计得更为合理及满足构造要求，有时还须设置一部分非预应力钢筋及辅助钢筋。

1）先张法预应力混凝土构件预应力钢筋设置的构造要求

先张法预应力混凝土构件宜采用钢绞线、螺旋肋钢丝或刻痕钢丝作预应力钢筋。当采用光面钢丝作预应力钢筋时，应采取适当措施，保证钢丝在混凝土中可靠地锚固。

在先张预应力混凝土构件中，预应力钢筋间或锚具间的净距，应根据浇筑混凝土、施加预应力及钢筋锚固等要求确定。预应力钢绞线之间的净距不应小于其直径的1.5倍，且对二股、三股钢绞线不应小于20mm，对七股钢绞线不应小于25mm。预应力钢丝间净距不应小于15mm。

在先张预应力混凝土构件中，对于单根预应力钢筋，其端部应设置长度不小于150mm的螺旋筋；对于多根预应力钢筋，在构件端部10倍预应力钢筋直径范围内，应设置3~5片钢筋网。

2）后张法预应力混凝土构件预应力钢筋设置的构造要求

后张法构件中预留预应力钢筋孔道一般采用抽拔橡胶管或钢管和预埋波纹管或铁皮管两种方式。《桥规》（JTG D62）对预应力钢筋孔道的设置要求如下。

（1）直线管道的净距不应小于40mm，且不宜小于管道直径的0.6倍；对于预埋的金属或塑料波纹管和铁皮管，在竖直方向可将两管道叠置。

（2）对外形呈曲线形且布置有曲线形预应力钢筋的构件（图9-14），其曲线平面内、外管道的最小混凝土保护层厚度，应按下列公式计算。

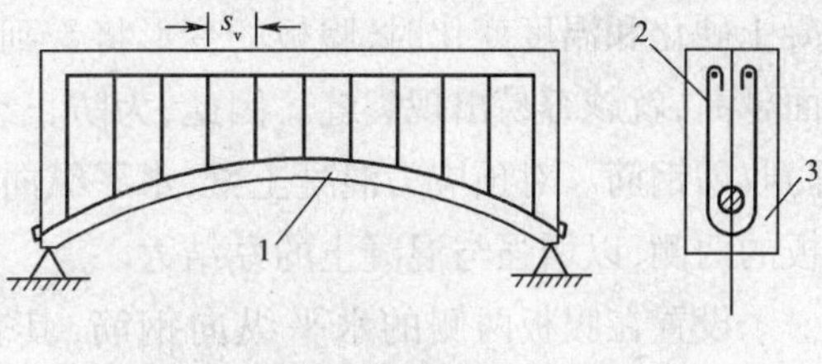

图9-14　预应力钢筋曲线管道保护层

1-曲线平面内保护层；2-箍筋；3-曲线平面外保护层

曲线平面内：

$$C_{in} \geqslant \frac{P_d}{0.266r\sqrt{f'_{cu}}} - \frac{d_s}{2} \quad (9\text{-}20)$$

式中：C_{in}——曲线平面内最小混凝土保护层厚度；

P_d——预应力钢筋的张拉力设计值（N），可取扣除锚圈摩擦、钢筋回缩及计算截面处管道摩擦损失后的张拉力乘以1.2；

r——管道曲线半径（mm），$r=\frac{1}{2}\left(\frac{1}{4\beta}+\beta\right)$，其中$\beta$为曲线矢高$f$与弦长$l$之比；

f'_{cu}——预应力钢筋张拉时，边长为150mm立方体混凝土抗压强度（MPa）；

d_s——管道外缘直径。

曲线平面外：

$$C_{out} \geqslant \frac{P_d}{0.266\pi r\sqrt{f'_{cu}}} - \frac{d_s}{2} \quad (9\text{-}21)$$

式中：C_{out}——曲线平面外最小混凝土保护层厚度。

曲线形预应力钢筋管道在曲线平面内相邻管道间的最小净距应按式(9-20)计算，其中 P_d 和 r 分别为相邻两管道曲线半径较大的一根预应力钢筋的张拉力设计值和曲线半径，C_{in} 为相邻两曲线管道外缘在曲线平面内净距。当上述计算结果小于其相应直线管道外缘间净距时，应取用直线管道最小外缘间净距。曲线形预应力钢筋管道在曲线平面外相邻管道间的最小净距应按式(9-21)计算，其中 C_{out} 为相邻两曲线管道外缘在曲线平面外净距。

(3)管道内径的截面面积不应小于两倍预应力钢筋截面面积。

(4)按计算设置预拱度时，预留管道也应同时起拱。

3)部分预应力混凝土构件普通钢筋设置的构造要求

部分预应力混凝土梁应采用预应力钢筋和普通钢筋混合配筋。位于受拉区边缘的普通钢筋宜采用直径较小的带肋钢筋，以较密的间距布置。普通受拉钢筋的截面面积不宜小于 $0.003bh$。

4)预应力混凝土梁箍筋设置的构造要求

尽管预应力混凝土梁的剪应力较小，但仍需要设置普通箍筋，用以防止剪力裂缝和突然破坏。箍筋应根据计算设置，且应符合下列构造要求。

(1)预应力混凝土T形、工字形截面和箱形截面梁腹板内应分别设置直径不小于10mm和12mm的箍筋，且应采用带肋箍筋，间距不应大于250mm；自支座中心起长度不小于一倍梁高范围内，应采用闭合式箍筋，间距不应大于100mm。

(2)在T形、工字形截面梁下部的马蹄内，应另设直径不小于的8mm闭合式箍筋，间距不应大于200mm。此外，马蹄内尚应设直径不小于12mm的定位钢筋。

5)预应力混凝土梁水平纵向辅助钢筋的设置

对于梁高较大的预应力混凝土T形梁或箱形梁的腹板两侧应设置水平纵向钢筋，以防止因混凝土收缩及温度变化而产生的裂缝。对预应力混凝土T形梁，上有翼板，下有马蹄，在混凝土硬化和温度变化时，腹板的变形将受到翼缘与马蹄的钳制作用，更容易出现裂缝。梁肋截面越高，就越容易出现裂缝。因此，为防止裂缝，一般在腹板两侧设置水平纵向钢筋，通常称为防收缩钢筋。对预应力混凝土梁，水平纵向钢筋宜采用小直径带肋钢筋网，紧贴箍筋布置在腹板的两侧，以增强与混凝土的黏结力。

设置在腹板两侧的水平纵向钢筋，其直径为6~8mm，钢筋的截面面积宜为$(0.001 \sim 0.002)bh$，其中 b 为腹板宽度，h 为梁的高度。其间距在受拉区不应大于腹板宽度，且不应大于200mm，在受压区不应大于300mm，在支点附近剪力较大区段和预应力混凝土梁的锚固区段，腹板两侧纵向钢筋的截面面积应予以增加，纵向钢筋间距宜为100~150mm。

6)后张法预应力混凝土梁预应力钢筋管道灌浆

预应力钢筋管道压浆用水泥浆，按70mm×70mm×70mm立方体试件标准养护28d测得的抗压强度不应低于30MPa。其水灰比宜为0.40~0.45。为了减少收缩，可通过试验掺入适量膨胀剂。

7)后张法预应力混凝土梁预应力钢筋的封锚

在预加应力施加完毕后，埋封于梁体内的锚具应设置构造钢筋与梁体连接，然后浇筑混凝土封锚。封锚混凝土强度等级不应低于构件本身混凝土强度等级的80%，且不低于C30。

第六节　预应力混凝土受弯构件计算

一、预应力混凝土受弯构件计算的主要内容

按照《桥规》(JTG D62)规定,预应力混凝土受弯构件计算的主要内容如下。

1. 持久状况承载力极限状态计算

预应力混凝土受弯构件的承载能力极限状态计算,包括正截面承载力计算和斜截面承载力计算。斜截面承载力计算分为斜截面抗剪承载力计算和斜截面抗弯承载力计算两部分。

由于预应力混凝土受弯构件在破坏阶段已转变为钢筋混凝土构件,其承载能力极限状态计算实质上是钢筋混凝土受弯构件的承载力计算问题。因此,钢筋混凝土受弯构件正截面和斜截面承载力计算图式及计算方法原则上可用于预应力混凝土受弯构件的计算。

2. 持久状况正常使用极限状态计算

预应力混凝土受弯构件正常使用极限状态计算包括抗裂验算、裂缝宽度验算和挠度验算。

对于全预应力混凝土和部分预应力混凝土 A 类构件,其抗裂验算是通过荷载短期效应组合作用下正截面混凝土法向拉应力和斜截面混凝土主拉应力来控制。在短期效应组合作用下,全预应力混凝土和部分预应力混凝土 A 类构件处于整体工作阶段态,全截面参加工作,截面应力可按材料力学公式计算。对于部分预应力混凝土 B 类构件,在短期效应组合作用下,其裂缝宽度应小于《桥规》(JTG D62)规定的限值。

预应力混凝土受弯构件在正常使用极限状态下的挠度,可根据给定构件的刚度用结构力学的方法计算。

3. 持久状况和短暂状况构件的应力计算

持久状况预应力混凝土受弯构件的应力计算,其内容包括使用阶段正截面混凝土的法向压应力、受拉钢筋的拉应力和斜截面混凝土主压应力验算,并不得超过《桥规》(JTG D62)规定的限值。构件应力计算实质上是构件的强度计算,是对承载力计算的补充。持久状况应力验算时,作用(或荷载)取其标准值,不计分项系数,汽车荷载应考虑冲击系数影响。

按短暂状况设计时,应计算构件在制造、运输及安装等阶段,由预加力(扣除相应的预应力损失)、构件自重及其他施工荷载引起的正截面法向应力,并不得超过《桥规》(JTG D62)规定的限值。构件自重和施工荷载采用标准值,当有组合时不考虑荷载组合系数。

二、持久状况承载力极限状态计算

1. 正截面承载力计算

预应力混凝土受弯构件正截面破坏时的受力状态和普通钢筋混凝土受弯构件基本相同。当 $x \leqslant \xi_b h_0$ 时,破坏时截面上的受拉区预应力钢筋和非预应力钢筋先达到屈服强度,然后受压区边缘混凝土达到极限压应变而压碎,受压区的非预应力钢筋也达到屈服强度。所不同的是:如果截面上还有位于受压区的预应力钢筋 A'_p,则其应力可按平截面假定确定,一般达不到抗压强度设计值 f'_{pd}。

在设计预应力混凝土受弯构件时,为确保构件破坏时发生塑性破坏,可通过控制混凝土受压区高度 $x \leqslant \xi_b h_0$ 的办法来控制构件的配筋率。预应力混凝土相对界限受压区高度 ξ_b(又称受压区高度界限系数)不仅取决于钢筋和混凝土的力学性能,而且还与预应力的大小有关,可

按下列公式计算。

1)钢丝和钢绞线

$$\xi_b = \frac{\beta}{1+\frac{0.002}{\varepsilon_{cu}}+\frac{f_{pd}-\sigma_{p0}}{E_p \cdot \varepsilon_{cu}}} \tag{9-22}$$

2)精轧螺纹钢筋

$$\xi_b = \frac{\beta}{1+\frac{f_{pd}-\sigma_{p0}}{E_p \cdot \varepsilon_{cu}}} \tag{9-23}$$

以上式中:β——受弯构件受压区矩形应力图高度 x 与中性轴高度(实际受压区高度)x_0 的比值,按表 4-1 采用;

f_{pd}——预应力钢筋的抗拉强度设计值;

ε_{cu}——受弯构件受压区边缘混凝土的极限压应变:混凝土强度等级为 C50 及以下时,$\varepsilon_{cu}=0.0033$;混凝土强度等级为 C50 ~ C80 时,$\varepsilon_{cu}=0.0033 \sim 0.003$,中间按直线内插求得;

σ_{p0}——受拉区纵向预应力钢筋合力点处混凝土法向应力等于零时预应力钢筋的应力。

式(9-22)中所有计算参数均为已知,可以直接计算出 ξ_b 值,如表 9-13 所列。式(9-23)中只有 σ_{p0} 为未知数,可根据以往预应力混凝土构件的设计经验,对($f_{pd}-\sigma_{p0}$)作一定范围的设定,计算出最大和最小 ξ_b 值。最后确定表 9-13 的数值时,选用了计算的最小值,尽可能使构件取得较好的延性。

预应力混凝土相对界限受压区高度 ξ_b 表 9-13

钢筋种类	混凝土强度等级			
	C50 及以下	C50、C60	C65、C70	C75、C80
钢绞线、钢丝	0.40	0.38	0.36	0.35
精轧螺纹钢筋	0.40	0.38	0.36	—

预应力混凝土受弯构件正截面承载力计算以梁破坏阶段(相当于钢筋混凝土梁第Ⅲ阶段)应力图形为计算基础。因此,钢筋混凝土受弯构件承载力计算的基本原理和基本假定也适用于预应力混凝土受弯构件。现以翼缘位于受压区的 T 形截面受弯构件为例(图 9-15),建立预应力混凝土受弯构件正截面承载力计算的通用公式。

T 形截面预应力混凝土受弯构件正截面承载力计算按中性轴所在位置不同分为两种情况。

(1)中性轴在翼缘板内,即 $x \leq h'_f$,混凝土受压区为矩形,应以宽度为 b'_f 的矩形截面计算正截面抗弯承载力。此时,应满足下列条件:

$$f_{sd}A_s + f_{pd}A_p \leq f_{cd}b'_f h'_f + f'_{sd}A'_s + (f'_{pd}-\sigma'_{p0})A'_p \tag{9-24}$$

正截面承载力由内力平衡条件求得:

由水平力平衡 $\sum X=0$ 得:

$$f_{sd}A_s + f_{pd}A_p = f_{cd}bx + f'_{sd}A'_s + (f'_{pd}-\sigma'_{p0})A'_p \tag{9-25}$$

由所有的力对受拉钢筋合力作用点取矩的平衡条件,即 $\sum M_z=0$ 得:

$$\gamma_0 M_d \leq f_{cd}b'_f x\left(h_0-\frac{x}{2}\right) + f'_{sd}A'_s(h_0-a'_s) + (f'_{pd}-\sigma'_{p0})A'_p(h_0-a'_p) \tag{9-26}$$

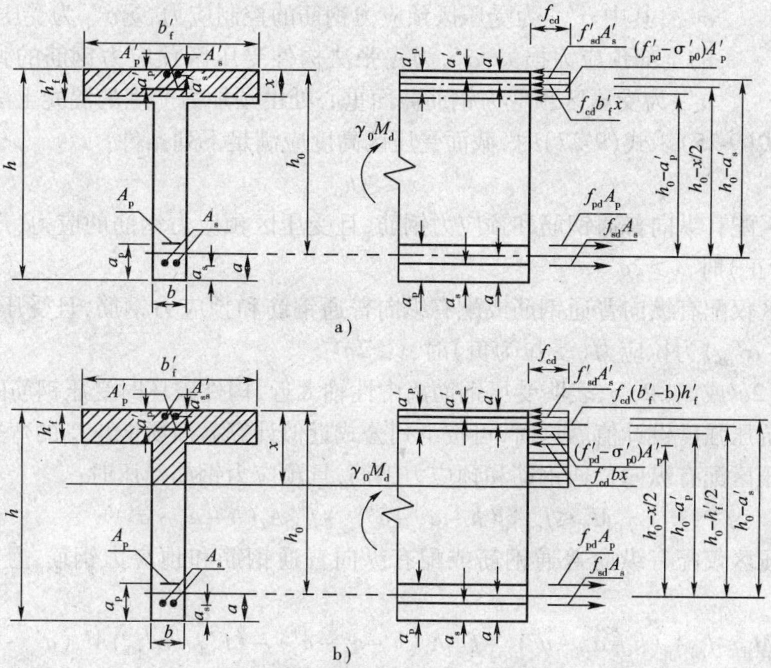

图 9-15 预应力混凝土 T 形截面受弯构件正截面承载力计算图式

a) $x \leqslant h'_f$; b) $x > h'_f$

由所有的力对受压区混凝土合力作用点取矩的平衡条件，即$\sum M_D = 0$ 得：

$$\gamma_0 M_d \leqslant f_{sd} A_s \left(h - a_s - \frac{x}{2}\right) + f_{pd} A_p \left(h - a_p - \frac{x}{2}\right) + f'_{sd} A'_s \left(\frac{x}{2} - a'_s\right) + (f'_{pd} - \sigma'_{p0}) A'_p \left(\frac{x}{2} - a'_p\right) \tag{9-27}$$

以上式中：M_d——弯矩组合设计值；

γ_0——桥梁结构的重要性系数，按公路桥涵的设计安全等级取用，一级、二级、三级分别取 1.1、1.0 和 0.9；

f_{cd}——混凝土轴心抗压强度设计值，见表 2-3；

f_{sd}，f'_{sd}——纵向普通钢筋的抗拉强度设计值和抗压强度设计值，按表 2-9 采用；

f_{pd}，f'_{pd}——纵向预应力钢筋的抗拉强度设计值和抗压强度设计值，按表 2-10 采用；

A_s，A'_s——受拉区、受压区纵向普通钢筋的截面面积；

A_p，A'_p——受拉区、受压区纵向预应力钢筋的截面面积；

h'_f——T 形截面受压翼缘厚度；

b'_f——T 形截面受压翼缘的有效宽度；

b——T 形截面腹板宽度；

h_0——截面有效高度，$h_0 = h - a$；

a，a'——受拉区、受压区普通钢筋和预应力钢筋的合力点至受拉区边缘、受压区边缘的距离，$a = \dfrac{f_{pd} A_p a_p + f_{sd} A_s a_s}{f_{pd} A_p + f_{sd} A_s}$，$a' = \dfrac{(f'_{pd} - \sigma'_{p0}) A'_p a'_p + f'_{sd} A'_s a'_s}{(f'_{pd} - \sigma'_{p0}) A'_p + f'_{sd} A'_s}$；

a'_s，a'_p——受压区普通钢筋合力点、预应力钢筋的合力点至受压区边缘的距离；

σ'_{p0}——受压区预应力钢筋合力点处混凝土法向应力为零时预应力钢筋的应力：先张法构件，$\sigma'_{p0} = \sigma'_{con} - \sum \sigma'_l + \sigma'_{l4}$；后张法构件，$\sigma'_{p0} = \sigma'_{con} - \sum \sigma'_l + \alpha_{Ep}$

σ'_{pc}；其中 σ'_{con} 为受压区预应力钢筋的控制应力，$\sum\sigma'_l$ 为受压区预应力钢筋的全部预应力损失，σ'_{l4} 为先张法构件受压区预应力钢筋的弹性压缩损失，σ'_{pc} 为受压区预应力钢筋截面重心处由预加力产生的混凝土法向压应力。

在应用式(9-25)～式(9-27)时，截面受压区高度应满足下列条件：

$$x \leqslant \xi_b h_0$$

当受压区配有纵向普通钢筋和预应力钢筋，且受压区预应力钢筋的应力($f'_{pd}-\sigma'_{p0}$)为压应力(受压为正)时，$x \geqslant 2a'$。

当受压区仅配有纵向普通钢筋或配有纵向普通钢筋和预应力钢筋，且受压区预应力钢筋的应力($f'_{pd}-\sigma'_{p0}$)为拉应力(受拉为负)时，$x \geqslant 2a'_s$。

如果 $x<2a'$ 或 $x<2a'_s$，表明受压钢筋离中性轴太近，构件破坏时受压钢筋的应变不大，其应力达不到抗压强度设计值。这时，可按下列公式近似计算截面所能承受的弯矩设计值。

①当受压区配有纵向普通钢筋和预应力钢筋，且预应力钢筋受压时：

$$\gamma_0 M_d \leqslant f_{pd}A_p(h-a_p-a') + f_{sd}A_s(h-a_s-a') \tag{9-28}$$

②当受压区仅配有纵向普通钢筋或配有纵向普通钢筋和预应力钢筋，且预应力钢筋受拉时：

$$\gamma_0 M_d \leqslant f_{pd}A_p(h-a_p-a') + f_{sd}A_s(h-a_s-a') - (f'_{pd}-\sigma'_{p0})A'_p(a'_p-a'_s) \tag{9-29}$$

以上式中：a_s，a_p——受拉区普通钢筋合力点、预应力钢筋的合力点至受拉区边缘的距离。

(2)中性轴在腹板内，即 $x>h'_f$，混凝土受压区为T形。当不符合式(9-24)的条件时，计算中应考虑截面腹板受压的作用，其正截面抗弯承载力应根据内力平衡条件求得。

由水平力平衡 $\sum X=0$ 得：

$$f_{sd}A_s + f_{pd}A_p = f_{cd}[bx+(b'_f-b)h'_f] + f'_{sd}A'_s + (f'_{pd}-\sigma'_{p0})A'_p \tag{9-30}$$

由所有的力对受拉钢筋合力作用点取矩的平衡条件，即 $\sum M_z=0$ 得：

$$\gamma_0 M_d \leqslant f_{cd}\left[bx\left(h_0-\frac{x}{2}\right)+(b'_f-b)h'_f\left(h_0-\frac{h'_f}{2}\right)\right] + f'_{sd}A'_s(h_0-a'_s) + (f'_{pd}-\sigma'_{p0})A'_p(h_0-a'_p) \tag{9-31}$$

式中符号意义同前。

其他截面形式(如矩形、工字形截面和箱形截面)的受弯构件正截面承载力，可参照式(9-24)～式(9-31)计算。

在实际设计工作中，预应力混凝土受弯构件正截面承载力计算也可分为承载力复核和配筋设计两种情况。

1)配筋设计

预应力混凝土受弯构件的截面尺寸通常按构造要求，并参照已有设计图纸和资料确定。预应力钢筋的截面面积根据使用性能要求确定。因此，配筋设计实际上主要从满足主要控制截面(跨中截面)在承载力极限状态时的需要出发，选定普通钢筋数量。在利用式(9-25)～式(9-27)或式(9-28)～式(9-29)时，有三个未知数(即 A_s、A'_s 和 x)，而独立的方程只有两个。通常的解决方法是假定 A'_s 或取 $A'_s=0$，剩下两个未知数 A_s 和 x，就容易求解了。

计算时，可先按 $x \leqslant h'_f$ 的情况考虑，由式(9-26)求得截面受压区高度并判断截面类型。若所求得的 $x \leqslant h'_f$ 且满足 $2a' \leqslant x \leqslant \xi_b h_0$ 的条件，将 x 代入式(9-25)即可求得受拉普通钢筋的截面面积 A_s。若所求得的 $x>h'_f$，则应改按T形截面计算。此时，由式(9-31)求出 x。若所求

得的 $x > h'_f$ 且满足 $x \leqslant \xi_b h_0$ 的条件，将 x 代入式(9-30)即可求得受拉普通钢筋的截面面积 A_s。

2)承载力复核

对已设计好的T形截面进行正截面承载力复核，可按下列步骤进行。

首先，应确定中性轴位置，判断截面类型。若满足式(9-24)的条件，应以宽度为 b'_f 的矩形截面计算。

若按式(9-25)求得的截面受压区高度 $x \leqslant h'_f$ 且满足 $2a' \leqslant x \leqslant \xi_b h_0$ 的条件，则将 x 代入式(9-26)可求得截面所能承受的抗弯承载力设计值 M_{du}，即：

$$M_{du} = f_{cd} b'_f x \left(h_0 - \frac{x}{2}\right) + f'_{sd} A'_s (h_0 - a'_s) + (f'_{pd} - \sigma'_{p0}) A'_p (h_0 - a'_p)$$

若 $M_{du} \geqslant \gamma_0 M_d$，说明该截面抗弯承载力满足要求。

若不满足式(9-24)的条件，混凝土受压区为T形。此时，应由式(9-30)求得截面受压区高度 x。若所求得的 $x > h'_f$ 且满足 $x \leqslant \xi_b h_0$ 的条件，将 x 代入式(9-31)可求得截面所能承受的抗弯承载力设计值 M_{du}，即：

$$M_{du} = f_{cd} \left[bx \left(h_0 - \frac{x}{2}\right) + (b'_f - b) h'_f \left(h_0 - \frac{h'_f}{2}\right) \right] + f'_{sd} A'_s (h_0 - a'_s) + (f'_{pd} - \sigma'_{p0}) A'_p (h_0 - a'_p)$$

若 $M_{du} \geqslant \gamma_0 M_d$，说明该截面抗弯承载力满足要求。

2. 斜截面承载力计算

预应力混凝土受弯构件斜截面承载力计算与钢筋混凝土受弯构件一样，也包括斜截面抗剪承载力计算和斜截面抗弯承载力计算两部分。

1)斜截面抗剪承载力计算

计算预应力混凝土受弯构件斜截面抗剪承载力时，其计算位置可参照钢筋混凝土受弯构件的有关规定处理。其截面尺寸亦应满足公式(5-7)的要求，即：

$$\gamma_0 V_d \leqslant 0.51 \times 10^{-3} \sqrt{f_{cu,k}}\, b h_0$$

《桥规》(JTG D62)给出的预应力混凝土受弯构件斜截面受剪承载力计算公式，是以剪压破坏形态的受力特征为基础建立的。

对于矩形、T形和工字形截面的受弯构件，当配置箍筋和弯起钢筋时，其斜截面抗剪承载力由裂缝顶端未开裂的混凝土与斜截面相交的箍筋和弯起预应力钢筋三者共同承担，如图9-16所示。因此，预应力混凝土受弯构件斜截面受剪承载力计算的基本公式可表达为：

$$\gamma_0 V_d \leqslant V_{cs} + V_{pb} \tag{9-32}$$

$$V_{cs} = \alpha_1 \alpha_2 \alpha_3 0.45 \times 10^{-3} b h_0 \sqrt{(2 + 0.6P) \sqrt{f_{cu,k}} \rho_{sv} f_{sv}} \tag{9-33}$$

$$V_{pb} = 0.75 \times 10^{-3} f_{pd} \sum A_{pb} \sin\theta_p \tag{9-34}$$

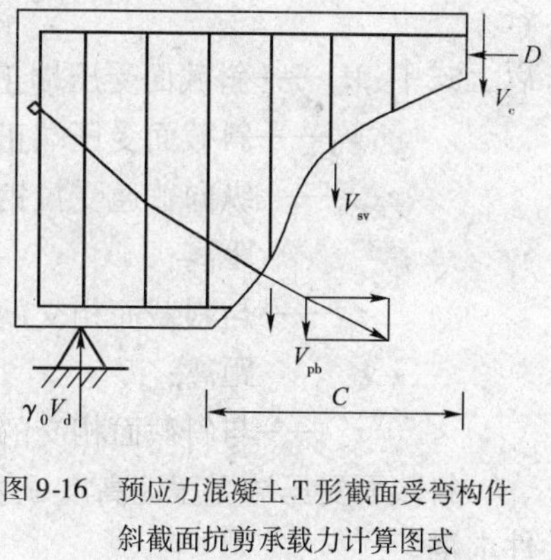

图9-16 预应力混凝土T形截面受弯构件斜截面抗剪承载力计算图式

这样，

$$\gamma_0 V_d \leqslant \alpha_1 \alpha_2 \alpha_3 0.45 \times 10^{-3} b h_0 \sqrt{(2 + 0.6P) \sqrt{f_{cu,k}} \rho_{sv} f_{sv}} + 0.75 \times 10^{-3} f_{pd} \sum A_{pb} \sin\theta_p \tag{9-35}$$

以上式中：V_d——斜截面受压端上由作用（或荷载）效应所产生的最大剪力组合设计值(kN)；

V_{cs}——斜截面内混凝土和箍筋共同的抗剪承载力设计值(kN)；

V_{pb}——与斜截面相交的预应力弯起钢筋抗剪承载力设计值(kN)；

α_2——预应力提高系数，取 $\alpha_2=1.25$，但当由钢筋合力引起的截面弯矩与外弯矩的方向相同时，或允许出现裂缝的预应力混凝土受弯构件，取 $\alpha_2=1.0$；

P——斜截面内纵向受拉钢筋的配筋百分率，$P=100\rho$，$\rho=(A_p+A_{pb}+A_s)/(bh_0)$，当 $P>2.5$ 时，取 $P=2.5$；

f_{pd}——预应力钢筋抗拉强度设计值(MPa)；

A_{pb}——斜截面内在同一弯起平面的预应力弯起钢筋的截面面积(mm^2)；

θ_p——预应力弯起钢筋（在斜截面受压端正截面处）的切线与水平线的夹角；

其余符号意义同前。

2）斜截面抗弯承载力计算

图 9-17 为配有受拉预应力钢筋和普通钢筋的预应力混凝土受弯构件斜截面抗弯承载力计算图式。按照《桥规》(JTG D62)规定，对于矩形、T 形和工字形截面的受弯构件，其斜截面抗弯承载力计算公式为：

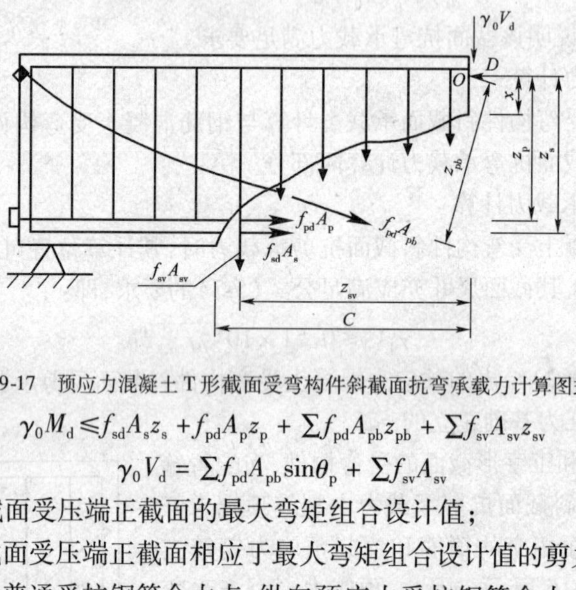

图 9-17 预应力混凝土 T 形截面受弯构件斜截面抗弯承载力计算图式

$$\gamma_0 M_d \leqslant f_{sd}A_s z_s + f_{pd}A_p z_p + \sum f_{pd}A_{pb}z_{pb} + \sum f_{sv}A_{sv}z_{sv} \tag{9-36}$$

$$\gamma_0 V_d = \sum f_{pd}A_{pb}\sin\theta_p + \sum f_{sv}A_{sv} \tag{9-37}$$

以上式中：M_d——斜截面受压端正截面的最大弯矩组合设计值；

V_d——斜截面受压端正截面相应于最大弯矩组合设计值的剪力组合设计值；

z_s，z_p——纵向普通受拉钢筋合力点、纵向预应力受拉钢筋合力点至受压中心点 O 的距离；

z_{pb}——与斜截面相交的同一弯起平面内预应力弯起钢筋合力点至受压中心点 O 的距离；

z_{sv}——与斜截面相交的同一平面内箍筋合力点至斜截面受压端的水平距离。

斜截面受压端受压区高度 x，按斜截面内所有的力对构件纵向轴投影之和为零的平衡条件求得。

三、持久状况正常使用极限状态计算

预应力混凝土受弯构件正常使用极限状态计算包括抗裂验算、裂缝宽度计算和变形（挠度）计算。

1. 预应力混凝土受弯构件的抗裂验算

对于全预应力混凝土和部分预应力混凝土 A 类构件，其抗裂验算是通过荷载短期效应组合作用下正截面混凝土法向拉应力和斜截面混凝土主拉应力来控制。在短期效应组合作用下，全预应力混凝土和部分预应力混凝土 A 类构件处于整体工作阶段，全截面参加工作，截面应力可按材料力学公式计算。

1）荷载产生的截面边缘法向拉应力计算

荷载产生的截面边缘混凝土法向应力，可按材料力学给出的受弯构件应力计算公式计算。计算中，先张法构件采用换算截面几何性质；对于后张法构件，承受构件自重作用时，预应力管道尚未压浆，应采用净截面几何性质，而承受桥面铺装、人行道和栏杆等恒载及汽车荷载、人群荷载等可变荷载时，预应力管道已压浆，预应力钢筋与混凝土黏结，故应采用换算截面几何性质。

在作用（或荷载）短期效应组合$[M_s = M_{Gk} + 0.7M_{Q1k}/(1+\mu) + M_{Q2k}]$作用下，

（1）先张法构件：

$$\sigma_{st} = \frac{M_s}{W_o} \tag{9-38}$$

（2）后张法构件：

$$\sigma_{st} = \frac{M_{G1k}}{W_n} + \frac{M_{G2k} + 0.7M_{Q1k}/(1+\mu) + M_{Q2k}}{W_o} \tag{9-39}$$

在作用（或荷载）长期效应组合$(M_l = M_{Gk} + 0.4[M_{Q1k}/(1+\mu) + M_{Q2k}])$作用下，

（1）先张法构件：

$$\sigma_{lt} = \frac{M_l}{W_o} \tag{9-40}$$

（2）后张法构件：

$$\sigma_{lt} = \frac{M_{G1k}}{W_n} + \frac{M_{G2k} + 0.4[M_{Q1k}/(1+\mu) + M_{Q2k}]}{W_o} \tag{9-41}$$

以上式中：M_{Gk}——永久荷载弯矩标准值，$M_{Gk} = M_{G1k} + M_{G2k}$；

M_{G1k}——构件自重弯矩标准值；

M_{G2k}——恒载（桥面铺装、人行道、栏杆等）弯矩标准值；

M_{Q1k}——包括冲击系数在内的汽车荷载弯矩标准值；

M_{Q2k}——人群荷载弯矩标准值；

W_o——构件换算截面对抗裂验算边缘的弹性抵抗矩；

W_n——构件净截面对抗裂验算边缘的弹性抵抗矩。

2）预加力产生的截面边缘混凝土有效预压应力计算

预加力产生的截面边缘混凝土有效预压应力，可按材料力学给出的偏心受压构件的应力计算公式计算。计算中，预加力扣除全部预应力损失。先张法构件采用换算截面几何性质，后张法构件采用净截面几何性质。

由预加力产生的构件截面边缘混凝土的有效预压应力σ_{pc}应按下列公式计算。

（1）先张法构件

$$\sigma_{pc} = \frac{N_{p0}}{A_o} + \frac{N_{p0}e_{po}}{I_o}y_o \tag{9-42}$$

(2)后张法构件

$$\sigma_{pc}=\frac{N_p}{A_n}+\frac{N_p e_{pn}}{I_n}y_n \tag{9-43}$$

以上式中：N_{p0},N_p——先张法构件、后张法构件的预应力钢筋和普通钢筋的合力；

A_o——换算截面面积，包括净截面面积 A_n 和全部纵向预应力钢筋截面面积换算成混凝土的截面面积；

A_n——净截面面积，即为扣除管道等削弱部分后的混凝土全部截面面积与纵向普通钢筋截面面积换算成混凝土的截面面积之和；

I_o,I_n——换算截面惯性矩、净截面惯性矩；

e_{po},e_{pn}——换算截面重心、净截面重心至预应力钢筋和普通钢筋合力点的距离；

y_o,y_n——换算截面重心、净截面重心至计算纤维处的距离。

3)预应力混凝土受弯构件斜截面抗裂性验算

斜截面抗裂性验算是指选取几个控制断面（如支点附近截面，梁肋宽度变化处截面等）计算在短期效应组合作用下截面的主拉应力，并满足《桥规》（JTG D62）规定的限制条件。

如前所述，对于全预应力混凝土和部分预应力混凝土 A 类构件，在短期效应组合作用下，处于整体工作阶段态，全截面参加工作，截面应力可按材料力学公式计算。即使是部分预应力混凝土 B 类构件，在短期效应组合作用下，一般也是处于全截面参加工作的弹性工作状态，故截面主拉应力可按材料力学公式计算。

预应力混凝土受弯构件由作用（或荷载）短期效应组合和预加力产生的混凝土的主拉应力可按下式计算：

$$\sigma_{tp}=\frac{\sigma_{cx}+\sigma_{cy}}{2}-\sqrt{\left(\frac{\sigma_{cx}+\sigma_{cy}}{2}\right)^2+\tau^2} \tag{9-44}$$

$$\sigma_{cx}=\sigma_{pc}+\frac{M_s y_o}{I_o} \tag{9-45}$$

$$\sigma_{cy}=0.6\,\frac{n\sigma'_{pe}A_{pv}}{bs_v} \tag{9-46}$$

$$\tau=\frac{V_s S_o}{bI_o}-\frac{\sum\sigma''_{pe}A_{pb}\sin\theta_p\cdot S_n}{bI_n} \tag{9-47}$$

以上式中：σ_{cx}——在计算主应力点，由预加力和按作用（或荷载）短期效应组合计算的弯矩产生的混凝土法向应力；

σ_{cy}——由竖向预应力钢筋的预加力产生的混凝土竖向压应力；

τ——在计算主应力点，由预应力弯起钢筋的预加力和按作用（或荷载）短期效应组合计算的剪力 V_s 产生的混凝土剪应力；

σ_{pc}——在计算主应力点，由扣除全部预应力损失后的纵向预加力产生的混凝土法向预压应力；

y_o——换算截面重心轴至计算主应力点的距离；

n——在同一截面上竖向预应力钢筋的肢数；

σ'_{pe},σ''_{pe}——竖向预应力钢筋、纵向预应力弯起钢筋扣除全部预应力损失后的纵向预加力产生的混凝土法向预压应力；

A_{pv}——单肢竖向预应力钢筋的截面面积；

s_v——竖向预应力钢筋的间距；

b——计算主应力点处构件腹板的宽度；

A_{pb}——计算截面上同一弯起平面内预应力弯起钢筋的截面面积；

S_o,S_n——计算主应力点以上(或以下)部分换算截面面积对换算截面重心轴、净截面面积对净截面重心轴的面积矩；

θ_p——计算截面上预应力弯起钢筋的切线与构件纵轴线的夹角。

4)预应力混凝土受弯构件抗裂性验算的控制条件

按照《桥规》(JTG D62)规定,正截面抗裂应对混凝土的拉应力进行验算,并满足下列要求。

(1)全预应力混凝土构件,在作用(或荷载)短期效应组合下

预制构件:

$$\sigma_{st}-0.85\sigma_{pc}\leqslant 0 \tag{9-48}$$

分段浇筑或砂浆接缝的纵向分块构件:

$$\sigma_{st}-0.80\sigma_{pc}\leqslant 0 \tag{9-49}$$

(2)A类预应力混凝土构件,在作用(或荷载)短期效应组合下

$$\sigma_{st}-\sigma_{pc}\leqslant 0.7f_{tk} \tag{9-50}$$

但在荷载长期效应组合下

$$\sigma_{st}-\sigma_{pc}\leqslant 0 \tag{9-51}$$

斜截面抗裂应对混凝土的拉应力 σ_{tp}进行验算,并满足下列要求:

(1)全预应力混凝土构件,在作用(或荷载)短期效应组合下

预制构件:

$$\sigma_{tp}\leqslant 0.6f_{tk} \tag{9-52}$$

现场浇筑(包括预制拼装)构件:

$$\sigma_{tp}\leqslant 0.4f_{tk} \tag{9-53}$$

(2)A类和B类预应力混凝土构件,在作用(或荷载)短期效应组合下

预制构件:

$$\sigma_{tp}\leqslant 0.7f_{tk} \tag{9-54}$$

现场浇筑(包括预制拼装)构件:

$$\sigma_{tp}\leqslant 0.5f_{tk} \tag{9-55}$$

以上式中:σ_{st}——在作用(或荷载)短期效应组合下构件抗裂验算边缘混凝土的法向拉应力;

σ_{pc}——扣除全部预应力损失后的预加力在构件抗裂验算边缘产生的混凝土预压应力;

σ_{tp}——由作用(或荷载)短期效应组合和预加力产生的混凝土主拉应力;

f_{tk}——混凝土抗拉强度标准值,按表2-2取用。

2.部分预应力混凝土B类构件的裂缝宽度计算

部分预应力混凝土B类构件在正常使用阶段允许出现裂缝,但最大裂缝宽度不应超过《桥规》(JTG D62)规定的限值,如表9-14所列。

部分预应力混凝土B类构件最大裂缝宽度限值 表9-14

构件工作环境	裂缝宽度限值	
	采用精轧螺纹钢筋的预应力混凝土构件	采用钢丝或钢绞线的预应力混凝土构件
Ⅰ类和Ⅱ类环境	0.20mm	0.10mm
Ⅲ类和Ⅳ类环境	0.15mm	不得进行带裂缝的B类构件设计

对于矩形、T形和工字形截面部分预应力混凝土B类受弯构件，其最大裂缝宽度 W_{fk} 可按下列公式计算：

$$W_{fk}=C_1C_2\frac{\sigma_{ss}}{E_s}\left(\frac{30+d}{0.28+10\rho}\right)\quad(\mathrm{mm})\tag{9-56}$$

$$\rho=\frac{A_s+A_p}{bh_0+(b_f-b)h_f}\quad(\mathrm{mm})\tag{9-57}$$

$$\sigma_{ss}=\frac{M_s\pm M_{p2}-N_{p0}(z-e_p)}{(A_p+A_s)z}\tag{9-58}$$

$$z=\left[0.87-0.12(1-\gamma'_f)\left(\frac{h_0}{e}\right)^2\right]h_0\tag{9-59}$$

$$e=e_p+\frac{M_s\pm M_{p2}}{N_{p0}}\tag{9-60}$$

式中：C_1——钢筋表面形状系数：对于光面钢筋，$C_1=1.4$；对于带肋钢筋，$C_1=1.0$；

C_2——作用（或荷载）长期效应影响系数：$C_2=1+0.5\frac{N_l}{N_s}$，其中 N_l 和 N_s 分别为按作用（或荷载）长期效应组合和短期效应组合计算的内力值（弯矩或轴向力）；

d——纵向受拉钢筋直径（mm），当构件配有预应力钢绞线束（或钢丝束）和普通钢筋时，d 应改用换算直径 d_e 代替：对混合配筋的预应力混凝土构件，预应力钢筋为由多根钢丝或钢绞线组成的钢丝束或钢绞线束，$d_e=\frac{\sum n_id_i^2}{\sum n_id_i}$，式中 d_i 为钢丝束或钢绞线束的等待直径 d_{pe}，$d_{pe}=\sqrt{n}\,d$，n_i 为受拉区普通钢筋、钢丝束中钢丝根数或钢绞线束中钢绞线根数，d 为单根钢丝或钢绞线的公称直径；

ρ——纵向受拉钢筋配筋率：当 $\rho>0.02$ 时，取 $\rho=0.02$，当 $\rho<0.006$ 时，取 $\rho=0.006$；

h_0——梁的有效高度；

b——矩形截面宽度或T形截面腹板宽度；

b_f——构件受拉翼缘宽度；

h_f——构件受拉翼缘厚度；

σ_{ss}——由作用（或荷载）短期效应组合引起的开裂截面纵向受拉钢筋的应力；

z——受拉区纵向普通钢筋和预应力钢筋合力点至截面受压区合力点的距离；

e_p——混凝土法向应力等于零时预应力钢筋和普通钢筋的合力 N_{p0} 的作用点至受拉区纵向预应力钢筋和普通钢筋合力点的距离；

N_{p0}——混凝土法向应力等于零时预应力钢筋和普通钢筋的合力；

γ'_f——受压翼缘截面面积与腹板有效截面面积的比值；

M_{p2}——由预加力 N_p 在后张法预应力混凝土连续梁等超静定结构中产生的次弯矩。

3. 预应力混凝土受弯构件的变形计算

预应力混凝土受弯构件在正常使用极限状态下的挠度，可根据给定的构件刚度用结构力学的方法计算（参见第八章第二节）。按《桥规》（JTG D62）规定，预应力混凝土受弯构件的刚度计算方法如下：

1）全预应力混凝土和A类预应力混凝土受弯构件

$$B_0=0.95E_cI_o\tag{9-61}$$

2）允许开裂的 B 类预应力混凝土受弯构件

在开裂弯矩 M_{cr} 作用下：

$$B_0 = 0.95E_c I_o \tag{9-62}$$

在（$M_s - M_{cr}$）作用下：

$$B_{cr} = E_c I_{cr} \tag{9-63}$$

以上式中：B_0——全截面的抗弯刚度；

B_{cr}——开裂截面的抗弯刚度；

M_{cr}——开裂弯矩，$M_{cr} = (\sigma_{pc} + \gamma f_{tk}) W_o$；

σ_{pc}——扣除全部预应力损失后预应力钢筋和普通钢筋合力 N_{p0} 在构件抗裂验算边缘产生的混凝土预压应力；

γ——构件受拉区混凝土塑性影响系数，$\gamma = 2S_o/W_o$；

S_o——全截面换算截面重心轴以上（或以下）部分面积对（换算截面）重心轴的面积矩；

W_o——换算截面抗裂边缘的弹性抵抗矩；

I_o——全截面换算截面惯性矩；

I_{cr}——开裂截面换算截面惯性矩；

f_{tk}——混凝土轴心抗拉强度标准值。

预应力混凝土受弯构件在使用阶段的挠度应考虑荷载长期效应影响，即按短期效应组合和上述规定刚度计算的挠度值 f_s 乘以挠度长期增长系数 η_θ，即：

$$f_l = \eta_\theta f_s \tag{9-64}$$

式中：f_s——按短期效应组合计算的挠度值；

η_θ——挠度长期增长系数：当采用 C40 以下混凝土时，$\eta_\theta = 1.60$；当采用 C40 ~ C80 混凝土时，$\eta_\theta = 1.45 \sim 1.35$；中间强度等级可按直线内插法取用。

预应力混凝土受弯构件按上述方法计算的长期挠度值，在消除结构自重产生的长期挠度后，不应超过下列规定的限值：

梁式桥主梁的最大挠度处　　$L/600$

梁式桥主梁的悬臂端处　　$L_1/300$

其中，L 为计算跨径，L_1 为悬臂长度。

预应力混凝土受弯构件的预拱度按下列规定设置：

（1）当预应力产生的长期反拱值大于按荷载短期效应组合计算的长期挠度时，可不设预拱度；

（2）当预应力产生的长期反拱值小于按荷载短期效应组合计算的长期挠度时应设预拱度，其值应按该项荷载的挠度值与预加应力长期反拱值之差采用。

对自重相对于活载较小的预应力混凝土受弯构件，应考虑预加应力反拱度过大可能造成的不利影响，必要时采取反拱设计和施工上的其他措施，避免桥面隆起直至开裂破坏。

预应力混凝土受弯构件由预加力引起的反拱值，可用结构力学方法按刚度 $B_0 = E_c I_o$ 进行计算，并乘以挠度长期增长系数。计算使用阶段预加力引起的反拱值时，预应力钢筋的预加力应扣除全部预应力损失，长期增长系数取用 2.0。

预应力混凝土受弯构件当需要计算施工阶段的变形时，可按构件自重和预加力产生的初始弹性变形乘以 $[1 + \phi(t, t_0)]$ 求得。此处 $\phi(t, t_0)$ 为混凝土徐变系数，可根据加载龄期 t_0 和

计算所需龄期 t 按《桥规》(JTG D62)附录 F 给出的方法计算。

四、持久状况和短暂状况的应力计算

桥梁结构设计的持久状况是指桥建成后承受自重、车辆荷载持续时间很长的状况。按持久状况设计的预应力混凝土受弯构件,应计算其使用阶段正截面混凝土的法向压应力、受拉区钢筋的拉应力和斜截面混凝土的主压应力,并不得超过《桥规》(JTG D62)规定的限值。计算时,作用(或荷载)取其标准值,汽车荷载应考虑冲击系数。

桥梁构件按短暂状况设计时,应计算其在制作、运输及安装等施工阶段,由自重、施工荷载等引起的正截面的应力,并不应超过《桥规》(JTG D62)规定的限值。施工荷载除有特别规定外均采用标准值,当有组合时不考虑荷载组合系数。

1. 持久状况预应力混凝土受弯构件的应力计算

全预应力混凝土和 A 类预应力混凝土受弯构件在使用阶段全截面参加工作并处于弹性工作状态,其截面应力可按材料力学公式计算。

1)正截面应力计算

(1)混凝土的法向压应力

先张法构件:

$$\sigma_{cc}^{k}=\frac{N_{p0}}{A_{o}}-\frac{N_{p0}e_{po}}{I_{o}}y_{o}+\frac{M_{G2k}+M_{Q1k}+M_{Q2k}}{I_{o}}y_{o} \tag{9-65}$$

后张法构件:

$$\sigma_{cc}^{k}=\frac{N_{p0}}{A_{n}}-\frac{N_{p0}e_{po}}{I_{n}}y_{n}+\frac{M_{G1k}}{I_{n}}y_{n}+\frac{M_{G2k}+M_{Q1k}+M_{Q2k}}{I_{o}}y_{o} \tag{9-66}$$

按式(9-65)和式(9-66)计算的受压区混凝土最大压应力 σ_{cc}^{k} 应满足《桥规》(JTG D62)规定的限值,即 $\sigma_{cc}^{k}\leqslant 0.5f_{ck}$,其中 f_{ck} 为混凝土轴心抗压强度标准值。

(2)受拉区预应力钢筋应力

$$\sigma_{p}^{k}=(\sigma_{con}-\sum\sigma_{l})+\alpha_{Ep}\sigma_{ct}^{k} \tag{9-67}$$

式(9-67)中等式右边第一项($\sigma_{con}-\sum\sigma_{l}$)为扣除全部预应力损失后剩余的有效预应力;第二项 $\alpha_{Ep}\sigma_{ct}^{k}$ 为荷载效应标准值引起的预应力钢筋应力的增量,其中 α_{Ep} 为预应力钢筋弹性模量与混凝土弹性模量的比值,σ_{ct}^{k} 为荷载效应标准值引起的受拉区预应力钢筋合力点处混凝土法向拉应力。

对于先张法构件:

$$\sigma_{ct}^{k}=\frac{M_{Gk}+M_{Q1k}+M_{Q2k}}{I_{o}}y_{po} \tag{9-68}$$

对于后张法构件:

$$\sigma_{ct}^{k}=\frac{M_{G2k}+M_{Q1k}+M_{Q2k}}{I_{o}}y_{po} \tag{9-69}$$

式中:y_{po}——受拉区预应力钢筋合力点至换算截面重心的距离。

在后张法构件中,预应力钢筋张拉控制应力是在构件自重作用后测得的,故在式(9-69)中不再考虑自重的影响。

按式(9-67)、式(9-69)计算的受拉区预应力钢筋的最大拉应力 σ_{ct}^{k} 应满足《桥规》(JTG D62)规定的限值。

对钢绞线、钢丝：

$$\sigma_{p}^{k} \leqslant 0.65 f_{pk}$$

对精轧螺纹钢筋：

$$\sigma_{p}^{k} \leqslant 0.80 f_{pk}$$

其中，f_{pk}为预应力钢筋的抗拉强度标准值。

2）斜截面主压应力计算

如前所述，斜截面抗裂性验算是指选取几个控制断面（如支点附近截面，梁肋宽度变化处截面等）计算在短期效应组合作用下截面的主拉应力，并满足《桥规》（JTG D62）规定的限制条件。

预应力混凝土受弯构件由作用（或荷载）短期效应组合和预加力产生的混凝土的主压应力可按下式计算：

$$\sigma_{tp}^{k} \text{或} \sigma_{cp}^{k} = \frac{\sigma_{cx}^{k} + \sigma_{cy}}{2} \mp \sqrt{\left(\frac{\sigma_{cx}^{k} + \sigma_{cy}}{2}\right)^{2} + \tau_{k}^{2}} \tag{9-70}$$

$$\sigma_{cx}^{k} = \sigma_{pc} + \frac{M_{k} y_{o}}{I_{o}} \tag{9-71}$$

$$\sigma_{cy} = 0.6 \frac{n\sigma'_{pe} A_{pv}}{b s_{v}} \tag{9-72}$$

$$\tau_{k} = \frac{V_{k} S_{o}}{b I_{o}} - \frac{\sum \sigma''_{pe} A_{pb} \sin\theta_{p} \cdot s_{n}}{b I_{n}} \tag{9-73}$$

式中：M_{k}——按作用（或荷载）标准值组合计算的弯矩值，$M_{k} = M_{Gk} + M_{Q1k} + M_{Q2k}$；

V_{k}——按作用（或荷载）标准值组合计算的剪力值，$V_{k} = V_{Gk} + V_{Q1k} + V_{Q2k}$；

其余符合意义同前。

按式（9-70）~式（9-73）计算所得的混凝土的主压应力应满足《桥规》（JTG D62）规定的限制条件，即：$\sigma_{cp}^{k} \leqslant 0.6 f_{ck}$。

根据式（9-70）计算所得的混凝土主拉应力 σ_{tp}^{k}，按下列规定设置箍筋：

在 $\sigma_{tp}^{k} \leqslant 0.5 f_{tk}$ 的区段，按构造要求设置箍筋；

在 $\sigma_{tp}^{k} > 0.5 f_{tk}$ 的区段，按计算设置箍筋，箍筋间距 s_{v} 可按下式计算：

$$s_{v} = \frac{f_{sk} A_{sv}}{\sigma_{tp} b} \tag{9-74}$$

式中：f_{sk}——箍筋的抗拉强度标准值；

A_{sv}——同一截面内箍筋的总截面面积；

b——矩形截面宽度、T形或工字形截面腹板宽度。

按上述规定计算出的箍筋用量应与斜截面承载力计算的箍筋数量进行比较，取其中较多者。

2. 短暂状况预应力混凝土受弯构件的应力计算

按短暂状况设计时，应计算构件在制造、运输及安装等阶段，由预加力（扣除相应的预应力损失）、构件自重及其他施工荷载引起的正截面法向应力，并不得超过《桥规》（JTG D62）规定的限值。构件自重和施工荷载采用标准值，当有组合时不考虑荷载组合系数。

预应力混凝土受弯构件按短暂状况计算时，由预加力和荷载产生的法向应力可按下列公式计算：

先张法构件

$$\sigma_{cc}^{t}\text{或}\sigma_{ct}^{t}=\frac{N_{p0}}{A_{o}}\pm\frac{N_{p0}e_{po}}{I_{o}}y_{o}\mp\frac{M_{G1k}}{I_{o}}y_{o} \tag{9-75}$$

后张法构件

$$\sigma_{cc}^{t}\text{或}\sigma_{ct}^{t}=\frac{N_{p0}}{A_{n}}\pm\frac{N_{p0}e_{po}}{I_{n}}y_{n}\mp\frac{M_{G1k}}{I_{n}}y_{n} \tag{9-76}$$

式中:σ_{cc}^{t},σ_{ct}^{t}——按短暂状况计算时截面预压区、预拉区边缘混凝土的压应力、拉应力。

按式(9-75)和式(9-76)计算的受压区混凝土最大压应力σ_{cc}^{t}应满足《桥规》(JTG D62)规定的限值,即:$\sigma_{cc}^{t}\leqslant 0.70f'_{ck}$,其中$f'_{ck}$为与制作、运输、安装各施工阶段混凝土立方体抗压强度f'_{cu}相应的抗压强度标准值,可按表2-1直线插入取用。

对受拉区边缘混凝土拉应力,当$\sigma_{ct}^{t}\leqslant 0.70f'_{tk}$,预拉区应配置其配筋率不小于0.2%的纵向钢筋;当$\sigma_{ct}^{t}=1.15f'_{tk}$,预拉区应配置其配筋率不小于0.4%的纵向钢筋;当$0.70f'_{tk}<\sigma_{ct}^{t}<1.15f'_{tk}$,预拉区应配置的纵向钢筋配筋率按以上两者直线内查取用。拉应力σ_{ct}^{t}不应超过$1.15f'_{tk}$。f'_{tk}为与制作、运输、安装各施工阶段混凝土立方体抗压强度f'_{cu}相应的抗拉强度标准值,可按表2-1直线插入取用。

预拉区的纵向钢筋宜采用带肋钢筋,其直径不宜大于14mm,沿预拉区的外边缘均匀布置。

思考题

1. 何谓预应力混凝土?与普通钢筋混凝土构件相比,预应力混凝土构件的优缺点是什么?

2. 为什么预应力混凝土构件必须采用高强钢材,且应尽可能采用高强度等级的混凝土?

3. 预应力混凝土分为哪几类?各有何特点?

4. 施加预应力的方法有哪几种?先张法和后张法的区别何在?试简述它们的优缺点及应用范围。

5. 什么是张拉控制应力σ_{con}?为什么张拉控制应力取值不能过高也不能过低?

6. 预应力损失有哪几种?各种损失产生的原因是什么?计算方法及减小措施如何?先张法、后张法各有哪几种损失?哪些属于第一批?哪些属于第二批?

7. 什么是预应力钢筋的松弛?为什么短时的超张拉可以减小松弛损失?

8. 预应力混凝土构件各阶段应力状态如何?先张法、后张法构件的应力计算公式有何异同之处?

9. 在计算施工阶段混凝土预应力时,为什么先张法用构件的换算截面A_o,而后张法却用构件的净截面A_n?在使用阶段为何二者都用A_o?

10. 预应力混凝土构件中的非预应力钢筋有何作用?

11. 预应力混凝土受弯构件的受压区有时也配置预应力钢筋,有什么作用?

12. 预应力混凝土受弯构件的正截面、斜截面承载力计算与普通钢筋混凝土构件有何异同之处?

13. 预应力混凝土构件的正截面抗裂验算各应满足什么要求?不满足时怎么办?

14. 预应力混凝土构件的刚度计算与普通钢筋混凝土构件有何不同?挠度计算有何特点?

附录

《钢筋混凝土结构》教学基本要求

（78 学时）

一、课程性质和任务

本课程是公路与桥梁专业的一门主干专业课程。

本课程学习现行公路桥涵规范所规定的钢筋混凝土结构构件承载力计算的基本原理和方法，其中包括构件的受力性能、承载力和变形。重点是应用公路桥涵设计规范，验算结构构件的承载力（复核截面尺寸和配筋）。

二、课程教学目标

学完本课程之后，学生能够：

（1）解释结构构件的图纸和技术说明；

（2）描述交通部部颁《通用规范》（JTG D60）、《桥规》（JTG D62）的有关规定；

（3）按照现行《桥规》（JTG D62）的要求，采用极限状态法计算结构构件的承载力；

（4）参与编制结构构件的技术说明和图纸。

三、教学内容和要求

1. 绪论

（1）定义并通过示例说明钢筋混凝土结构的概念；

（2）论述钢筋混凝土结构与结构构件的类型；

（3）描述钢筋混凝土结构的特点。

2. 混凝土和钢筋材料性能

（1）根据《桥规》（JTG D62）的要求，描述公路桥梁所用的混凝土强度等级和钢筋等级；

（2）论述混凝土强度（抗压强度、抗拉强度、强度标准值和强度设计值）的取值方法；

（3）描述《桥规》（JTG D62）对用于工程结构的预应力钢筋和非预应力钢筋的要求；

（4）论述如何把钢筋用于各种钢筋混凝土构件；

（5）解释混凝土结构的耐久性及其影响因素。

3. 钢筋混凝土结构设计基本原理

（1）解释极限状态设计法（包括承载能力极限状态和正常使用极限状态）；

（2）论述极限状态法中所使用的安全系数以及安全系数要考虑的各种不确定因素；

（3）定义和说明作用在公路桥梁结构上的作用；

（4）解释作用组合的原则。

4. 钢筋混凝土受弯构件正截面抗弯承载力计算

（1）描述《桥规》（JTG D62）有关受弯构件的构造要求；

(2)描述钢筋混凝土适筋梁可能出现的破坏形态；

(3)描述受弯构件按承载能力极限状态设计时的基本假定；

(4)计算单筋矩形截面或翼缘位于受拉区的截面受弯构件的正截面抗弯承载力(选择截面尺寸和钢筋,复核截面)；

(5)计算双筋矩形截面受弯构件正截面承载力；

(6)计算单筋T形截面受弯构件正截面承载力。

5.钢筋混凝土受弯构件斜截面抗剪承载力计算

(1)描述钢筋混凝土受弯构件斜截面可能出现的破坏形态；

(2)论述影响斜截面抗剪承载力的主要因素(剪跨比,混凝土强度等级,腹筋及纵向钢筋配筋率)；

(3)进行斜截面抗剪承载力复核和抗剪配筋设计；

(4)进行全梁承载能力的校核；

(5)绘制钢筋混凝土梁的钢筋结构图。

6.钢筋混凝土受弯构件短暂状况应力计算

(1)描述受弯构件正截面应力计算时的假定；

(2)论述《桥规》(JTG D62)中有关受弯构件短暂状况的应力计算要求；

(3)计算受弯构件在施工阶段的正应力和主应力。

7.钢筋混凝土受压构件抗压承载力计算

(1)描述《桥规》(JTG D62)中有关受压构件(轴心受压构件和偏心受压构件)的构造要求；

(2)描述普通箍筋柱的破坏特征；

(3)按照《桥规》(JTG D62)中要求,计算普通箍筋柱正截面承载力(选择截面和复核承载力)；

(4)描述螺旋箍筋柱的破坏特征；

(5)按照《桥规》(JTG D62)要求计算间接箍筋柱的正截面承载力；

(6)描述偏心受压构件的破坏特征；

(7)分析纵向弯曲对受压构件的影响；

(8)按照《桥规》(JTG D62)要求计算偏心受压构件正截面承载力(选择截面和复核承载力)；

(9)按照《桥规》(JTG D62)及其附录III要求计算圆形截面偏心受压构件正截面承载力。

8.钢筋混凝土构件持久状况正常使用极限状态计算

(1)定义并通过示例说明受弯构件产生的裂缝(包括正常裂缝和非正常裂缝)；

(2)分析钢筋混凝土受弯构件产生裂缝的原因及其影响；

(3)按照《桥规》(JTG D62)推荐的裂缝宽度计算公式计算矩形、T形截面受弯构件的最大裂缝宽度；

(4)定义并论述受弯构件在荷载作用下的变形；

(5)论述《桥规》(JTG D62)中有关变形验算的要求；

(6)选择变形计算公式并确定给定荷载作用下受弯构件的变形。

9.预应力混凝土结构的概念及基本计算原理

(1)定义并用示例说明预应力混凝土结构的概念和基本原理；

(2)描述预应力结构的类型(先张法和后张法);

(3)描述预应力混凝土结构中常用的锚具类型;

(4)描述《桥规》(JTG D62)中有关预应力混凝土梁的构造要求;

(5)解释《桥规》(JTG D62)中有关张拉控制应力和预应力损失;

*(6)按照《桥规》(JTG D62)中有关"预应力钢筋的预应力损失"的规定计算预应力损失值;

*(7)分析预应力混凝土梁在各阶段的应力;

*(8)进行预应力混凝土受弯构件计算。

四、学时分配建议

序号	课程内容	教学时数			
		合计	讲课	实训	机动
1	绪论	2	2		
2	混凝土和钢筋材料的性能	6	6		
3	钢筋混凝土结构设计基本原理	4	4		
4	钢筋混凝土受弯构件正截面抗弯承载力计算	14	8	6	
5	钢筋混凝土受弯构件斜截面抗剪承载力计算	12	8	4	
6	钢筋混凝土受弯构件短暂状况应力计算	8	6	2	
7	钢筋混凝土受压构件抗压承载力计算	10	10		
8	钢筋混凝土构件持久状况正常使用极限状态计算	6	6	2	
9	预应力混凝土结构的概念及基本计算原理	8	8		
机　　动		6			6
合　　计		78	58	14	6

注:本课程的实训时数主要用于指导学生完成相关内容的课程设计。

五、说　　明

(1)本课程在性质上相当于钢筋混凝土的"材料力学",与材料力学有很多相似之处,也有很多不同的地方。学习本课程时要着重从与材料力学不同的方面来论述钢筋混凝土的特点。

(2)钢筋混凝土构件的计算方法是建立在试验基础上的,计算公式是根据试验研究得出的半理论半经验公式。因此,在学习和运用这些公式时要特别注意它的适用范围和条件。

(3)本课程在很多方面与桥梁规范有关。现行桥梁规范反映了我国钢筋混凝土桥涵的技术水平和工程经验,应该熟悉和运用它,并跟踪规范的变化。

(4)在教学过程中,应重视和利用计算机辅助教学,如结合教学内容绘制施工设计图纸,计算钢筋明细和材料数量等。

(5)带*号的内容可根据当地实际情况选用。

参考文献

[1] 中华人民共和国国家标准. GB 50010—2001 混凝土结构设计规范. 北京：中国建筑工业出版社，2001.

[2] 中华人民共和国国家标准. GB/T 50283—1999 公路工程结构可靠度设计统一标准. 北京：中国计划出版社，1999.

[3] 中华人民共和国国家标准. JTG D60—2004 公路桥涵设计通用规范. 北京：人民交通出版社，2004.

[4] 中华人民共和国国家标准. JTG D62—2004 公路钢筋混凝土及预应力混凝土桥涵设计规范. 北京：人民交通出版社，2004.

[5] 中华人民共和国国家标准. JTJ 041—2000 公路桥涵施工技术规范. 北京：人民交通出版社，2000.

[6] 张树仁，郑绍，黄桥，鲍卫刚. 钢筋混凝土及预应力混凝土桥梁结构设计原理. 北京：人民交通出版社，2004.

[7] 张树仁. 桥梁设计规范学习与应用讲评. 北京：人民交通出版社，2005.

[8] 李扬海，鲍卫刚，郭修武，等. 公路桥梁结构可靠度与概率极限状态设计. 北京：人民交通出版社，1997.

[9] 沈蒲生. 混凝土结构设计原理. 北京：高等教育出版社，2002.

[10] 易建国. 混凝土简支梁(板)桥. 2 版. 北京：人民交通出版社，2001.

[11] 王铁成. 混凝土结构基本构件设计原理. 北京：中国建筑工业出版社，2002.

[12] 李国平. 预应力混凝土结构设计原理. 北京：人民交通出版社，2000.

[13] 施岚青，国振喜，孙培生. 简明混凝土结构设计手册. 北京：冶金工业出版社，1999.

[14] S. U. PILLAI, D. W. KIRK. Reinforced concrete design. Toronto, Mcgraw - Hill Ryerson Limited, 1988.

[15] Dr. Edward G. Nawy. Reinforced concrete. London, Prentice - hall International, Inc.

[16] 张树仁. 桥梁钢筋混凝土结构按极限状态计算. 哈尔滨：哈尔滨工业大学出版社，1988.

[17] 腾明智. 钢筋混凝土基本构件. 北京：清华大学出版社，1987.

[18] 叶见曙. 结构设计原理. 北京：人民交通出版社，1997.

[19] 倪吉昌，姚仲贤，等. 钢筋混凝土结构构件计算. 北京：中国建筑工业出版社，1986.